邵万宽　吕新河　主编

江苏大运河地区饮食文化

中国轻工业出版社

图书在版编目（CIP）数据

江苏大运河地区饮食文化 / 邵万宽, 吕新河主编
. — 北京：中国轻工业出版社，2024.7
ISBN 978-7-5184-4699-5

I. ①江… II. ①邵… ②吕… III. ①饮食文化—江
苏 IV.①TS971.253

中国国家版本馆CIP数据核字（2024）第078143号

责任编辑：方　晓

文字编辑：秦宏宇　　　责任终审：高惠京　　　设计制作：梧桐影
策划编辑：史祖福　　　责任校对：晋　洁　　　责任监印：张京华

出版发行：中国轻工业出版社（北京鲁谷东街 5 号，邮编：100040）
印　　刷：艺堂印刷（天津）有限公司
经　　销：各地新华书店
版　　次：2024年7月第1版第1次印刷
开　　本：710×1000　1/16　印张：18
字　　数：370千字
书　　号：ISBN 978-7-5184-4699-5　定价：88.00元
邮购电话：010-85119873
发行电话：010-85119832　　　010-85119912
网　　址：http://www.chlip.com.cn
Email: club@chlip.com.cn

‖ 本书编委会 ‖

顾　问　叶凌波　操　阳

主　编　邵万宽　吕新河

副主编　韩琳琳　王艳玲

参　编（以姓氏笔画为序）

王全云　方欣月　史红根　史居航　孙迁清

向　芳　吕　慧　吴兴树　吴佑文　陆少凤

陆理民　陈永芳　陈媛媛　张荣春　胡爱英

祝海珍　高志斌　陶宗虎　蒋云翀　端尧生

‖ 前言 ‖

    中国大运河文化的研究已进入黄金时期。自2014年6月22日，中国大运河在第38届世界遗产大会上获准列入《世界遗产名录》，中国大运河正式成为中国第46个世界遗产项目。其中，江苏作为大运河的起源地，有河道6段、历史遗存22处列入世界遗产点段，占比达40%。至此，江苏多地举办了各种大运河文化纪念活动，中国大运河博物馆在扬州三湾古运河畔建成并于2021年6月对外开放，江苏省委宣传部与文化和旅游厅相继举办了四届大运河文化旅游博览会，并专设江苏运河美食展。有鉴于此，2022年，我们就有意撰写一本《江苏大运河地区饮食文化》一书。

    大运河是中华民族文化的血脉，流贯江苏2500余年，当地儿女祖祖辈辈在这里休养生息、繁衍发展。本书从江苏大运河沿线人们的饮食生活出发来透视饮食文化的内涵，对于深入把握江苏文化的本质特点，无疑是必要的，也是应该的。对总结江苏运河文化内涵，收集整理地方饮食特色与名食，发掘江苏大运河民间饮食文化和人文内涵，有着极其重要的意义。

    江苏素有"水乡""鱼米之乡"之称，苏北有"酒乡"之称。扬州、淮安入选"世界美食之都"，常州荣膺"江南美食之都"。江苏大运河地区民风淳朴、物产富庶、人杰地灵，一条黄金水道串联起一颗颗城市明珠，将吴文化、淮扬文化、楚汉文化有机联结。共同保护好、传承好、利用好大运河文化带，是我们的神圣使命和责任。

本书由南京旅游职业学院烹饪与营养学院的老师们共同完成，以江苏大运河流经的主要地区的饮食为主线，从运河地区先民的饮食生活、饮食文化特色、民间饮食风俗、名特产、名菜、名点以及茶、酒、果品和养生文化诸方面着笔。在写作计划确定以后，我们又来到大运河徐州段的窑湾古镇和邳州地区进行现场考察与调研，走访当地文化馆、餐饮协会及运河渔民，撷取第一手饮食资料。

全书由邵万宽、吕新河担任主编，韩琳琳、王艳玲任副主编。编写的具体分工是：第一章、第二章由邵万宽编写，第三章由韩琳琳编写，第七章茶文化由向芳编写、酒文化由王艳玲编写，第八章果品文化由吕慧编写、养生文化由祝海珍、邵万宽编写，第九章由胡爱英、韩琳琳编写，第四章、第五章、第六章由吕新河偕同其他16位老师共同编写。全书由邵万宽总策划，负责编写大纲、进行写作分工，并对初稿进行修改加工、整理与补充，最后统稿。

南京旅游职业学院烹饪专业的开设已有45年的历史，培养了一批又一批的烹饪专业人才。为更好地弘扬优秀的传统文化，烹饪与营养学院的老师们对运河美食文化进行了深入的探索和研究，旨在让人们从美食角度更加深入地认识运河、了解运河。本书是第一部系统审视江苏大运河地区饮食文化之作，由于作者水平有限，本书尚有缺憾与欠妥之处，恳切希望各方面人士予以批评指正。

编者

2023年9月2日

|| 目录 ||

第一章　江苏大运河地区
先民饮食生活

第一节　江苏自然环境与运河形成渊源 / 002

一、江苏地域环境与运河开凿优势 / 002

二、江苏大运河段的开凿与疏浚 / 005

三、江苏运河段漕运贯通明珠耀眼 / 010

第二节　江苏大运河地区饮食文化的演变 / 017

一、汉至南北朝时期先民的饮食生活 / 017

二、隋唐宋元时期先民的饮食生活 / 019

三、明清时期不同人群的饮食生活 / 022

第三节　江苏大运河地区先民的生活特点 / 029

一、大运河先民的基本生活状况 / 029

二、江苏大运河渔业捕捞与食用 / 032

三、大运河儿女捕鱼钓虾有绝活 / 036

第二章　江苏大运河地区
饮食文化特色

第一节　中运河：徐州至宿迁地区饮食特色 / 040

一、中运河地区概况与文化特点 / 040

二、中运河地区饮食文化特色 / 044

第二节　里运河：淮安至扬州地区饮食特色 / 051

　　一、里运河地区概况与文化特点 / 052

　　二、里运河地区饮食文化特色 / 056

第三节　江南运河：镇江至苏州地区饮食特色 / 062

　　一、江南运河地区概况与文化特点 / 062

　　二、江南运河地区饮食文化特色 / 067

第三章

江苏大运河地区
民间食俗文化

第一节　日常食俗 / 074

　　一、饮食结构和餐制 / 074

　　二、饮食习俗特点 / 076

　　三、饮食禁忌 / 084

第二节　人生礼仪食俗 / 086

　　一、诞生食俗 / 086

　　二、婚礼食俗 / 087

　　三、寿诞食俗 / 091

　　四、丧葬食俗 / 092

第三节　岁时节日食俗 / 093

　　一、春节 / 094

　　二、清明节 / 101

　　三、端午节 / 102

四、中秋节 / 104

五、重阳节 / 106

六、冬至 / 106

第四章　江苏大运河地区
名特产文化

第一节　苏北运河地区名特产 / 110

　　一、动物类特产原料 / 110

　　二、植物类特产原料 / 114

　　三、其他特产类原料 / 121

第二节　苏南运河地区名特产 / 124

　　一、动物类特产原料 / 124

　　二、植物类特产原料 / 129

　　三、其他特产类原料 / 134

第五章　江苏大运河地区
传统名菜

第一节　江苏大运河苏北段传统名菜 / 140

　　一、徐宿运河地区传统名菜 / 140

　　二、淮扬运河地区传统名菜 / 147

第二节　江苏大运河苏南段传统名菜 / 156

　　一、常镇运河地区传统名菜 / 156

　　二、苏锡运河地区传统名菜 / 162

第六章　江苏大运河地区
传统名点

第一节　江苏大运河苏北段传统名点 / 174
　　一、徐宿运河地区传统名点 / 174
　　二、淮扬运河地区传统名点 / 179

第二节　江苏大运河苏南段传统名点 / 185
　　一、常镇运河地区传统名点 / 185
　　二、苏锡运河地区传统名点 / 191

第七章　江苏大运河地区
茶、酒文化

第一节　江苏大运河地区茶文化 / 200
　　一、精制苏茶美名扬 / 201
　　二、沏茶美器出江苏 / 206
　　三、品茶文化数苏扬 / 209

第二节　江苏大运河地区酒文化 / 214
　　一、江苏运河地区的酿酒业 / 214
　　二、江苏运河地区的白酒代表 / 217
　　三、江苏运河地区的黄酒代表 / 223
　　四、江苏运河地区的其他类酒 / 227

第八章　江苏大运河地区
果品与养生文化

第一节　**江苏大运河地区果品文化 / 232**

一、江苏大运河地区果品的发展情况 / 232

二、江苏大运河地区果品的四时五味 / 241

三、江苏大运河地区果品的营养价值 / 243

第二节　**江苏大运河地区养生文化 / 245**

一、古代江苏大运河地区的养生文化 / 245

二、江苏大运河地区的食物与养生 / 252

三、江苏大运河地区饮食养生分析 / 257

第九章　江苏大运河
徐州段饮食文化考察

一、概况 / 262

二、风味特产 / 263

三、地方饮食的特色表达 / 266

四、饮食民俗 / 273

主要参考文献 / 276

第一章

江苏大运河地区
先民饮食生活

江苏是中国大运河的主脉、主体河段。大运河最早的河段是邗沟，因而江苏被认为是中国大运河的起源地。江苏大运河全长687公里，途经徐州、宿迁、淮安、扬州、镇江、常州、无锡、苏州八市。这是一条集江苏多地精彩华丽的文化干线，也是一条将楚汉文化、淮扬文化、吴文化等有机串联起来的文化廊道。作为闻名世界的文化遗产，大运河在当代交通运输综合体系中发挥着巨大的作用，是活态利用的黄金水道，发挥着水运、调水、灌溉、环保、生态、文化等多种功能，更是集古代治水技艺和现代先进科技之大成，是世界运输史上具有历史价值和现实意义的人类文化遗产。

第一节 江苏自然环境与运河形成渊源

"运河"本义是人工开凿的水道，到了近代才有此规范称谓，古代的史志上还没有"运河"的名称，有几种不同的叫法，有的称渠，有的称沟，有的称渎。公元前486年在扬州开挖的运河叫邗沟，淮安著名的运河之地称山阳渎，以及苏北之地的苏北灌溉总渠，而史书上有关运河史料都归类在"河渠志"中。

一、江苏地域环境与运河开凿优势

在中国的版图上，江苏位于中国大陆东部沿海的中心，长江、淮河的下游，长江三角洲核心地区。我国陆地地形总体特点是东部低西部高，呈三级阶梯，自西向东，逐级下降。山系以东西走向和东北—西南走向为主，这种走向与分布决定了我国河流以东西走向为主，天然形成的江河水系大体都是从西向东汇入大海。中国东部自北向南分布着海河、黄河、淮河、长江、钱塘江等水系流域，这种水系分隔的地理环境是大致南北向的中国大运河产生的自然背景。

中国大运河从北向南流经北京、天津、河北、山东、江苏、浙江之地。主要地理分区包括华北平原、山东丘陵、长江三角洲和宁绍平原；横跨两大自然气候带——温带季风气候、亚热带季风气候。气候差别较大，水资源的分布更是有极大差距。北方的华北平原多年平均降水量为500毫米至700毫米，而淮河以南至钱塘江流域，则达1000毫米至1500毫米。南北地域水资源分布不均，长江三角洲海拔多在10米以下。江苏地区河湖密布，气候温暖湿润，物产丰富，是我国主要的农业经济区。

从社会发展来看，春秋战国时期（前5世纪—前3世纪），各诸侯国出于战争和运输的需要竞相开凿运河，但都各自为政，规模不大。这一时期最著名的事件是邗沟的开挖，它沟通了淮河与长江，成为中国大运河河道成形最早的一段，并作为重要的区域性交通要道得到不断的维护和经营。进入隋朝（7世纪初），为了连通南方经济中心和满足对北方的军事需要，在政府统一的规划、建设和管理下，先后开凿了通济渠、永济渠，并重修江南运河和疏通浙东航道，从而将前一时期的各条地方性运河连接起来，形成了以国都洛阳为中心，北抵涿郡、南达宁波的大运河体系，完成了中国大运河的第一次全线贯通。

从早期的邗沟开凿到隋炀帝大运河的贯通，再到清康熙年间最后投入使用的中运河段，江苏始终是大运河的主体工程，随着社会的发展，江苏大运河显得越来越重要。江苏既是大运河的主体河段，也是沟通江、河、淮、湖、海诸水道的节点。淮安、扬州、仪征、镇江、苏州等，都是重要的水运枢纽城市。"如果没有了江苏大运河，任何一个时期的中国大运河及其体系就名存实亡了，这是其他任何沿运省市所无法相提并论的。"[1]

江苏水资源丰富，自然环境得天独厚，又连接多条东西走向的河流。江苏境内拥有淮河、沂河、沭河、泗河、秦淮河、盐河、苏北灌溉总渠、入海道等大小河流2900多条，江苏拥有大小湖泊290多个，五大淡水湖中江苏有2个——太湖、洪泽湖。这些十分丰富的水运资源，为大运河开凿提供了优越的地理条件。境内平原比例大，水域辽阔，集江、河、湖、海于一体，通江达海，是构筑水运交通

1　王健等.江苏大运河的前世今生[M].南京：河海大学出版社，2015：11.

体系的最佳位置。大运河最早开凿的河段——邗沟在江苏境内，历史悠久；隋代炀帝开凿的全国大运河水运体系，通济渠、邗沟与江南河三条均与江苏有关；元明清时期，京杭大运河在江苏的河段里程最长，长度近700公里，占总长度的近2/5，占今天京杭运河通航里程的75%以上。江苏是名副其实的运河大省，是全国粮、棉、油、盐、布匹、瓷器、丝绸等物资和各地特产向全国四方传运的黄金水道，发挥了极其重要的作用。

自古以来，开凿运河必须具备两个基本的地理条件，一是地形平衍，二是水源充足。与其他地区相比，江苏地处东部地区，基本符合地形平衍这个条件。这种地形方面的优越条件，对开凿运河最为有利。江苏的河湖纵横，水资源充沛，也正因为如此，江苏的运河才最发达，而且古今不衰，扬名世界。

目前，江苏大运河自北向南经过徐州、宿迁、淮安、扬州、镇江、常州、无锡、苏州8市。江苏省内支线运河通扬运河、通榆运河、串场河、盐河、苏北灌溉总渠、入海水道等构成的水运网络所联结的城市有泰州、南通、盐城、连云港；京杭运河通过长江联结省会南京市。南京曾经开凿过的古运河有胥溪运河、破岗渎、上容渎、青溪、胭脂河等，今有秦淮新河、芜太运河等，运河覆盖江苏全境各城市。[1]流经的县、区级城市及各地乡镇更是灿若繁星，古往今来，各地民众世世代代为了大运河的开凿与修浚历经了千辛万苦，作出了不可磨灭的贡献。而今，江苏运河边的儿女为维护和保护大运河的生态资源发挥着聪明才智，兴利除弊，仍然在默默奉献。

千百年来，江苏作为沿中国大运河持续运行的漕运系统的主体河段，促进和加强了中国东部地理经济区域的发展和繁荣，稳定了中国的政治经济格局，加强了地区间、民族间的文化交流。江苏运河沿岸也衍生出许多独特的城市与村镇，为今天留下了许多独特的历史文化遗产。

1　王健等.江苏大运河的前世今生[M].南京：河海大学出版社，2015：37.

二、江苏大运河段的开凿与疏浚

江苏不仅是中国大运河的起源地，也是大运河河道路线最长、流经城市最多的省份。江苏段的大运河并非一条南北单线河道，而是形成了以大运河为主轴、支河为分支的网络分布。通过人工开凿的分支运河，把江苏多地城市相连通。如通过盐河、淮河与连云港、阜宁相联系；通过老通扬运河、串场河与泰州、南通、盐城相联系；通过仪扬运河、长江将仪征及南京与运河相连；通过浏河、盐铁塘与太仓、常熟、昆山等地相连等。[1]

江苏大运河主干段，人们习惯将其分为三部分：北部的称为中运河，也称中河，是自台儿庄向南穿过淮河，至淮阴闸接里运河的一段大运河河道。中间段的称为里运河，古称邗沟，又称淮扬运河，是京杭大运河最早修凿的河段。最南面的叫江南运河，又称江南河，是中国京杭运河在长江以南的一段。在这条水文化长廊上，除了主要城市之外，还涌现出著名的运河古镇，如龟山镇、古邳镇、窑湾镇、皂河镇、码头镇、邵伯镇、惠山镇、浒墅镇、同里镇等。

1. 邗沟的开凿与里运河影响

里运河地处江苏中部，是江苏省淮安市至扬州市的这段河道，流经淮安市、宝应县、高邮市、江都区、扬州市，自清江浦至瓜洲古渡入长江。介于长江和淮河之间，北接中运河，南接江南运河，全长170余公里。古代的淮安、扬州、苏州和杭州并称"运河四大都会"。

淮安，古称淮阴；扬州，古称广陵。据史料记载，在公元前960年左右，周穆王时期"偃王治国，仁义著闻，欲舟行上国，乃通沟陈、蔡之间，得朱弓矢，以得天瑞，遂因名为号，自称徐偃王。"（北魏郦道元《水经注·济水二》）徐偃王沿泗水北上进入中原及陈国和蔡国时，开挖了一条联结天然河流的运河。公

1　贺云翱，干有成.中国大运河江苏段的历史演变及其深远影响[J].江苏地方志，2020（3）：20-24.

元前486年，吴灭邗，吴王夫差为了北上争霸，始筑邗城（今扬州城），开通邗沟。《左传·哀公九年》载："秋，吴城邗，沟通江淮。"邗沟与"通沟陈、蔡"的运河联结在一起，建立了长江、淮河、黄河等水系间的联系。[1]后来，越国灭吴，扬州地属越；楚国灭越，地归楚。公元前473年，淮阴归楚，首建淮阴县。邗沟的南端经扬州联系长江，北段经淮阴进入淮河，由淮河入泗水联系黄河中下游地区。这条运河的航道把扬州和淮阴紧紧地联系在一起，将江淮文化融为一体。公元前319年，楚在邗城旧址上建城，名广陵。汉初，刘邦封项伯为射阳侯，汉武帝时淮阴之地始建射阳县。晋代改射阳县为山阳县，此后淮安出现了多种称谓。

西汉，吴王刘濞开邗沟支道，据《天下郡国利病书》记载："自扬州茱萸湾通海陵仓及如皋蟠溪，濞以诸侯专煮海为利，凿河通运海盐而已。"开通运盐之河（通扬运河前身），利用境内的铜铁、渔盐等资源把吴国建成了东南地区富饶的经济文化中心。隋文帝时期改名为扬州。隋炀帝时期，为了沟通漕运，开大运河连接黄河、淮河、长江，扬州、淮安成为水运枢纽，隋炀帝三下江都（今扬州），奠定了唐代扬州空前繁荣的基础。唐代的扬州，占运河之便，有盐铜之利，富甲天下。《旧唐书》（卷八十二）云："扬州地当冲要，多富商大贾，珠翠珍怪之产。"扬州成为南北粮、盐、钱、铁的运输中心。北宋以前，封建帝国的政治中心主要建立在黄河中下游地区，然而，江苏和浙江成为国家赋税的重要来源，必须依靠运河为大通道调集江南财富，漕运的发展，扬州、淮安之地就成为历代统治者重点经营的地区和城市，进一步促进了淮、扬两城的商品流通和当地经济的大发展。北宋熙宁十年（1077年），楚州（今淮安）的商税在全国名列第三，列杭州、开封之后。元代时，里运河段经几次整治，基本形成了今天的走向，曾一度中断的漕运又一次得以恢复，扬州、淮安之城又重现往日的繁华。

明清是京杭大运河开凿与利用最重要的时期之一。明初，沿袭元朝办法，漕

1　张强.江苏运河文化遗存调查与研究[M].南京：江苏人民出版社，2015：33.

粮水陆兼运，海运占有一定的地位。永乐年间，京杭大运河全线通航，其中最主要的一项工程是淮安清江浦的开凿。清江浦，就是后来的新兴城市清江，今为淮安市。京杭大运河段里运河，其航运条件最好，辐射范围最广，运输的物资品种最丰富，是大运河体系中名副其实的中枢地位。大运河漕运的畅通，盐业交易的兴旺，致使官吏和商人涌进，与漕运相关联的工匠及其帮工也不断增多，饮食业的店铺和名厨师也迅速增加，进一步促进了淮、扬两城餐饮业的大发展。

清咸丰年间（1855年），黄河北徙山东，与淮河分道扬镳，运河山东段淤塞，漕粮被迫实行海运，淮盐改由铁路转运，加之战火阻隔，扬州、淮安在经济上逐渐衰落。

2. 太伯渎开筑与江南河修浚

江南运河连接镇江、常州、无锡、苏州等多个城市。镇江，地处江苏中部，长江南岸，古称京口、润州；常州，古称延陵；无锡，别称梁溪；苏州，古称姑苏，又称平江。这些城市早在春秋时期就与运河结下了不解之缘。

公元前11世纪的商末周初，周太王古公亶父的长子太伯，由陕西岐山千里迢迢来到"荆蛮"之地的江南，在梅里（今无锡梅村）建立勾吴国。太伯也被当地土人奉为君主，始修筑城池，治水开河，抵御外来侵略，数年之后，"民人殷富"[1]。其所开之渎，后名之为太伯渎。作为江南最古老的区间运河，太伯渎至今在无锡伯渎港仍有遗迹。春秋时，吴国的政治中心转为苏州，苏州运河的开凿载入了史册。"吴古故水道，出平门，上郭池，入渎，出巢湖，上历地，过梅亭，入杨湖；出渔浦，入大江，奏广陵。"[2]平门即苏州北门，广陵即扬州，起止点相当于今天的苏州至扬州，直接接入北上中原的邗沟。这是中国大运河江南段的最早部分。

1　（汉）司马迁.史记[M].长沙：岳麓书社，2001：186.

2　（东汉）袁康，吴平.越绝书全译[M].俞纪东，译注.贵阳：贵州人民出版社，1996：32.

春秋时期，吴国出于北上争霸时运输的需要，开凿了由苏州北门而出，穿漕湖、入太伯渎，经梅亭（今无锡）、杨湖（今阳湖），入古芙蓉湖，最后由渔浦（今江阴市西利港）入江的水运通道，以避渡海北上之险。吴国在大力开拓江南水道的工程中，又将运河开到了镇江地区的丹阳境内[1]，据廖志豪《苏州史话》载，吴王夫差曾开凿经望亭（今苏州）、入无锡、至奔牛（今常州）与孟河相通的水道。[2]秦始皇三十七年（公元前210年），丹徒水道在曲阿县（今丹阳）境内与原吴国所开渠道相连，就此成为江南地区重要的内河通航河段。舟船可以由苏州北行，循吴国故水道，至曲阿入丹徒水道，而江南运河的通江口移至京口，船舶过长江后，由广陵再入邗沟。至此，江南运河北段已具雏形。

三国时期的东吴王朝，孙权开凿破岗渎，这是第一条沟通长江与钱塘江两大水系的纵向人工河，在大运河建设史上占有重要地位。这时期，孙吴政权与北方曹魏政权隔江对峙，军事摩擦不断，江南运河水道成为维系其政权的"生命线"。三国末年，吴末帝孙皓对运河进行了一次大规模整修、疏浚、改道工程。

隋朝虽然短暂，但在水利建设方面取得了很大的成就，先后开凿了由长安至潼关的广通渠，更有沟通钱塘江、长江、淮河、黄河、海河五大水系的大运河。河渠开凿的目的是运输，沿河两岸也因而获得了很大的引流灌溉之利，特别是漕粮北运以及成为统一王朝钱粮财税的来源地。司马光《资治通鉴》载："大业六年（610年）冬十二月，敕穿江南河，自京口至余杭，八百余里，广十余丈，使可通龙舟，并置驿宫，草顿，欲东巡会稽。"[3]江南运河自京口经曲阿（今丹阳）、毗陵（今常州）、无锡、吴郡（今苏州）、嘉兴至余杭，在已有的基础上，对江南运河进行系统疏浚和整治，运河的线路从此确定下来。疏浚拓宽后的江南运河可以通行龙舟，河道的宽度、深度在整治后得到了很大的提升，这更加

1 张强.江苏运河文化遗存调查与研究[M].南京：江苏人民出版社，2015：149.

2 廖志豪等.苏州史话[M].南京：江苏人民出版社，1980：16.

3 （宋）司马光.资治通鉴[M].北京：中华书局，2011：5652.

速了江南漕运商旅的发展，也为江南地区的经济繁荣奠定了基础。

唐宋时期，江南运河多次进行疏通、筑堤、改造，漕运的需求不断增加，在对江南运河较大规模的整治中，在设置堰闸节水、改变入江口以及导水进河等方面做出了很大贡献。江南地区因河而盛，运河促进了城市的发展，兴起了一大批商业街区。城市的繁荣也对运河功能的发挥有促进作用。江南运河穿过的地区被诗人白居易描绘为"平河七百里，沃壤二三州"的江南富庶地。

元明清三代，政治中心北移，在运河水道的疏浚、治理中，江南漕运不断发展，江南经济日益繁荣，文化由此而繁盛。南北畅通的运河促进了江南地区的商业繁荣和市场发展。镇江因漕运而发展为中心枢纽城市之一，经济繁荣，文化昌盛。常州地区"毗陵为南北要冲，襟三江带五湖，形式甲于东南。"贩运米粮的船只多沿运河行走，因此无锡也成为了全国著名的米码头、布码头、钱码头、米市和丝市。当时的苏州，是"商贾鳞集""五更市贾不绝""四远方言不同"的大都会。江南地区经济繁荣，一派生机盎然的景象。

3. 泇运河拓浚与中运河疏通

中运河河道，是在明、清两代开挖的泇运河和中河基础上拓浚改建而成。上起山东台儿庄区和江苏邳州市交界处，与鲁运河最南端韩庄运河相接。同时，微山湖西航道——不牢河航道自西向东南至大王庙汇入中运河，也属于中运河范畴。两航道汇合后，经邳州、新沂与骆马湖相通，流经宿迁、泗阳，至淮阴杨庄，下与里运河相接，全长186公里。

隋代大运河的开发是为隋唐首都长安服务的，对于元朝大都北京十分不便。为解决南粮北运问题，元政府对隋唐大运河进行了一次大规模的整治与开发，重新开通了大运河河道，实现了第二次南北大贯通，史称"京杭大运河"。

运河开凿流经区域，有其兴旺繁盛期，更有堵塞、决堤等泛滥成灾之祸害期。元代，全国政治中心北移，经济上仍然依赖江南。京都"百司庶府之繁，卫士编民之众，无不仰给江南"。明清时代依然如故。原有运河借用黄河航运，黄河善决，且运河善淤，因而处于黄河下游的宿迁、泗阳、清河一线漕路，成为了保漕的重点。明代多次对徐州、宿迁、淮阴段地区运河进行修浚疏通。清初，运河借用黄河作漕运航道，只剩下骆马湖至淮阴二百四十公里。运河的主要矛盾集中在伽河入黄口和黄、淮、运交汇口。《清史稿·河渠志》载："康熙初，粮艘抵宿迁，由董口北达。后董口淤塞，遂取道骆马湖。湖浅水面阔，纤缆无所施，舟泥泞不得前。挑掘舁送，宿邑骚然。"康熙二十五年（1686年），为了"避黄行运"，使京杭大运河与黄河彻底分离。时任河道总督的靳辅听取各方意见，系统提出了治理黄淮运的全面规划，并接受明代开新河、避黄河的经验，在浚淤、筑堤、决塞的同时，致力于黄、运分立，以"治黄保运"，主持开挖了这段名为中运河的河道。为了防止黄河决口泛滥，历史上沿着黄河北岸建有遥、缕二堤，中运河因位于二堤中间而得名。

中运河的开凿与拓浚工程浩大，是当时民力难以承受的。数十年水患频仍，人口锐减惊人。康熙《清河县志》载，清河县当时在册丁口不过一万三千，夫役则以千数计。康熙二十七年正月，中河竣工。上引骆马湖济运，下修仲家庄石闸，通黄河漕运。"漕船北上，出清口后，行黄数里，即入中河，直达张庄运口，以避黄河百八十之险。"时人对开凿中运河评价极高，著名文学家王士祯说："其利益在国家，其德泽在民生""中河既成，杀黄河之势，洒七邑之灾，漕艘扬帆若过枕席，说者谓中河之段，为国家百世之利。"至康熙四十二年，前后修浚17年时间，中运河稳定下来，黄、运二河完全分立。[1]中运河开通后，康熙皇帝评价靳辅和他主持修建的中运河说道："靳辅创开中河，避黄河一百八十里波涛之险，因而漕挽安流，商民利济，其有功于运道民生，至大且远。"

三、江苏运河段漕运贯通明珠耀眼

江苏大运河段位于京杭大运河中部，历史悠久，文化多彩，古代遗迹众多，

---

1 宿迁市人民政府史志工作办公室.宿迁地域文化[M].南京：江苏人民出版社，2019：79.

主干线流经的8个城市像熠熠生辉的明珠，连带着周边的县镇村落，在改善沿岸百姓生活、催生无数城镇的崛起方面，具有不可磨灭的贡献，特别是贸易的兴旺发达，乡间会社的聚餐，集日庙会的欢宴，酒肆茶馆的繁荣，这些都对江苏运河饮食风味的形成发展起到了不可低估的推动作用。

1. 中运河段

◎ 徐州

徐州古称彭城，素有"五省通衢""九州转输"之称，有着4000多年的航运史。历史上因扼守大运河咽喉要地，创造了"东南漕运岁百万余艘，使船来往无虚日，民船贾舶多不可籍数"的盛况。大运河傍城而过，在徐州境内约210公里，流经沛县、铜山区、徐州市区、贾汪区、邳州市、新沂市。

古彭城位于"汴泗交流郡城角"。隋唐大运河的开凿，徐州古汴水之南开挖了一条新的"汴水"，谓之"通济渠"，徐州依托汴、泗交流，占据航运要地。徐州作为运河上的交通枢纽，是粮盐等物资贸易转运的重地。元明时期，黄河与运河在徐州交汇，国家加大了对徐州地区的水利建设，疏河筑堤，"凡江淮以南之贡赋及四夷方物上于京者，悉由于此，千艘万舸，昼夜罔息。"（正统《彭城志》卷6）城内客栈、酒楼、店肆、商号等一应俱全。清咸丰五年（1855年），黄河改道山东利津入海，徐州地区黄河河道漕运结束。运河从东改道，靠近运河的窑湾等集镇越加发达。清至民国初年，窑湾镇上常住人口近3万人，建有商号、工厂、作坊360余家，设有8省商人的商业会馆和10省商业代办处，繁华丰阜，呈现一派繁荣兴旺景象。

◎ 宿迁

坐拥骆马湖、洪泽湖两大淡水湖的宿迁，素有"苏北水城""生态氧吧"的美誉。境内河网密布，地处淮河、沂沭泗流域中下游。公元前113年，泗水国建都宿迁。京杭大运河穿境而过，是大运河中运河段的主体部分，全长112公里，流经宿豫区、宿迁市区、泗阳县。

大运河宿迁段曾三次改道，留下三个历史阶段不同主航道的遗迹。邗沟开通后，沟通了黄河与淮河之间的水运。秦汉时期延伸了吴王夫差所开的江南运河，疏通了江南与长江的航运，宿迁、泗阳成为了这条水路的必经之地。隋朝大运河开凿，流经宿迁泗洪青阳镇。元朝运河改道，通过黄河（泗水）流经宿迁、泗阳。明代"避黄行运"，在宿迁河岸筑建遥堤、月堤、缕堤等，用以防御黄河西溃之水直接南下入湖。清康熙二十七年（1688年），河道总督靳辅在宿迁开凿的中河竣工，实现了黄运分离。从此，京杭大运河畅通无阻。[1]乾隆皇帝六次下江南有五次驻跸宿迁，还留下了"第一江山好去处"的题跋。宿迁成为水路运输的主要码头和进出口货物集散地，河面上常常是舳舻相接，帆樯林立，展现了运河两岸繁盛的景象。

2. 里运河段

◎ 淮安

淮安古称淮阴，位于大运河与古淮河交汇处，水网密布，是古代国家南北水运交通的中枢。其间，大运河、淮沭新河、盐河、淮河入海水道、苏北灌溉总渠、淮河入江水道等纵横交错，水上交通四通八达。大运河流经淮阴区、淮安市、楚州区。

淮安是一座水运之城，水脉与城市相融、相通。公元前486年吴王夫差开挖邗沟，邗沟的北端经淮阴进入淮河。北段的附近逐渐兴起一座重要的城镇——河下古镇。河下古镇是运河枢纽中的中心，在繁忙的漕运中，不断走向辉煌。隋文帝开山阳渎（今淮安），并以该地为治所置楚州，而后隋炀帝疏浚邗沟，成为隋代大运河的一部分。这条水生交通线，曾是唐宋王朝的生命线。隋唐两宋时期，楚州是南北运河交通枢纽，商贸兴旺，白居易称其为"淮水东南第一州"。明永乐年间，重新疏浚运河，开凿清江浦，这里逐渐形成了新的漕运、仓储、造船、

1　政协江苏省委员会.江苏大运河文化名片[M].南京：江苏凤凰美术出版社，2021：58.

商业的中心城镇。明清时期，淮安成为国家交通枢纽和漕运重镇，也是中央"漕运、河工、盐务、榷关、驿递"事务的要枢，"天下九督，淮居其二""三城内外，烟火数十万家"。盐运和漕运的发达，造就了河下镇的繁华。这里曾是个不夜城，店铺林立，通宵达旦，每条街巷都是不同的商业街，也是全国各地商人会馆的会聚地。

◎ **扬州**

扬州地处运河与长江交汇处，与大运河紧密相连、同生共长、同兴共荣。运河流经宝应县、高邮市、江都区、扬州市区、邗江区。从吴王夫差在扬州开邗沟、筑邗城起，它就与运河血脉相连。大运河不仅见证了扬州历史上的辉煌，也孕育了扬州繁荣的文化。《左传》载曰："吴城邗，沟通江淮。"汉初，吴王刘濞"开山铸钱，煮海为盐"，使吴地富裕起来。隋代炀帝开凿大运河，扬州成为重要的盐粮等物资的集散地。

隋唐时，大运河成为贯通南北的交通枢纽，扬州一跃成为京都长安、东都洛阳之外的全国重要的都会，世称"扬一益二"，成为盐商汇聚、盐船密集的运输中心，是当时国内最为繁盛的都会，益州（成都）次之。明代运河的畅通，促进了扬州商业的发展，特别是两淮盐业的专卖和南北货贸易。乾隆时"四方豪商大贾，鳞集麇至。侨寄户居者，不下数十万"。明清时的扬州进入了经济和文化繁盛的最佳时期，人口汇集，商旅云集，涌现出"十里长街市井连"的盛况。随着外地商人的日益增多，建立了一批外地商业会馆，"舟车之辐辏，商贾之萃居"，扬州呈现了空前的繁华。

3. 江南运河段

◎ **镇江**

镇江因其长江与运河交汇独特的地理位置，成为南北漕运和商埠重地。运河流经镇江市、丹徒区、丹阳市。自隋朝开通大运河后，镇江作为江南运河入江口的地位，便成为漕运之咽喉。当北方的船只沿运河南下，过邵伯闸入江，穿越长江的风浪后，便来到了镇江。

镇江运河从秦始皇开凿丹徒水道（又称徒阳运河）算起，南起云阳（今丹阳），北由丹徒入江，开辟了一条优良的通江水道。公元208年，孙权称霸江东，又续开了秦始皇引江北流的河道，即京口河的开凿，加速了镇江城市的发展，交通的便利使这里成为重要的商业都会。隋朝大运河全线贯通，镇江成为漕运的枢纽之一，一时间商旅船队舳舻千里，极大地繁荣了镇江地区的经济。唐开元年间，润州刺史齐浣在瓜洲开挖了著名的伊娄河，避开了江上行船的风险，也缩短了漕船过江的距离。中唐时期经镇江中转的漕粮占全国漕运总量的1/4。大运河在镇江穿城而过，两岸勾栏瓦肆、酒家林立，风光无限。宋代又开凿新河，明代又开凿了转城运河等。"一水横陈，连岗三面"，独特的地理位置，因漕运而发展为中心枢纽城市，这里南来北往的商贾与游人，成就了漕运的繁荣，文化由此而繁盛。

◎ 常州

常州古称延陵、毗陵、龙城，素有"中吴要辅，八邑名都"之称。城区内以水为轴，"水陆并行、长街沿河、短巷向水"，古运河、南市河、老孟河及其相关水道交错，运河流经武进区、新北区、戚墅堰区。常州运河的历史起于吴王夫差时期，隋朝贯通的大运河，使常州处于"三吴襟带之邦，百越舟车之会"的交通枢纽位置。元明时期，大运河常州城区段进行了两次改道，与古运河汇合。明清时漕运发展达到高峰，常州成为全国较大商埠和主要税源地。

常州的最早记载为公元前547年，吴王寿梦第四子季札封邑延陵，开始了确切地名的历史记载。公元前495年，吴王夫差为北上争霸，在前人的基础上，从今苏州经无锡至常州孟河，开通了江南大运河的前身——吴古故水道。隋代，大运河几经疏浚、改造，漕运畅通。进入中唐时期，江南运河运输繁忙，两岸地区得到了更大程度的发展。明朝常州前河漕渠的运行十分繁忙，船舶如梭，商贾云集，南北果品集散，沿岸商铺生意兴隆，被誉为"中国东南最具光彩的运河段落"。晚清黄河改道，江南运河异常繁忙，常州城从怀德桥到水门桥的古运河两岸，百工居肆、商贾云集，成为粮食等重要物资的主要集散地。

◎ 无锡

无锡别称梁溪，是吴文化的核心区。大运河无锡段自洛社、五牧入，穿梁溪到外下甸桥，再接南门古运河，过新安沙墩港出境，全长41公里，流经惠山区、梁溪区、滨湖区、新吴区。大运河在无锡沟通多条南北向的分支河道，连接长江、太湖之间纵横交错的河网形成了无锡段的大运河水系。

无锡运河开发史可上溯春秋时期的太伯渎（伯渎河）。太伯开辟河渎，西通太湖，东达古蠡河漕湖，以便灌溉、排洪，兼行运输，大片荒地因此变为良田。春秋末年，吴王夫差开通"吴古故水道"，其中段穿越无锡城区，与太伯渎相通，并与古梁溪河交汇于芙蓉湖入口处，无锡成为河、湖交汇处发展繁荣的集市。战国后期打通了太湖与芙蓉湖之间的水路交通，为江南运河苏州至无锡段的形成奠定了基础。隋朝时期，疏浚拓宽邗沟和江南运河，无锡成为"商旅往返，船乘不绝"之地。明代中期，无锡城区古运河经过筑城、疏浚，变为环城而过，无锡经济日趋繁荣。明清时期，无锡城河相依、街市繁华和运河上舟楫往来的盛景，展示着水乡之地的百年繁华。运河促进了城市的发展，也兴起了一大批商业街巷。无锡市场繁荣，成为全国著名的布码头、钱码头、米市和丝市，古驿馆星罗棋布，这是古老运河城市商业繁盛、商贾云集的特有盛景。

◎ 苏州

苏州古称姑苏，江苏大运河最南部城市，此段运河北起苏州的相城区望亭镇丰乐桥，穿过苏州市区，南至江苏与浙江交界处的油车墩，全长96公里，流经相城区、虎丘区、姑苏区、吴中区、吴江区。苏州段运河水道最早开挖于春秋吴王阖闾和夫差时期，从苏州穿城而过，水网密布，内城不同河流通过运河主航道水系连为一体，有"水乡泽国"的美称。运河水系奠定了苏州城市的格局，也显现出苏州城市的特质，促进了苏州的繁华和特殊的文化地位。

据赵晔《吴越春秋》记载：公元前514年，伍子胥主持建筑阖闾大城，设水、陆城门各8座，外有护城河包围，内有水道相连，水门沟通内外河流。从秦汉始，苏州演变为江南大都会，其工商业日趋发达。隋代，隋炀帝下令在原有吴地旧有水道的基础上，开凿江南运河。唐代时人即云："君到姑苏见，人家尽枕河。古宫闲地少，水港小桥多"。唐代以后，大运河苏州段从未停止疏浚、修缮、重筑，但运河的基本走向、大致面貌变动不大。苏州城水上交通运输的繁华，带来了商船的云集和南北客商的贸易，至明清时工商业达到高峰。苏州的繁荣从城市向郊外周边城镇发展，长期的河运繁荣促进了经济社会的发展，也成就了"人间天堂"的美誉和"东方水城"的繁盛景象。

千百年来，大运河江苏段的开凿、疏浚、连通、拓宽，发展了运河边的多个城镇，而漕运是这些城镇繁华的原因。实际上，大运河修建和维护的动因主要是漕运这个直接的载体。20世纪初以来，随着社会的发展，漕运的传统已经淡出历史舞台。

江苏省域因地形平衍、河流纵横、通江达海，主干线与支线组成的运河网络连接13个设区市，水运航道脉络通连，共同发挥航运、灌溉、分洪、排涝、供水等重要作用，因而形成与沿河8市相连，包括南京、泰州、南通、盐城、连云港等市的拓展辐射带。"六朝古都"南京与大运河休戚相关，在古代的漕运体系中，南京秦淮河的作用不可低估。大运河的重要支线——通扬运河，其主要功能是盐运。老通扬运河在泰州市境内的遗址最长。通扬运河最东端是南通，南通以运盐河为主干的水系四通八达。盐城地处里下河的腹地，也是大运河减泄入海的重要通道。连云港是大运河体系中海洋与内陆的交汇点，虽然不在大运河边，但通过盐河与大运河紧密相连。大运河，是祖先留下的宝贵遗产，更是江苏人民的"母亲河"。[1]

2014年6月22日，中国大运河正式成为中国第46个世界遗产项目。其中，江苏作为大运河的起源地，有河道6段、历史遗迹22处列入世界遗产点段，占比达40%。

1　政协江苏省委员会.江苏大运河文化名片[M].南京：江苏凤凰美术出版社，2021：224-229.

第二节　江苏大运河地区饮食文化的演变

隋代南北大运河的开凿，加速了中国南北地区的物资货运，也带来了沿岸地区的经济发展。大运河未开通前，南粮北运和南北物资交流主要靠华西和华中两条古驿道略加扩大的马车路，基本是骡马拉的板车和肩挑来运输，量少且慢，十分不便。而南北大运河的运输量，数倍于陆路。江苏为"鱼米之乡""盐粮集散地"，水运发达，大运河的通航，给两岸人民的生活注入了新的活力。

一、汉至南北朝时期先民的饮食生活

在人类的原始阶段，其生存方式一是打猎，二是采摘，后来才逐渐有了作物栽培。考古发现，马家浜、崧泽文化时期的墓葬中有大量的鱼叉、鱼镖出土，汉代的《史记》和《汉书》说江南"饭稻羹鱼"，文献记载和出土文物一致。先民们除了打鱼，也人工养鱼。《吴郡志·卷八》记道："鱼城，在越来溪西，吴王游姑苏，筑此城以养鱼。"吴人很早就学会了捕鱼和养鱼，因此江淮地区的渔业自古至今都十分发达。

自吴王夫差筑邗沟，连通扬州、淮安等地区的水上运道，对江苏地区的农业生产、南北交通运输等起到了十分重要的作用。那时各地区的饮食是较粗糙原始的，除一些贵族家庭追求肉食生活外，普通百姓的生活相当简陋，依靠水网和农田的自然特点，人们的食物主要以水产和蔬菜为主，南北各地的蔬菜品种依据不同的土地特点进行种植和栽培。西汉名士枚乘，淮阴人，为吴王濞郎中。在他的传世之作《七发》中，述说了许多名物和美食。如"犓牛之腴，菜以笋蒲；肥狗之和，冒以山肤。……芍药之酱，薄耆之炙，鲜鲤之鲙，秋黄之苏，白露之茹。"[1]这是枚乘描述的古吴江淮风味食单，内容丰富而多样：小牛的腹部肥

1　（汉）枚乘.七发[M]//汉魏六朝赋选.瞿蜕园，选注.上海：上海古籍出版社，2019：13.

肉，配上竹笋和鲜嫩蒲菜；肥厚的狗肉羹，配上山中的石耳菜。还有五味调和之酱，烧烤兽肉薄片，新鲜鲤鱼片，以及秋日变黄的紫苏与白露浸润过的蔬菜等。枚乘如数家珍地阐述了吴楚之地的美食，炖、焖、烧、烩、炒、烤多种烹调法兼备，时蔬的鲜嫩、烤肉的芳香、羹汤的醇厚，在原料的配制、刀工的处理、酱汁的调味上均体现了江淮地区官府之家的饮食特色。

南朝时江苏运河地区种植的粮食作物以水稻为主，以稻米煮成的米饭、米粥成为当地居民的主要食物。除米饭、米粥的主食品以外，小麦种植也较为普遍，麦饭、麦粥也是当时的主要食物。利用麦粉制作的胡饼已较为流行，水煮饼、水引饼（早期面条）、起面饼（发酵的饼）都广为流传。在江苏地区，麦类食品的比重逐渐增大，故在梁军的军粮中亦以麦饭为主，偶食米饭。用大米包裹的"角黍（米粽）"也较流行。南朝时，发酵面技术已在民间广泛流传，如起面饼、馒头等，因其松软易消化，得到人们的普遍喜爱。

居民日常食用的蔬果类，见之于文献的有菘（白菜）、韭、菰（茭白）、蕹、葵、冬瓜、胡瓜（黄瓜）、莼、笋、葱、姜、大蒜等菜蔬，莲、藕、菱、栗、桃、李、苹果等水生植物和果品。由于佛教的流行和梁武帝的提倡素食，当时素菜的制作很精细。此外，调味品的酱和腌制食品在南朝时品种已较多，除食用胡麻油外，甜味常用饴和蜜，而蔗糖和石蜜（冰糖）仍属稀罕物；酸味多用梅子；豆豉和酱曲已常使用，酱冬瓜、酱胡瓜、腌菜、酸菜、泡菜、咸蛋、腌蟹等亦已普遍。

在北朝杨炫之的《洛阳伽蓝记》中也记述了一段南朝扬州地区的饮食状况："菰稗为饭，茗饮作浆。呷啜莼羹，唼嗍蟹黄……网鱼漉鳖，在河之洲。咀嚼菱藕，捃拾鸡头。蛙羹蚌臛，以为膳羞。"[1]列举的这些原料都是江苏地区常食用的品种，也是水乡之地最普通的食物原材料。

江苏南北河道地区百姓在隋代以前食用的肉食主要是猪、狗、鸡和动物的下

1　（北朝）杨炫之.洛阳伽蓝记[M].周祖谟，校译.北京：中华书局，1963：107.

水，一般平民吃不起肉，所以常买些下水来调剂一下生活。江苏地区水网密布，家禽中还有鸭和鹅，水产品则有鲂、鲤、鲫、鳜、白鱼、鳖、泥鳅、鳝鱼等，另外，蟹、螺、蚌、贝、蛤等，也常成为食案上的佳肴。

二、隋唐宋元时期先民的饮食生活

隋朝开辟大运河后，江苏成为国内重要的南北交通枢纽。大运河不仅是封建政权漕运的大动脉，也是南北人民经济交流的大动脉，隋、唐、两宋时期是江苏饮食发展的高峰期，东南的粮、棉、盐、丝绸和海味，北方的煤、铁器、枣、栗、药材和皮毛，都是重要的交流物资，来往于运河之上。不少海味菜、糟醉菜成为贡品。

隋唐之前，江苏地区的饮食风格基本是以节俭、朴素为主，百姓一日两餐、一日三餐视自己的生活条件而定，粗茶淡饭，聊以自慰。但到了隋唐，个别地区的官商大户，其饮食开始表现出精雅的风格。《大业拾遗记》记载江南作鲈鱼脍："须九月霜下之时，收鲈鱼三尺以下者作干脍。浸渍讫，布裹沥水令尽，散置盘内。取香柔花叶，相间细切，和脍，拨令调匀。霜后鲈鱼，肉白如雪，不腥。所谓'金齑玉脍，东南佳味也'。"隋唐大运河的开凿，带动了江南地区的经济发展，一些上流社会的饮食制作比较讲究起来，特别是在招待客人的时候，更加注重工艺特色和外观的美丽。

《清异录》中记载了江苏运河地区的多款食品，如隋炀帝幸江都时，吴地人进贡糟蟹、糖蟹，取名"缕金龙凤蟹""每进御，则旋洁拭壳面，以金缕龙凤花云贴其上。"[1]进贡之前，要将蟹壳擦拭干净，再用金缕做成龙、凤、花、云图案贴在上面。这种在菜品上装饰的风格，突出华丽和典雅之气，以满足帝王饮食的需要。在吴越之地，"有一种玲珑牡丹鲊，以鱼叶斗成牡丹状。既熟，出盎

1　（宋）陶穀，吴淑. 清异录；江淮异人录[M]. 孔一，校点. 上海：上海古籍出版社，2012：106.

中，微红，如初开牡丹。"[1]特别注重菜肴的造型特色。"麦穗生：吴门萧琏，仕至太常博士。家习庖馔，慕虞悰、谢讽之为人。作卷子生，止用肥虀包卷，成云样，然美观而已。别作散饤麦穗生，滋味殊冠。"[2]吴门萧琏学习老饕中人的烹调技法，不仅注重菜肴的外观，而且对口味的要求较高。

唐代，江苏多地的夜市十分繁盛，夜市的重要场所是酒家。唐朝杜牧《泊秦淮》诗中有："烟笼寒水月笼沙，夜泊秦淮近酒家"；诗人王建《夜看扬州市》有"夜市千灯照碧云"等，餐饮店除日市以外，出现了夜市。夜市，是一个城市夜晚最明亮的地方，这里充斥着烟火气、食物的香气和人潮涌动的乐趣，各式各样的食店和食摊，提供着各色各样的美食，供人品尝和享受。

隋唐时，扬州是当时富甲天下的商业大城市，中外"商贾如织，故谚称'扬一益二'，谓天下之盛，扬为一而蜀次之也"（宋·洪迈《容斋随笔》卷九）。当时的苏州也是商贾云集，市场繁荣，据《吴郡志·杂志》中说："在唐时，苏之繁雄，固为浙右第一矣。"天下名城"扬一益二"，繁荣的市场促进了烹饪技艺的发展。隋唐松江"金齑玉脍"糖姜蜜蟹，苏州的玲珑牡丹鲊，扬州的缕子脍等，都是造型精美的花色菜肴。[3]

两宋时期，江南的苏州、江宁（即南京）、镇江，江北的扬州、真州（仪征）、楚州、徐州等都是商品经济发达的城市。市场交易既打破了唐代城市中居住区"坊"与商业区"市"的界线，随处街面都有店铺、酒楼、旅店等以及商贩；又打破了过去的营业时间限制，街市买卖昼夜不断。

扬州是宋代的"淮左名都"，大运河舟车日夜往来，商船众多，市场繁荣。北宋时有人描绘这里"万商落日船交尾，一市春风酒并垆"。宋仁宗时，韩琦任扬州太守，曾描写道"二十四桥千步柳，春风十里上珠帘"。

宋代，江苏人的口味有较大的变化，本来南人重咸而北人重甜，江南进贡到

1、2 （宋）陶穀，吴淑.清异录；江淮异人录[M].孔一，校点.上海：上海古籍出版社，2012：104.

3　邵万宽.江苏美食文脉[M].南京：东南大学出版社，2023：29.

长安、洛阳的鱼蟹要加糖蜜。后来，宋都南迁，中原大批士族南下，中原风味也随之南来。特别是金元以来，回民到江苏定居者日多，所以江苏清真菜拥有了一定的地位，烹饪更加丰富多彩。

元代时期，江苏地区土特产原料已十分丰富。在江河交错的镇江，元代俞希鲁撰写的《至顺镇江志》中记录了当时镇江丹徒、丹阳、金坛之地的食物原料，其品种异常丰富。如谷类作物有稻、麦、黄粟、豆、麻等；蔬菜有菘、芥、菠稜（菠菜）、蒿、荠、韭、胡荽、蕨、薤、葱、莴苣、苦苣、莙荙（甜菜）、萝蔔（萝卜）、苋、生菜、薄荷、香菜、胡蒜、冬瓜、菜瓜、黄瓜、瓠、茄、芋、蕈、山花菜、葵、蓼、茭白、山药、黄独、甘露子、苏、马蓝、甘菊、丝瓜、笋、莲、藕、菱、芡、慈姑、荸荠等；水果品种有梅、杏、桃、李、樱桃、枇杷、来禽（林檎）、石榴、蒲萄（葡萄）、木瓜、银杏、胡桃、梨、柿、枣、栗、橙、西瓜、甜瓜、山楂、棠球、无花果等。饮食品种还介绍了酒、麵、麫、酱、鮓鲊、牛乳、酢、青餬饭、饼饵9种。[1]

苏南运河之滨的无锡，元代著名画家倪瓒根据自家的饮食菜品记录，撰写了《云林堂饮食制度集》一书，共记录了无锡地方美食49款菜肴、面点、茶、酒等。具体品种有：菜肴类：蜜酿蝤蛑、煮蟹法、酒煮蟹法、新法蛤蜊、蚶子、青虾卷攛、香螺先生、江瑶、鰶鱼、田螺、煮鲤鱼、蟹鳖、鲫鱼肚儿羹、江鱼假江瑶、新法蟹、海蜇羹、攛肉羹、腰肚双脆、煮猪头法、川猪头、水龙子、烧猪脏或肚、烧猪肉、烧鹅、黄雀、煮决明法、雪盦菜、煮麸干法、醋笋法、烧萝卜法、糟姜法、煮蘑菇、蜜酿红丝粉、香橼煎。面点类：煮面、煮馄饨、冷淘面法、黄雀馒头法、糖馒头、手饼、熟灌藕、白盐饼子。调料：酱油法。茶类：橘花茶、莲花茶、煎前茶法。酒类：郑公酒法、酿法。[2]在以上食谱的撰写上，不少菜品记录比较详细，制作方法比较精致。该作对明清时期江苏菜点的制作具有

1　邵万宽.《至顺镇江志》与元代镇江饮食文化[J].楚雄师范学院学报，2022（4）：108-116.

2　邵万宽.元代《云林堂饮食制度集》食饮技艺探赜[J].农业考古，2019（3）：152-157.

一定的指导作用，许多菜点对当今也有较好的实用和推广价值。

三、明清时期不同人群的饮食生活

明清时期是江苏饮食发展的高峰时期，运河地区百姓的生活总体好于以前，文人的生活有所提高，最富有的盐商奢靡饮食之风蔓延，也带动了餐饮市场发展。鲥鱼是江苏镇江地区所特有的江鲜品种，其季节性很强，《本草纲目》中说："夏初时有，余月则无，故名。"自古就为鲜美之品。江南地区的许多美食都是通过运河的传送而进贡京城的，尤其是珍美饮食原料。1683年，清朝康熙皇帝爱吃扬子江的鲥鱼，从镇江到北京沿途三省，要各地安设塘拔，日则悬旌，夜则悬灯，备马三千余匹，役使数千人，每县各官督率人沿途传递，昼夜奔忙。清代著名诗人吴嘉纪写道："打鲥鱼，供上用，船头密网犹未下，官长已备马送。樱桃入市笋味好，今当鲥鱼偏不早。观者倏然颜色欢，玉鳞跃出江中泛。天边举七久想迟，冰镇箬护付飞骑。君不见金台铁瓮路三千，欲限时辰二十二。"吴宽《家藏集》卷二十三《和屠公次前韵记赐鲥鱼》亦表达了这种心情："贡道溯长江，颁来出琐窗。百筐皆满尺，八座合成双。腥气银为鬣，肥膏玉作腔。知公食有剩，须用置冰缸。"从诗中可见，江苏鲥鱼历长途，输送至北京，依然鲜味不变。如果没有大运河这条黄金通道，这江南鲥鱼的鲜美也难让皇帝尝到如此的美味。

1. 平民百姓生活

不同地区、不同阶层人群在饮食上存在着明显的差异，即使平民百姓间也有一定的差别。在江苏运河沿岸，明清时期中上阶层人士的饮食越加丰富起来，在饮食上也出现了宴会的奢侈之风。

明代邝璠编纂的《便民图纂》，是一本便民的实用全书。邝璠在明弘治年间担任吴县知县，为"苏州府志名宦"。该书16卷，分别记述了农耕、桑蚕、树艺、起居、调摄、牧养、制造等类，内容较为丰富。与饮食有关的内容主要是

"起居类"和"制造类"。在"起居类"中，收录有饮食宜忌、饮食反忌、解饮食毒、孕妇食忌、乳母食忌等，基本是资料的汇编。"制造类"上编中，收录了82种食品的制作、收藏方法，涉及茶、汤、酒、醋、酱、脯、腊、乳品、腌菜、果品等。基本上是从前代的书籍中摘编而成，个别内容有所补充。

明代中后期，社会经济发展迅速，平民百姓的生活以"厉行节约"为主，处处精打细算。如江苏太仓人陆容在《菽园杂记》记载道："吴中民家，计一岁食米若干石，至冬月，舂臼以蓄之，名冬舂米。尝疑开春农务将兴，不暇为此，及冬预为之。闻之老农云：不特为此，春气动则米芽浮起，米粒亦不坚，此时舂者多碎而为粞，折耗颇多。冬月米坚，折耗少，故及冬舂之。"[1]底层百姓的生活也是差别较大的，有的甚至依然过着食不果腹、衣不蔽体的艰难生活。他们不但包括游走在城镇中的贩夫走卒、体力杂工，也包括了周边农村的百姓。底层百姓的一日三餐主要是玉米、麦、稻、豆、粱、黍、薯，还有青菜、胡萝卜等。《见闻琐录》中介绍运河城镇海州的盐丁们日常生活的困苦。"一家妻、子衣食均需此，故所食不过芜菁、薯芋、菜根，上品则为荞麦、小麦，我辈常餐之白米，彼则终岁终身、终子终孙，未啖过者。"[2]这种底层盐丁贫民干的是牛马活，吃的是粗糙食，他们辛辛苦苦所采的食盐却喂饱了那些盐商，豢养得他们生活富足、饮食奢靡。

明代初期苏州人韩奕撰写的《易牙遗意》，实录苏州等江南民间家食之法，个别菜品是从宋代一直延续并流传下来的江南食品，在苏州等地相继流行。全书分卷上、卷下两篇。卷上主要是酒类和菜肴类，其中醝造类有11种酒品，脯鲊类有29种食品，蔬菜类有16种加工产品。卷下主要是面点类、果实、茶、食药类，其中面点种类分笼造类4种、炉造类16种、糕饵类9种、汤饼类4种、斋食类4种，果实类19种，诸汤类14种，诸茶类4种，食药类12种。

1　（明）陆容.菽园杂记[M].佚之，点校.北京：中华书局，1985：19.

2　（清）欧阳昱.见闻琐录[M].长沙：岳麓书社，1986：157.

在顾禄的《清嘉录》中，苏州的饮食市场随季节的变化应时叫卖各式时鲜原料和食品。如初夏时节，"蔬果鲜鱼诸品，应候迭出，市人担卖，四时不绝于时，……"[1] 而三伏天，"街坊叫卖凉粉、鲜果、瓜藕、芥辣索粉，皆爽口之物。……早晚卖者则有臊子面，以猪肉切成小方块为浇头，又谓之卤子肉面。"[2] 鲜鱼肆已用凉冰护鱼，谓之"冰鲜"。深秋时分，"湖蟹乘潮上簖，渔者捕得之，担入城市，居人买以相馈贶。或宴客佐酒。"[3] 饮食市场的四时变化，彰显了安乐祥和的民风民俗。

在民众的饮食习尚方面，"苏人以讲求饮食闻于时，凡中流社会以上之人家，正餐、小食，无不力求精美，尤喜食多脂肪品，乡人亦然。至其烹饪之法，概皆五味调和，惟多用糖，又喜加五香，腥膻过甚之品，则去之若浼。"[4]

明代万历《扬州府志》载："扬州饮食华侈，制度精巧。市肆百品，夸视江表。市脯有白瀹肉、燋炕鸡鸭，汤饼有温淘、冷淘，或用诸肉杂河豚、虾、鳝为之，又有春茧鳞鳞饼、雪花薄脆、果馅餢飳、粽子、粲粉丸、馄饨、炙糕、一捻酥、麻叶子、剪花糖诸类，皆以扬仪为胜。"道出了扬州街巷饮食市场的繁盛和菜肴、点心品种的丰富。

清代扬州的饮食市场也相当繁盛，仪征人李斗撰写的《扬州画舫录》中有许多记载。书中专列有"食肆"："小东门街食肆，多糊炒田鸡、酒醋蹄、红白油鸡鸭、炸虾、板鸭、五香野鸭、鸡鸭杂、火腿片之属，骨董汤更一时称便。"[5] "面馆"："城内食肆多附于面馆，面有大连、中碗、重二之分。冬用满汤，谓之大连；夏用半汤，谓之过桥。面有浇头，以长鱼、鸡、猪为三

1　（清）顾禄.清嘉录；桐桥倚棹录[M].来新夏，王稼句，点校.北京：中华书局，2008：104.
2　（清）顾禄.清嘉录；桐桥倚棹录[M].来新夏，王稼句，点校.北京：中华书局，2008：134.
3　（清）顾禄.清嘉录；桐桥倚棹录[M].来新夏，王稼句，点校.北京：中华书局，2008：181.
4　（清）徐珂.清稗类钞[M].北京：中华书局，1986：6240.
5　（清）李斗.扬州画舫录[M].周光培，点校.扬州：江苏广陵古籍刻印社，1984：188.

鲜。"[1]接着介绍了当时著名的面条品种，有槐叶楼火腿面，问鹤楼螃蟹面，"其最甚者，鳇鱼、车螯、班鱼、羊肉诸大连，一碗费中人一日之用焉。"[2]在卷九中专门记载了一家特色的羊肉店。小东门街有一家"熟羊肉店"，因生意兴隆，要想成为座上客，顾客必须起早去等待就餐。先以羊杂碎供客，谓之"小吃"，然后进"羊肉羹饭"一碗；后将吃剩余的给厨师重新加热烩制，谓之"走锅"；撇去浮油，谓之"剪尾"。[3]此店之制法，已在当地十分有名，许多人纷纷过来乘早市而食。

扬州饮食市场上还有"星货铺"，《扬州画舫录》中记道："至城下，间有星货铺，即散酒店、庵酒店之类，卖小八珍，皆不经烟火物，如春夏则燕笋、牙笋、香椿、早韭、雷菌、莴苣；秋冬则毛豆、芹菜、茭瓜、萝葡、冬笋、腌菜；水族则鲜虾、螺丝、熏鱼。牲畜则冻蹄、板鸭、鸡炸、熏鸡；酒则冰糖三花、史国公、老虎油及果劝酒，时新酸咸诸名品，皆门户家软盘，达旦弗辍也。"[4]这是一种既供应食物原料（鲜货、干货）、也供应成品熟食的店铺，比较适合大众市场、平民百姓，价廉物美，以致"达旦弗辍"，而生意兴隆。

在人们日常的一日三餐中，江苏"如苏、常二郡，早餐为粥，晚餐以水入饭煮之，俗名泡饭，完全食饭者，仅午刻一餐耳。其他郡县，亦以早粥、午夜两饭者为多。"[5]《邗江三百吟》中介绍扬州百姓的餐饭，"扬城居家，每日两粥一饭。饭在中一顿。中饭或有留余，晚间入锅加水煮而熬之，此通行也。近有本非多余之饭，以杂菜作羹汤和饭细熬，亦曰汤饭。"[6]"汤饭"是苏中地区对"泡饭"的称谓，此语和此制一直沿用至今。这正是普通老百姓的日常生活状况。

1　（清）李斗.扬州画舫录[M].周光培，点校.扬州：江苏广陵古籍刻印社，1984：254.

2　（清）李斗.扬州画舫录[M].周光培，点校.扬州：江苏广陵古籍刻印社，1984：255.

3、4（清）李斗.扬州画舫录[M].周光培，点校.扬州：江苏广陵古籍刻印社，1984：188.

5　（清）徐珂.清稗类钞[M].北京：中华书局，1986：6240.

6　（清）林苏门，董伟业，林溥.邗江三百吟；扬州竹枝词；扬州西山小志[M].扬州：广陵书社，2005：121.

2. 富商大贾生活

明代中后期盐业生产与销售的迅速发达，加速了清代漕运的发展，直至清中叶，运河对于国家的物资保障地位仍十分重要，致使运河沿岸主要城市的兴盛。食盐，是自古以来人们生活之必需品。盐的购销历代多为具有垄断特权的专商经营，无名者不得行盐，这就造成了专营商人的专卖制，垄断了食盐的运销。加之其利润极高，使得这些盐商资本积累雄厚，而在饮食上不断挑剔，不断求奢、求精、求宏大场面，这种过分追求饮食的享乐和铺张，给社会带来了极端奢靡、挥霍的负面影响。

产盐之地孕育了盐业的经营与买卖，浮现了一大批富有的盐商。淮安、扬州两地成为运河上的两颗明珠，是国家盐运的集散之地。淮安因黄、淮、运三水交汇的独特地理位置，是京杭大运河上的漕运重镇，位于大运河的中部，扼守江淮咽喉，成为漕运指挥、河道治理、漕船制造、漕粮储备、淮北盐集散之"五大中心"。主管国家赋粮收验储运与治水保运两大要政的部级机关——漕运总督署、河道总督署及其直属的数十个司道衙门，陆续驻节淮安。明清之际，"两淮盐运使"府署设于扬州，为全国六运司之一，下辖泰州、淮安、通州三个分司。淮安、扬州两地成为名副其实的运河之都。史称"人士流寓之多，宾客燕宴之乐，远过于一般省会"。官宦商人的饮食需求，有力的经济支撑，极大地推动了当地餐饮业的发展兴盛。[1]

据清代野史《栖霞阁野乘》中"盐商之繁华"记载："扬州繁华以盐盛，两淮额引一千六百九十万有奇，归商人十数家承办。中盐有期，销引有地，谓之纲盐。以每引三百七十斤计之，场价斤止十文，加课银三厘有奇，不过七文。而转运至汉口以上，需价五六十不等，愈远愈贵，盐色愈杂。霜雪之质，化为缁尘……诸商所领部帖，谓之根窝。有根窝者，每引抽银一两，先国课而坐收其

1　邵万宽. 从清代文献记载看江苏文士与盐商的食生活[J]. 古籍整理研究学刊，2021（3）：50-54.

利……最奇者，春台、德音两戏班，仅供商人家宴，而岁需三万金。"[1]盐商的种种暴利，导致了侈靡奢华的生活作风，视金钱如粪土。

盐商的饮食暴珍是十分典型的，《清代野史大观·河厅奢侈》中对盐商的奢侈饮食如此记载："张松庵尤善会计，垄断通工之财赂，凡买燕窝皆以箱计，一箱则数千金，……海参鱼翅之费，则更及万矣。其肴馔则客至自辰至夜半，不罢不止，小碗可至百数十者。厨中煤炉数十具，一人专司一肴，目不旁及，其所司之肴进，则飘然出而狃游矣。"[2]烹调技艺求精求奢，每个厨师专做一道菜肴，苦其心智，钻研绝活，这不是一般府第所为，堪比宫廷御厨之过也。

以晋商、徽商为首的各省大盐商蜂拥而来，在淮安、扬州造宅构园，淮安的淮北盐运分司署与扬州经营淮南盐的盐商合称两淮盐商。清代，淮盐每年创造的税额达全国财政收入的四分之一，各家盐商千方百计招揽名厨，穷搜天下奇珍异品，别出心裁地以稀有为贵，满足极度奢靡的饮食之乐。

在《扬州画舫录》中，记载了"家庖"："烹饪之技，家庖最胜，如吴一山炒豆腐，田雁门走炸鸡，江郑堂十样猪头，汪南溪拌鲟鳇，施胖子梨丝炒肉，张四回子全羊，汪银山没骨鱼，江文密蝉蜇饼，管大骨董汤、鳖鱼糊涂，孔讱庵螃蟹面，文思和尚豆腐，小山和尚马鞍乔，风味皆臻绝胜。"[3]这里的家庖多为盐商和官府家服务，他们勤于提升烹饪技术，不断钻研菜肴制作，以得到社会和各家的认可。盐运经济的富庶带来了盐商饮食的高消费。《儒林外史》第二十三回，腰缠万贯的扬州盐商万雪斋在家中设宴招待徽州顾、汪两位盐商，开席奉酒后首道菜即为"冬虫夏草"，他还请人四方寻购"雪蛤蟆"[4]。《扬州画舫录》第六卷载："初，扬州盐务，竞相奢丽，一婚嫁丧葬，堂室饮食，衣服舆马，动辄费数十万。有某姓者，每食，庖人备席十数类，临食时，夫妇并坐堂上，侍者抬席置

1　（清）孙静安.栖霞阁野乘（外六种）[M].北京：北京古籍出版社，1999：81.

2　（清）小横香室主人.清朝野史大观[M].上海：上海科学技术文献出版社，2010：1385.

3　（清）李斗.扬州画舫录[M].周光培，点校.扬州：江苏广陵古籍刻印社，1984：242.

4　（清）吴敬梓.新批儒林外史[M].陈美林，批点.南京：江苏古籍出版社，1998：257.

于前，自茶面荤素等色，凡不食者摇其颐，侍者审色则更易其他类。"[1]一般家常饮食，提供十多道菜肴，如此破费，不满意还随时撤换，排场如此奢华。

盐商富足的生活带来了扬州饮食的繁盛，周爱东在《扬州饮食史话》中认为："在明清扬州鼎盛时期，扬州美食制作的主力军，开始并不全是扬州本地人，而是那些富商或官僚带来的家厨。但到了嘉道时期，这些商人在扬州生活日久，他们的家厨也逐渐本土化了。扬州衰落的时候，扬州本地的名厨纷纷外出去讨生活，很多人去了上海。"[2]

明清时期的淮安，由于漕运的特殊地理位置，人口大量聚集，饮食业也特别的繁荣，运河两岸的酒楼、店肆鳞次栉比，盛况空前。从山阳城南到清河马头镇，一路上酒楼茶馆、饼铺面馆、小吃棚摊、提担叫卖，一派繁盛的景象，街市行人，川流不息，因此有"清淮八十里，临流半酒家……淮浦高楼高入天，楼前贾客常纷然。歌钟饮博十户九，吴歈不羡江南船"[3]等歌谣诗句。"是时，河水方盛，镇冯陵通津，轩盖日夜驰，故旅店之业亦伙。供张被服，竟为华侈。"[4]"同、光间，淮安多名庖，治鳝尤有名，胜于扬州之厨人，且能以全席之肴，皆以鳝为之，多者可至数十品。盘也，碗也，碟也，所盛皆鳝也，而味各不同，谓之曰全鳝席。号称一百有八品者，则有纯以牛羊豕鸡鸭所为者合计之也。"[5]

江苏大运河区饮食文化的丰厚历史积淀，造就了运河沿线两岸城镇餐饮网点汇集。这些饮食网点的各式食品菜肴，既有本土独特的品种，也有运河沿线不同地区的流行食品小吃，满足了南来北往各地客人的需求。许多饮食在运河沿线兴盛，和漕运船只南来北往带动了地域交流不无关系。运河岸边的小吃铺子更是停

1　（清）李斗.扬州画舫录[M].周光培，点校.扬州：江苏广陵古籍刻印社，1984：142.

2　周爱东.扬州饮食史话[M].扬州：广陵书社，2014：32.

3　陈抗行，任伟礼.天下财利[M].北京：红旗出版社，2007：139.

4　张煦侯.王家营志[M].北京：方志出版社，2006：227.

5　（清）徐珂.清稗类钞[M].北京：中华书局，1986：6268.

泊船只上的船工和待驳的纤夫们既实惠又方便的食品获取地，而酒楼上，珍馐美味汇集了南北各地的名贵物产，是富商大贾聚集用餐的场所。饮食在相互交流、吸纳和融合中流变，北方的面食小吃带到了南方，南方的食品原料和制作方法传送到北方。苏州、淮安、扬州是京杭大运河南线上的三大都市，其饮食文化贯穿一线又各具特色。三大都市的饮食制作风格，在明清时期以运河为传送纽带，把江苏广大区域的美食风味传送到更远的地方。

第三节　江苏大运河地区先民的生活特点

江苏大运河地区的古代先民们，是由广大最底层民众构成，以占全部人口绝大多数的农民、渔民为主体，也包括城镇居民中的帮工、雇工、短工、手工业者、小商人，以及其他贫困者。他们经济困难，饮食生活水平是在温饱线上下波动。即使在自给自足的条件下，也只能达到维持生产和延续劳动力所必需量值食物的最低标准。他们的饮食生活，在很大程度上属于一种纯生理满足活动。

古代平民百姓尽管处在最低的层次，但也有几种不同的境况。一是比较贫困的百姓，生活难以维持，至多是以果腹为生；二是生活虽困苦，但能够就地取材，捕鱼、种田，聊以自足；三是能相对维持温饱，生活上崇尚节俭。但总的来说，古代百姓的饮食生活是相当简单、朴实而俭省的。

一、大运河先民的基本生活状况

在漫长的封建时代，江苏大运河区的先民主要以水产鱼类为主要辅食，五谷杂粮是其主食，蔬菜以单调的田园品种为主。而这些有限的资源同时也是接济常用不足和挨度荒年的救命之物。无论是劳苦农民还是普通渔民，他们基本是"靠天吃饭""靠水吃水"的自然经济地位，处于以两餐或三餐果腹，聊以度日的生活境况。若是遇灾荒之年，常常是饥饿折磨，下层民众的生活始终处于艰苦困难的生活之中。若有丰年，但"谷贱伤农"，生产者并不能获得多大好处，他们还是以粗糙的粮食为养家糊口的主体。

围绕大运河生活的民众，有日夜在运河上跑运输的船家，有生活在运河上的渔民，有运河岸边种田的农民，有从事商业经营的手工业者和商贩，还有运河上的纤夫、挑河工、搬运工等，很多底层的百姓生活是相当窘迫的。他们干的是苦力，在那运河的岸上，常常会看到一群群拉纤的纤夫，胳膊和肩膀上缠着绳子的健壮男人，沿着拉船道吃力地摇晃着前行，他们常常迎风而上，拉着装有很多货物的船只。还有那些挑河工，其生活常处于初步的和粗糙的"原始阶段"，以粗劣的饭食维持生活，正如《金瓶梅》第一百回中，记载徐州工地上的"挑河夫子"的生活境况："一个婆婆，年纪七旬之上，正在灶上杵米造饭。……那老婆婆炕上柴灶，登时做出了一大锅稗稻插豆子干饭，又切了两大盘生菜，撮上一包盐。只见几个汉子，都蓬头精腿，裈裤兜裆，脚上黄泥，进来放下锹镢，……当下各取饭菜，四散正吃。"[1]这是劳动人民艰难生活的真实画面，为了维持贫苦的生活，只能简单地进行充饥饱腹而已。

在粮食紧缺的灾荒年代，野菜几乎成了运河人民度过饥荒用以活命的主要食物。明代宜兴人邵璨撰写的《香囊记》记载一普通百姓之家对年迈老人的供养，"饭已做在此，本待具些蔬肴之味，又无钱钞可买，适来在邻舍家，觅得野菜一束，做一碗羹，聊为下饭。"广大百姓食用野菜养家糊口，已成为一日三餐平常之事，这是由于灾害和粮食自给困难形成的。

"秦淮寓客"吴敬梓在南京写下了著名的小说《儒林外史》，在这位文学家的笔下实录了当时不少境况。小说生动地再现了清代社会士农工商的众生相，其中关于饮食内容几乎回回皆有。就其中的饮食而论，高、中、低档的都有，而记载较丰富的是流行于民间的普通菜肴和点心。第二十二回写牛浦搭乘船到扬州，在船上船家招待客人的饭菜是：取了一只金华火腿，买了一尾鲥鱼，一只烧鸭，

1　（明）兰陵笑笑生.金瓶梅[M].济南：齐鲁书社，1991：1570.

一方肉和些鲜笋、芹菜，一齐被船家制成肴馔，装了四大盘，又烫了一壶酒，捧进船舱；而"船家在烟蓬底下取出一碟萝卜干和一碗饭，与牛浦吃"。[1]客人招待用的是大餐，而牛浦则是极简朴的伙食。

正如林语堂先生所说："我们也吃蟹，出于爱好；我们也吃树皮草根，出于必要。经济上的必要乃为吾们的新食品发明之母，吾们的人口太繁密，而饥荒太普遍，致令吾们不得不吃凡手指所能夹持的任何东西。"[2]当遇好的年景，有了好的收成，老百姓的一日三餐大多靠的是自家的劳作，啃玉米，吃地瓜，嚼鱼干，烤河鱼，条件成熟时，老百姓们也会利用现有的粮食做成贴饼子、煮老玉米、大碴子粥、地瓜干、晒鱼干、熬粉条、土腊肉，不加任何修饰，食品粗俗、自然、简单，以保养家糊口。

千百年来，担负着运输功能的大运河，在岸边开阔平坦的平原深处蜿蜒前进，浇灌了沿途每一块农田和菜园，这些农田和菜园里生长着水稻、小麦、玉米、大豆、油菜、大蒜、莴苣、红薯、茄子和多汁的西瓜、菜瓜。人们利用多种形式将水从运河里舀出来，浇灌他们的菜园和农田，然后再流进与一块块农田连接的灌溉渠里。干涸的土地靠着这样得来的水源获得了生命，农作物的收成有了保证，农民也收获了所需的粮食。因而运河沿岸村庄的繁荣兴旺，很大程度上依靠着大运河的滋润。

当然，河水给河岸边带来繁荣的同时也会带来灾难。夏季梅雨季节，雨水从地势较高的上游流下来，那时运河的水上涨得很快，严重时会引起水患，水淹没堤岸。如果乡村不重视保护堤岸的话，那么遇上洪水暴发，上涨的河流很可能会淹没四周的村庄，不仅会冲走庄稼，还会冲走房屋。历史上黄河改道、淮河冲击给运河沿岸人民带来的灾难是触目惊心的。

进入明代中后期，地方乡绅阶层的饮食生活出现了一个由俭入奢的变化过

1　（清）吴敬梓.新批儒林外史[M].陈美林，批点.南京：江苏古籍出版社，1998：247.

2　林语堂.吾国与吾民[M].南京：江苏文艺出版社，2010：320.

程。特别是乡绅多的地方，互相攀比之风日盛，以致宴客菜肴"稍贱则惧其渎客"。清代，乡绅之家的饮食也越来越讲究排场，注重食物的精美。在江南运河地区，"肆筵设席，吴下向来丰盛。缙绅之家，或宴官长，一席之间，水陆珍馐，多至数十品，即士庶及中人之家，新亲筵席，有多至二三十品者，若十余品则是寻常之会矣。"[1]龚炜在《巢林笔谈》中记载吴中的饮食情况时说："饮馔，则席费千钱而不为丰，长夜流湎而不知醉矣。"[2]在江苏太湖地区，许多乡绅和富家待客、开宴会，"皆入戏园，击牲烹鲜，宾朋满座"。无锡钱泳《履园丛话》丛话七中说："今富贵场中及市井暴发之家，有奢有俭，难以一概而论。其暴殄之最甚者，莫过于吴门之戏馆。当开席时，哗然杂遝，上下千百人，一时齐集，真所谓酒池肉林，饮食如流者也。"[3]其结果是浪费了大量的金钱财物，以求一时之快。正所谓"朱门酒肉臭，路有冻死骨"，与底层民众的生活形成了很大的反差。

二、江苏大运河渔业捕捞与食用

江苏运河的渔民多以捕鱼为生，捕鱼的大渔船多在运河较宽的水面和太湖、洪泽湖、高邮湖、骆马湖中捕鱼，小渔船多在运河及其支流中捕捞。渔民们常常是一家人一起出去打鱼，小船有两三人，夫妻俩张网、抛网打鱼的较多，小孩大了，父子俩打鱼的也很多。妻子、女儿等多在家或运河边织渔网、补渔网。小孩长成10岁后，大多都在父母身边学织渔网，两三年下来，织网技巧就会掌握得很快。

运河上也有较大的木帆船，有的木帆渔船20米长，船头就有三个舱位，白天是船上人员活动或船工的工作面之一，晚上架起篷架，盖上船头篷，就成了船工休息的地方。船身有六个舱位，多堆放货物。舱尾也有三个舱位，煮饭菜的灶台

1　（清）叶梦珠.阅世编[M].来新夏，点校.北京：中华书局，2007：218.
2　（清）龚炜.巢林笔谈[M].钱炳寰，注解.北京：中华书局，1981：113.
3　（清）钱泳.履园丛话[M].孟斐，校点.上海：上海古籍出版社，2012：129.

设在船尾的左侧，右侧的上方安放着神台，下方是存放日常使用的东西。船上人家把它叫作尾棚。尾棚主要是船主家人用来存放衣被，同时供妇女休息。船舵就在尾棚下方的水里，舵头被一条大木柱拴在船尾的横担下，而舵的中部与舵杆相连。

渔民之间经常相约一起行船、一起靠岸，在港湾处大家一起休息，还经常相邀一起用餐、聚餐。一般谁邀请谁就准备酒菜，可船家们大家都有一个约定俗成的规矩，那就是大家聚在一起喝酒，每人都得带上点下酒的菜或带上自己认为足以在别人面前炫耀的酒，这既可减轻邀请者家中的负担，也有相互之间得以进行交流的好处。一般四菜一汤、五菜一汤，大都是下酒菜，如焖小鱼干、干炒黄豆、香炸花生米、炒咸肉片、炒莲藕，供下酒。家中食用也多是蔬菜、小鱼、咸鱼，有时还有一些咸肉、香肠等。比较大的鱼一般自家舍不得吃，都到市场上去销售了，除了家中有喜事或亲戚来访才会食用。

运河流域的江苏城镇及其居民，多以运河所产鱼类为生，食用方法最普遍、最常见的是红烧之法，这是江苏人最喜爱的口味，烧鱼前用葱、姜煸出香味，把鱼煎成金黄，放盐、放糖、放酱油，也有加点辣椒和醋的，其味鲜香，甜咸适中，特别好吃；其次是白烧、清蒸之法，白烧，不放酱油，把鱼烧成稠浓之汁，更是好吃，清鲜之美；清蒸较为简单、省事，只要把控好时间，一熟即起，鲜美异常。江苏运河边的百姓吃得最多的是鲫鱼。因其分布广，便宜又美味，易钓、易取，且活性较强，最受大众欢迎。鲫鱼用以红烧、煲汤都是上佳的菜肴，特别是制汤，汤乳白色，鲜美无比。最为普通的菜品有红烧鲫鱼、鲫鱼炖蛋、荷包鲫鱼、萝卜丝鲫鱼汤、鱼汤面等。

运河鱼类中，鲢、鳙、草、青"四大家鱼"占据很大比例。青鱼、草鱼，体长肉厚。草鱼习性"草食"，多栖息于水体中、下层，体色茶黄色。青鱼又称"螺蛳青"，以运河螺蛳为食，体色也如螺蛳一般青黛。这两类鱼粗看差别不大，但青鱼因"肉食"，肉质更紧致更肥鲜，其尾鳍更是肥嫩爽口，胶质多，俗称"甩水""划水"，有"红烧划水"特色名菜。人们捕捞后习惯将鱼"暴腌"

一下，多制作爆鱼、熏鱼、清蒸鱼块。鲢鱼，生长快，个体大，肉肥美，尤以冬季时肥壮，是运河最主要的淡水鱼类。鳙鱼，又称胖头鱼、花鲢、黑鲢，形近似鲢鱼，肉白细嫩，刺较多。鳙鱼则妙在鱼头，其头较大，约占体长的1/3，是运河地区砂锅鱼头、拆烩鱼头的极好原料，胶浓脂厚，味极鲜美。

有一些小杂鱼是江苏运河渔民和当地百姓食用较为平常之物。如鲦鱼、鳑鲏等苏南苏北的运河中最常见小鱼，在水面上穿来穿去，俗称"穿条子"。《本草纲目》这样描述："鲦，生江湖中，小鱼也。长仅数寸，形狭而扁，状如柳叶，鳞细而整。洁白可爱，性好群游。"运河和港汊里，一到暑期，尤其是午间，鲦鱼成群结队，自由逐游啄食，鳞光闪闪动动。鳑鲏，是与鲹鲦为伍的又一种小鱼。体扁而短，口特小，肠特细而长。与鲹鲦不同，鳑鲏幽雅，好栖于河沿水草间，此鱼小巧，水灵灵，特娇嫩，加工时，只需用手指甲"掐"一下，挤去内脏即可。烹调鲹鲦、鳑鲏类小鱼，红烧之法最好最鲜，运河地区的人善用雪菜一起烹制，味道鲜美，美不可言。渔民们捕捞的大鱼都到市场上叫卖，只剩下了小鱼小虾留给自家食用，多红烧制法，做成鱼冻子配粥、饼吃。淮安地区渔民最典型的食品是"小鱼锅贴"，即铁锅煮小鱼，锅边上贴着面饼或玉米饼，食用时一边吃饼蘸汁一边吃鱼，风味独特，鲜美非常。

运河中比较名贵的淡水鱼要数鳜鱼，又称季花鱼等。鳜鱼多用于城镇接待筵席中。江苏运河中常见品种主要是翘嘴鳜，体较高而侧扁，背部隆起，口大，下颌长于上颌，背鳍前部为硬刺，后部为软鳍条。体浅黄绿色，腹部灰白色，体侧具不规则褐色纹条和斑块。鳜鱼骨疏少刺，味道鲜美，肉质细嫩洁白，含胶原蛋白丰富。最宜清蒸，以显其丰厚、肥嫩、腴美之特色，也可红烧、醋熘、火烤、干烧等。江苏名菜有清蒸鳜鱼、叉烤鳜鱼、八宝鳜鱼、松鼠鳜鱼、白汁鳜鱼、龙须鳜鱼、牡丹鳜鱼、松子玉米、瓜姜鱼丝等。

运河边的渔民和乡民捕获的鱼类最常见的还有鳊鱼、黑鱼、黄颡鱼、塘鳢鱼、黄鳝、泥鳅、鳗鱼、甲鱼等。鳊鱼，头小，吻上翘，体扁，长菱形。身体背部青灰色，两侧银灰色，腹部银白，腹脂丰厚。为草食性鱼类，平时栖息于底质淤泥中，比较适于静水性生活。运河边的人们习惯用红烧、清蒸较多。黑鱼，即乌鳢，口大，齿尖锐如锯，肉食，性凶猛，潜伏水草丛中。盛夏时节，运河沟渠的静水中，常能看到黑鱼仔结伴游动；冬季，黑鱼于水底淤泥中越冬，有经验的渔人便穿起橡胶水裤去"摸黑鱼"。黑鱼骨刺少，肉多，且肉质紧结细腻。用黑鱼烧汤，汤色清白，肉鲜嫩；加青椒炒食，一青二白，更是鲜美无比。

黄颡鱼，江苏运河人又称昂刺鱼、盎公、黄腊丁等，体表光滑黄蜡，衬以墨绿色，呈现一种金属古铜的光泽。此鱼腹大，八字须，但更醒目的是"刺"，刺坚硬，边缘具锯齿，肉质尤细嫩，鲜美绝伦，清蒸、余汤、红烧俱佳。

塘鳢鱼，黑褐色，鳃帮鼓囊，重50~100克，爱藏身石隙中。"三月三，塘鳢鱼上河滩。"油菜花开时节，塘鳢鱼最肥美，与草鸡蛋一起做羹，味极鲜美。

黄鳝，无鳍，无鳞，身子圆筒形，由粗而细。淮安人制作黄鳝菜肴技术绝佳，炒软兜、炝虎尾、红烧马鞍桥、白煨脐门等均为淮扬特色名菜。民间家庭多制作蒜头烧鳝段、清蒸鳝段、黄鳝炖汤。黄鳝味美，且营养丰富，乡谚有"小暑黄鳝赛人参"之说。

泥鳅，又称为鳅鱼，多与黄鳝为伍，运河港汊、田间沟渠中常见。泥鳅常栖息于浅浅的静水底层，受惊扰，则钻入淤泥中。泥鳅身子短胖，体多黏液，体色黄灰，肉质细嫩而鲜美。

鳗鲡，又叫鳗鱼。体表光滑，有黏液；少细刺，肉质细腻肥鲜。腹部玉白，周体泛溢出暗灰色的银光。红烧鳗鲡，肉质肥腴鲜嫩。

甲鱼，又称鳖、水鱼、团鱼等，多生活在淡水运河、湖泊、池塘中，富含蛋白质等多种营养成分。江苏人多制作清炖甲鱼、乌鸡炖甲鱼、白汁鼋鱼、八宝鼋鱼、生炒甲鱼等。

除此之外，运河岸边的人们养鸭、养鹅也十分普遍，鸭群、鹅群在运河上成群结队，也是一道美丽的风景。农村各地散养和圈养的鸡也随处可见。各种水生植物成为江苏人最好的天然蔬菜：菱角、莼菜、茭白、藕、荸荠、芦蒿、慈姑、芡实、水芹、蒲菜等。

江苏运河区的人们，无论是渔民还是岸边的村民，几乎都有一套捕鱼的本领：钓鱼、摸鱼、罩鱼、打簖、撒网、钩长鱼、抠螃蟹、耥螺蛳、摸河蚌等技巧。清代，扬州"八怪"之首的郑板桥是水乡之人，他有许多诗词都是介绍运河水乡的生活特色的。"蒲筐包蟹，竹笼装虾，柳条穿鲤"形象地概括了运河岸边的人们对捕获水产鱼、虾、蟹的简单包装和提拿的描述，这就是运河水乡的民俗风情和独特魅力。"稻蟹乘秋熟，豚蹄佐酒浑""紫笋红姜煮鲫鱼""碧湖红稻鲤鱼肥""愿献长溪藻，还供缩项鳊""鱼蟹多无算，鸡豚不计钱""虾菜丰肩奴子荷""几千万家鱼鸭边""乱摊荷叶摆鲜鱼""湖上买鱼鱼最美，煮鱼便是湖中水""买得鲈鱼四片鳃，莼羹点豉一尊开""一塘蒲过一塘莲，荇叶菱丝满稻田""鸡头米赛蚌珠圆""佳节入重阳，持螯切嫩姜""紫蟹熟，红菱剥""白菜腌菹，红盐煮豆""虾螺杂鱼藕""取鱼捞虾，撑船结网""好闭门煨芋挑灯，灯尽芋香天晓"[1]等。郑板桥的诗词和家书中大量描写和阐述了运河水乡水生动植物材料的丰富和丰彩，这些餐桌上的常客，尤为家厨、肆厨所偏爱。千百年来，运河儿女以淡水水鲜为主的饮食格局并无改变。

三、大运河儿女捕鱼钓虾有绝活

江苏运河两岸的人善于到水中弄潮，会捕鱼钓虾捉蟹是运河人的基本功，也是受人尊重、对外炫耀的本钱。运河两岸的孩子，大多数是边学走路边学游泳，一般情况下会走路了也就能下水了。

江苏运河人从前一直过着半农半渔的农耕生活，因此运河两岸的男女老少几乎都有一套捕鱼捉蟹的本领。他们有的乘船用网簖捕，有的用鱼鸦（鸬鹚）捕，有的用钩子钩，有的用叉子捕，有的用耥网拉网捕鱼，有的用蔑罩罩鱼，有的用虾笼张虾、蟹簖捕蟹，有的穿起防水袄到河中摸鱼，甚至有的是戽干河水、竭泽而渔的"恶捕"——戽鱼。四九寒冬河面封冻，孩子们在封冻的水田里，用榔头

---

1 （清）郑燮.郑板桥文集[M].吴可，校注.成都：巴蜀书社，1997.

敲冰取鱼，称为"敲鱼"。

捕鱼最主要的工具是渔网，拉渔网的场景是捕鱼最壮观的。一般是多个船家渔民一起捕捞。渔民把大渔网从河的下游丢下，用木盘和三脚架把上纲撑起，然后人数相对平均地分列两岸，纤板则背在腰间，倒退着走。随着大网的收拢，作业面的缩小，那活蹦的鱼儿就在网中不停地跳跃，收网是一个振奋人心的事情，各式各样的鱼儿汇聚在一网之间，是渔民们最为喜悦的时段。

渔民打鱼的网有抛网、赶网，还有一种比众网小的渔网，渔民们称为罾。使用抛网和赶网打鱼，只需两人，一人放网，一人划船就可以了。而若是使用罾，必须有一种赶鱼的工具相配合，渔民们把这个用来赶鱼的工具叫鲅，用鲅把鱼赶到张好的罾口里去，这种打鱼方式，渔民们称之为打鲅。每次打鲅必须有3个人一起操作，一个人拉鲅，另外两人在内外两边张罾。枯水季节，运河上打鱼的最佳方式就是打鲅了。这种方法每次得到的鱼小到25克，大的也只有100～150克，卖价很低，但每天能打到一定数量的鱼也还能维持一家人的生活。

运河上撒网捕鱼是最为常见的事。撒网是不受地区限制的捕鱼项目，在运河的每个地方都可以撒网捕鱼。渔网是由网衣、脚子、倒须、手纲等部分组成。撒网也叫旋网，撒是散开，旋指转动，这就是说撒网是靠转动而散开的。渔人将网撒成一个个圆形，落入河面上，沉入河底下，慢慢缩短手纲，在脚子的作用下，网具会逐渐闭合，这时再把渔网缓缓提到船上。[1]

小型捕鱼方式有张卡、张钩之法。卡、钩是一种延绳钓具。苏北渔民常常一两人用小船张卡，"卡"是竹子的梢枝做的"卡芒子"，能够弯曲而不致折断，"卡"做好后，再制作卡套和诱饵。鱼类摄食诱饵时，往往连卡一起吞入，卡的两端忽地张开，卡住鱼嘴后鱼就无法逃脱了。这种卡的捕获对象大多是鲫鱼、鳊鱼、鲌鱼、鲹鲦等。

黄颡鱼昼伏夜出，渔人多用丝钩夜钓。以红丝水蚯蚓作饵料，前半夜下网，

---

1 刘春龙.乡村捕钓散记[M].北京：人民文学出版社，2010：113.

黎明前收网。捕获的鱼放在水桶中，又"昂"又"嗤"。胆大的孩子就用手指拈住背刺提起来，听它"吱嘎吱嘎"抗议。

钓鳝鱼，也是一种技术活。夏夜，秧田里"照火鳝"曾是乡间男孩的冒险事，也是乐事。尤其月黑闷热夜，黄鳝出洞觅食，火光一照，浅水中显身影。捕捞者眼疾手快，用特制的"鳝夹"一夹，不费力。白天，黄鳝蛰伏洞中，可用钢丝钩穿上蚯蚓引钓，会这种技术活的人，称为"钓鳝人"。夏日午间，最闷热时段，最好是打雷前，用竹畚箕去水沟中"赶"泥鳅，收获不少。通常，泥鳅栖息于浅浅的静水底层，受惊扰，则钻入淤泥中。农闲时，乡人常把沟渠舀干水，徒手"翻泥鳅"，收获满满。

捉蟹也是运河两岸人的顶级绝活。螃蟹每年都潜入运河底繁殖后代，分散到沟港荡渠中生长发育，钻入河坎上打窟穴居，爬到水稻田中横行觅食。人们掌握了螃蟹的生活习性和活动规律之后，便运用不同的工具和方法捉蟹。当螃蟹在河底繁殖时，人们便驾小船，用一种扣上小铁坠子的蟹网撒到河中"拉蟹"。这种活一般在夜间赶潮水进行，因为螃蟹要在深夜趁潮水从河底的淤泥中爬出来寻偶交配。[1]当螃蟹进入沟港荡渠之后，捕捉的方法就更多了，有用灯光照的，有用网籇张的，有用烟熏缆诱的。捕蟹的方法很多，还有扳蟹罾、拉蟹网、排蟹、钓蟹、蟹籇、蟹笼捕蟹等。

在良好的自然条件下，人们的生活相对得到保障，食物的品种相对丰富些。就运河岸边广大百姓而言，除非过年过节或有宾客临门，老百姓是很少买肉或宰杀家禽家畜的，在生活相对安定的情况下，只有家中杀了猪或农事繁重季节到镇上买点肉，才能打打牙祭开开荤。而运河儿女每天鱼虾不缺，舍不得吃大鱼，但小鱼小虾常年不断。运河百姓填充饥饿最常采用的方法就是就地取材。河区百姓就河湖网鱼鳖蟹虾、捞螺蚌菱藕；平原百姓居家下地择禾黍麦粱、野菜地瓜，配上花椒小料煸炒着吃。只要能够食用、充饥、无毒的原料都可作为食用的材料。

1　颜玉华.射阳河流域的民风民俗[J].江苏地方志，2021（6）：58.

第二章

江苏大运河地区
饮食文化特色

　　江苏大运河，今北起苏鲁两省交界处的微山湖二级坝，南至苏浙两省交界的苏州鸭子坝，以长江为界分为苏北运河和苏南运河。江苏大运河由北向南沟通微山湖、骆马湖、洪泽湖、高邮湖及太湖，连接淮河、长江两大水系。历史上对大运河河段的划分方法较多，目前江苏运河段通常分为苏北运河、苏南运河，还有一种较为普遍的划分为中运河（徐州至宿迁、淮安段）、里运河（淮安至扬州段）、江南运河（镇江至苏州段）三段。本章按照江苏南北地域的特点及其饮食文化特色，联结了楚汉文化、淮扬文化、吴文化的不同风格，分别阐述不同运河区域的饮食文化特色。

第一节　中运河：徐州至宿迁地区饮食特色

　　地处苏鲁交界的江苏北部运河，主要流经徐州、宿迁、淮安北部地区。这里我们主要叙述徐州、宿迁两个地区的饮食文化特色。淮安是连接中运河和里运河的重要之地，其内容主要在里运河中介绍。

　　徐、宿两大地区，是楚汉文化之地，以项羽建立西楚王国和刘邦建立西汉帝国所体现的巍巍雄风为标志，区域性文化特色鲜明。在这片土地上，两千多年的悠久历史，曲折绵长的社会进程形成了丰富多彩的包容性文化。

一、中运河地区概况与文化特点

1. 中运河地区楚汉文化的历史特征

　　中运河地区的徐州、宿迁、淮阴之地，是楚汉文化的中心区域，这里有"彭祖故国、刘邦故里、项羽故都"之称。在这一方物华天宝、人杰地灵的广袤的土地上，中运河作为沟通自然河流的人工水道，连接着徐、宿、淮水运交通粮、盐等物资运输的便利，为地方经济的发展起着重要的作用。

　　楚汉文明是勤劳勇敢的徐、宿、淮人民共同创造的结晶。历史和地理的条件决定了楚汉文化具有南北交融的地方特色。楚汉文化代代相传，在传承中衍化，铸造了徐、宿、淮人民的思想性格，推动着本地区的社会经济和文化持续发展。这里大部分地区分布在淮河流域，贯穿中运河、里运河等，给两岸人民带来舟楫与灌溉之利，对发展农业、水利建设与航运事业十分有利，具有鲜明的区域文化特点。

徐州，古称彭城，位于江苏省西北部，是苏、鲁、豫、皖四省交界之地，交通形势和战略地位十分重要，素有"五省通衢"和"军事重镇"之称。近代津浦、陇海二铁路相继建成并通车，徐州又成为了我国东部的铁路枢纽之一，也是苏、鲁、豫、皖接壤处第一大城市和政治、经济、交通、文化中心。

远古时代，徐州是我国东夷族的发祥地。秦汉之际，反秦国武装拥立的楚怀王和西楚霸王项羽皆曾建都彭城。汉王朝建立后，高祖刘邦封其异母弟刘交为楚王，号称楚国，都彭城。南北朝时期，刘宋称徐州、彭城郡、彭城县，其后，唐、宋、元、明、清，徐州皆为州、府衙署所在地。彭祖文化、两汉文化对徐州的人文环境、社会生活产生了极其深远的影响。

宿迁，古称下相、宿豫、钟吾、下邳等，北与徐州相连，南与淮安毗连，东与连云港接壤，西与安徽交界，京杭大运河穿境而过，北倚骆马湖，南临洪泽湖，处于徐、淮、连的中心地带。

宿迁是西楚霸王项羽的故乡，有5000多年的文明史和2700年的建城史。战国时期的楚国，分西楚、东楚、南楚，司马迁《史记·货殖列传》曰："夫自淮北沛、陈、汝南、南郡，此西楚也。"宿迁地处西楚。公元前206年，秦亡，项羽在得到楚怀王的同意后，自立为西楚霸王。《史记·项羽本纪》："项王自立为西楚霸王，王九郡，都彭城。"唐高祖武德四年（621年）改隋下邳郡为泗州，仍以宿豫为州府；清初，宿迁又改属徐州；2004年3月，经国务院批准，撤销宿豫县设立宿迁市宿豫区。千百年来，项羽作为一个风云历史人物，留给后人更多的是精神文化财富。宿迁人一直认为项羽是盖世英雄，衍生而出的项羽文化内涵丰富、多元交错，主要体现在刚正自尊的率真精神、重仁重义的诚信精神、敢为人先的创新精神、纵横决荡的刚勇精神。

2. 中运河孕育下的市场景况

从运河开凿的历史介绍可以看出，清代康熙年之前，居住在中运河区的徐州、宿迁、淮阴等地的百姓，生活是极其贫苦的，长年修浚运河，人口大量减少，饮食生活长期处在困苦之中，常常是难以为继。

康熙四十二年（1703年）后，黄河与运河完全分立，漕运大为改善，民众的生活开始得以恢复正常。由于运河交通带来了便利，人们的日常生活有了相对的保障。运河漕运繁盛的淮阴、宿迁、徐州之地，河漕官员纷纷来此，也成为属吏、兵丁、役夫聚集之地，各项供应齐全，特别是官盐在此周转发散，盐商豪富，"仆从如烟，骏马飞舆，互相矜尚"；漕船携带的南北土产，使附近地区成为集散地和交易场。店铺行栈，鳞次栉比，各路商贾、漕兵漕丁、榷官属吏、店家商贩、搬运苦力，各色人等，拥道塞途，日夜不休。[1]

中运河上有一些较为繁华的古镇，最具代表性的是徐州新沂的窑湾古镇和宿迁的皂河古镇。这两个古镇分别在骆马湖的西北侧和西南侧，是中运河上的两颗明珠。

窑湾古镇地处中运河中段，是大运河南北之交的黄金地带。古镇始建于唐朝初年，位于新沂市西南部，京杭大运河与骆马湖交汇处，三面环水，是一座具有千年历史、闻名全国的水乡古镇。地理位置优越，水陆交通发达，东倚骆马湖，西临大运河，南瞰淮泗水，北望沂沭河，曾有"日过桅帆千杆，夜泊舟船十里"之盛。据典籍记载，明、清漕运和海运鼎盛时期，窑湾为扼南北水路之要津，南货北产多在此卸船后转销各地。四通八达的水陆交通，让古镇窑湾具备了大运河上得天独厚的枢纽优势。

由于窑湾的黄金水道和商业繁荣，自明代起至康熙年间，四面八方的外来人来到了窑湾，带来了当地的不同的商业文化和饮食文化。窑湾人来自五湖四海，民国时期就有10多个民族。近30年来，有11个省的人在这里定居，少数民族有19

1　宿迁市人民政府史志办公室.宿迁地域文化[M].南京：江苏人民出版社，2019：79.

个，如回族、满族、彝族、羌族等。

　　窑湾在运河边的交通优势，无数南来北往的游人在此驻足，天南地北的商人在此安家兴业，它就像是一个融汇了东南西北的大熔炉。如清朝中晚期的庙会，规模宏大，参加人数较多，场面较为壮观。庙会期间，客商云集，周围四邻八乡的农民空闲赶制一些民俗工艺品，在庙会上出售。广场上卖香烟、瓜子、梨膏糖、冰糖葫芦等商品的小商贩或摆摊设点，或挑担挎篮，叫卖声此起彼伏，通宵达旦；各种面塑、糖塑应有尽有；民间工艺品，各种陶塑、泥塑花样众多；道路旁薄脆、炸糕、炕饼、花卷、煎包、五香粥等小吃令人垂涎欲滴；集市中龙虾、螃蟹、小黄鱼、青菜、鸡鸭、蛋及猪肉、牛肉等一应俱全；布棚、竹棚、油布伞下，各种玲珑玉器、竹木制品、玩具漆雕、布匹绸缎、衣帽鞋袜等让人目不暇接；杂货店内，桂花糕、酥糖、皮糖、焦切、寸金、三刀、桃酥、"绿豆烧"酒、甜油、咸鸭蛋等琳琅满目，喷香袭人。窑湾庙会的兴起，促进了民俗文化、宗教、商贸、饮食等各行各业的繁荣兴旺，为窑湾的辉煌盛世奠定了坚实基础。[1]

　　运河上，大大小小的船只缓慢行驶，络绎不绝；繁忙的码头上，船只里外，挤得是满满当当。

　　依窑湾古镇向南航行，来到宿迁皂河古镇，这里发源于山东郯城县墨河的支流，南入京杭大运河，因水底土色发黑而得名。清康熙十九年（1680年），总督靳辅开旧皂河口，皂河地域因此成为大运河南北漕运要道，商贾行船不绝，逐渐成为宿迁西北部经济贸易中心和水陆交通枢纽。曾任河南道直隶州判的卢盛芝，归里后在集市周围筑圩防寇，遂有"皂河镇"之设。境内大运河流贯通南北。皂河镇素有"运河古镇""水乡古镇""文化古镇"之称。窑湾古镇的市场状况和运河风貌在皂河同样显现。

　　皂河古镇位于宿迁市西北部，距宿迁市区约20公里。地处湖滨新区、宿城区、睢宁县三县（区）交界处，镇域面积266平方公里，其中水域面积约190平方

1　陆猛,张长青.窑湾——大运河之子[M].南京：江苏文艺出版社，2019：103.

公里，耕地面积约3万亩。古镇内有乾隆行宫、安澜桥、财神庙、陈家大院、合善堂等明清建筑。

　　皂河龙王庙会始于明代中后期，已有500多年的历史。庙会为期三天，初八"焰火日"，初九"正祭日"，初十"朝山日"。因为正月初九为"正日子"，故又称"初九会"。几百年来，民间自发形成的庙会由原来单纯的民间祭祀活动，逐步发展演变为集民间祭祀、文化展示和商品贸易为一体的大型的群众自发的民间民俗文化活动，具有浓浓的地域文化特色，是每年春节期间运河百姓必须品味的一道"民俗大餐"。

　　乾隆行宫又称龙王庙行宫，原名"敕建安澜龙王庙"，是清代帝王为祈求龙王"安澜息波、消除水患"而建的祭祀建筑。该建筑群始建于清代顺治年间，改建于康熙二十三年（1684年），后经雍正、乾隆、嘉庆等历代皇帝的修复和扩建，形成了占地36亩、周围红墙、三院九进、前庙后宫式的皇家建筑群。因乾隆皇帝六下江南，往返11次驻跸于此，故又称"乾隆行宫"。陈家大院建筑群始建于清朝嘉庆年间，是宿迁最大的清代古民居。财神庙建于清康熙年间。合善堂建于清光绪二十年（1894年）。古镇历史悠久，运河文化氛围浓郁。

　　这两座古镇经几兴几落。在繁华盛景时期，古镇上人来人往，穿梭不息，窑湾古镇的大大小小的商会，山西的、浙江的、两广的、苏镇扬的……遍布街市；两镇的典当行、酒肆青楼、教堂、货仓等，店面有许多食品商店、酱园店、茶食店、糕点坊、糖果店、水产店、小吃店、面馆、馓馆等鳞次栉比。商业的兴旺发达，迎来了四面八方的客流，汇集了水韵文化的特色美食和风味小吃：热腾腾的菜煎饼、香脆脆的干炸小鱼、现场切制的云片糕、香酥脆爽的叶家烧饼、鱼头熬汤的鱼肉饺子等。

二、中运河地区饮食文化特色

　　中运河地区依偎在骆马湖和洪泽湖的成子湖畔，从微山湖流经沛县、台儿庄流经邳州，经邳城镇、运河镇到窑湾镇，到达骆马湖，经皂河镇、宿迁市、泗阳县、成子湖，到达淮安市。在这片楚汉文化的故土上，各地的饮食习惯大体相近，都属于江苏北部地区的饮食文化风格。饮食上，与邻近的山东有相同之处，但也有许多差别，菜品的制作方法、口味都有差异，在口味方面比山东地区要清淡许多。

因中运河地处苏北，是通向山东和江南运河的必经之地，这里的人们在饮食上比较杂，有南方人，有北方人，在主食方面既有米饭，也有面饼等面食。

1. 多用河湖水产，鲜咸适口

中运河地区由于濒临骆马湖、洪泽湖和微山湖，明清时期就有许多渔民在河湖上生活，河边、湖边的居民对鱼虾的做法也不同寻常，烧鱼要用当地的河水、湖水来烧，否则就缺少这种风味。这里的水产鱼类主要有鲢鱼、鲤鱼、草鱼、鲫鱼、青鱼、鲈鱼、鳜鱼、白鱼、黄鳝、昂刺鱼、虎头鲨、银鱼等。大运河中的青虾，味美清爽。当地居民的食物都以鱼类为主，每到春天、秋天捕捞旺季，家家腌鱼，处处晾着鱼干，以备不时之需。鱼类菜是运河人家必备的食品，婚丧嫁娶，鱼是不可缺少的主要菜品。

中运河地区地处淮海地区，其烹制风味主要是淮海风味，介于淮扬菜和山东菜风格之间，味不像山东菜那么咸，色不像山东菜那么深，也不像淮扬菜那么甜、刀工那么细、色泽那么清爽。在口味上，注重鲜、咸、微辣，肥而不腻，也比较注重养生，南北文化的融合，形成了苏北特有的风格特色。

沛县、铜山区的大运河段依偎着微山湖，当地居民的饮食生活主要依赖微山湖的水鲜，邳州的运河镇、邳城镇以及新沂的窑湾镇，都是以大运河为依托，水产鱼类菜品极为丰富。代表菜肴主要有糖醋四孔鲤鱼、泇河蒜爆鲤鱼、西泇河河蚌汤、辣椒炒小鱼、油炸鱼、鱼头饺子等。

由窑湾经宿豫区运河到骆马湖，夏天馈赠给徐宿地区人们极丰富的渔产。泗阳南临洪泽湖，境内洪泽湖水域面积达45万亩。洪泽湖湖水清澈、水草丰嫩，盛产鱼虾鳖蟹，是发展水产养殖不可多得的宝地，也是以水产鱼类菜为主要菜品的地区。在骆马湖、洪泽湖湖边芦苇丛中，野鸭时常在芦苇丛中出没，低空盘旋；湖心小岛的渔民，每天都有新捕捞上来活蹦乱跳的鲜鱼和小虾，用湖水一煮，吃起来鲜美无比。餐桌上有油煎的小鱼、个大橙黄的鸭蛋、时鲜的螃蟹、简单烹煮的银鱼豆腐汤等，这是运河湖边最有特色的菜肴。

运河人家的油炸鱼是选用河湖中新鲜的毛刀鱼，清理干净后放盐腌制，然后将鱼放入蛋清和淀粉糊中，让鱼身上均匀地挂上一层糊，再放入油锅中煎炸两遍而成。炸好的毛刀鱼通体金黄，外酥里嫩，散发着诱人的香气，就连细小的鱼刺都十分酥脆。皂河地区的鱼头饺子原是渔民的家常菜。渔民居住在船上，因船上空间有限，仅容一灶。他们捕获花鲢，取鱼头熬汤、鱼肉包饺，待鱼汤熬好时，把饺子投入其中煮熟，饭菜"一锅而就"，易做味美。

2. 乡土气息浓郁，注重实惠

中运河地区的百姓，家家户户爱吃煎饼作为主食，大都是自己动手。做煎饼的方式较多，有些是与菜肴一起制作的，如地锅鸡、小鱼锅贴之类的饭菜合一菜品，从渔民船上、农家饭桌上进入到广大百姓家中，并走进餐馆、饭店。在煎饼以外，大米饭、馒头只作为辅助食品，构成了当地人们的三餐主食。

20世纪80年代之前，中运河地区大多都以运河水为生，渔民都要吃运河里的水。不仅如此，食物的加工烹饪也是因运河而存，比如豆腐。当地的豆腐用传统方法制作，口感与其他地区不一样，烹制的豆腐菜肴豆香浓郁，具有独特的乡土气息和运河风情。

徐州运河地区的乡土特色美食有大王集烧鸡、徐州饣它汤、沛县地锅鸡、沛县把子肉、椒子酱、高皇羊肉汤、邳州鸭蛋粉皮、盐豆炒鸡蛋、尖椒咸豆条、尖椒小鱼、邳城热豆腐、辣椒炒干虾、烧鸡熏蹄等。"地锅鸡"是以鸡、八角、面粉等原料制作而成，汤汁较少、口味鲜醇、饼借菜味、菜借饼香，具有软滑与干香并存的特点。"把子肉"是徐州地区的特色美食，其味道非常醇香，吃起来多滋多味，配上白米饭最为合适。

具有百年历史的窑湾特产甜油，用传统工艺生产发酵，口感独特，气息芳香。当地制作的菜肴不用酱油烧，而用甜油，带给人一种古老传统的烹制风格。甜油酿制需经210天日照，黄豆与面粉按一定比例，经过发酵水解，制作过程有较高的要求。在古代被当贡品，比油还贵重。窑湾的咸鸭蛋是选用当地的土鸭蛋而制，煮熟的咸鸭蛋，蛋壳上泛着一层青亮的色泽，蛋白咸嫩弹滑，蛋黄酥沙香醇。只因这里的鸭子在骆马湖中四处游荡，吃着鱼虾和螺蛳，才能有这般美妙的咸鸭蛋。

宿迁运河地区的乡土美食也很丰富，有黄狗猪头肉、泗阳膘鸡、泗阳酥鸡、新袁羊肉、皂河赵家糁汤、王官集瓦块鱼等。"膘鸡"是泗阳著名乡土风味菜品，运河边的人们婚丧喜庆，多以膘鸡作为头牌菜上桌，此菜选用瘦猪肉蓉、鸡蛋黄、馒头屑、山药糊、鸡蛋清、淀粉为原料，用盐、葱、姜、胡椒粉等作料搅拌均匀，摊在百叶上制成约4厘米厚的三层鸡糕，上笼蒸熟切片，青、红、白三色相映，肉香扑鼻，不肥不腻，娇嫩爽口。泗阳酥鸡也是利用猪精瘦肉和山药糊，加入面粉、盐、葱、姜、蛋清等进行搅拌，做成巴掌大的糊团子，经油炸，冷却后切成小块，放在菜里烩烧即成。两种菜肴的制作方法是中运河地区乡味朴实而独特的工艺，在当地已成为家喻户晓的菜品为人们所喜爱。

京杭大运河边的泗阳新袁镇（清初称仁和镇）最著名的是新袁羊肉。乾隆皇帝下江南时品尝此菜后十分高兴，脱口道出"此乃人间美味"。从此新袁羊肉作为贡品声名大噪。如今"新袁羊肉"已不是简单的"肉食"菜了，而是系列性的羊肉菜肴，利用羊肉各个部位做菜，可以说是从头吃到尾，经过烧、炒、爆、炖、冷炝等做法，共有30多道菜肴。

在皂河古镇，当地人早餐的特色食品是糁汤，其用料讲究，取用牛、羊等骨头熬汤，糁汤主料选用牛羊的脊椎骨头架子，加入花椒、茴香、桂皮、胡椒等作料，再辅以小麦仁、葱段、姜末、食盐、芡粉，以地锅长时间（约一通宵）熬炖而成的一种粥汤。要喝的时候，在碗里打一个生鸡蛋再淋上熬制好的汤。这与徐州的饣它汤同出一辙。

3. 面点品种丰富，甜咸味美

徐宿地区的主食类似于鲁南风味，喜煎饼和面食，米饭处于辅助地位。当地的特色小吃也是丰富多彩，有面食类，也有米食类，有名的品种较多，其味有甜有咸。

徐州运河地区比较著名的面点小吃有：沛县的冷面、缸贴子，邳州的炒豆条、豆卷、萝卜卷、粉丝包、菜煎饼、凉皮、邳州凉粉、羊肉包，窑湾的桂花云片糕、展家凉粉、颜家酥饼、小脆子（油与水、面粉制成）、窑湾熏肉、捆蹄等。

"菜煎饼"，从传统的单韭菜馅，演变成韭菜、粉条、豆腐、胡萝卜丝、白菜、荠菜、洋葱、苋菜等应有尽有的馅料，客人可根据自己的口味自选搭配，咬上一口，嘎嘣脆，一股素菜的菜香让人回味无穷，这种煎饼配上各色蔬菜成就了一道邳州地道的美食精品。"缸贴子"的烤制方法类似于新疆的馕，如北方的吊炉烧饼，与前两者不同的地方是它用砂缸做成的炉具以无烟的焦炭为燃料烤制的，所以风味和口感更为特别。"桂花云片糕"用糯米粉、绵白糖、桂花和青红丝等食材精心制作的，外形长方，桂花特有的清香，夹杂着糯米的绵软和白糖的甘甜，十分可口。

宿迁运河地区的特色小吃有：乾隆贡酥、水晶山楂糕、羊角蜜、穿城大饼、和泰大糕、灌香德子等。皂河镇"乾隆贡酥"是叶家烧饼的别称，得名于清朝乾隆二十二年（1757年），即乾隆二下江南之时。其实叶家烧饼早在唐代就很有名气，那时叶家炉内功夫已达顶级，可以制作出60多个品种的名点小吃，如"一指饼""水磨镜"等，享誉一时，叶家烧饼传人曾被选入唐御膳房。泗阳的"穿城大饼"，饼大而厚，中间厚度可达8厘米，重达7.5千克，体现出地方小吃的厚实和粗犷。穿城大饼烙制技术也很特殊，烙制大饼不用平底锅，用的是圆底铁锅，烙出的饼才能中间厚四边薄。由于饼大体重，必须用小火慢工制作，才能达到饼熟而不焦的效果。

4. 筵席规格有序，浓淡兼备

从筵席的历史来看，它是在古代祭祀的基础上发展起来的。中运河地区是我国楚汉文化的发源地，这里历史文化厚重，出现过不少历史名人，也涌现出许多名宴，如"汉宴十大碗"等。当地在红白喜事的宴请接待中，讲究筵席的格式和程序，许多地方都有"八大碗""十大碗"式的接待规格。当地人利用运河地区的水资源，在设宴上习惯用河鲜开设筵席，如传统的"鱼宴""船宴"特色分明。

（1）传统格局的"八大碗""十大碗"

①邳州八大碗：也称"老八碗"。在改革开放以前，邳州的普通老百姓生活中，"八大碗"是不可多得的美食。遇到生日寿辰、婚丧嫁娶、孩子满月等日子，按习俗老百姓并不去饭馆，而是在家里、村里支起大棚来找专门的厨师或厨娘招待亲朋好友。后来"八大碗"在烹调方法上都有改进，许多饭店里也有接待。"八大碗"的烹调方法源于传统的地方烹饪技法，从民间产生，以家庭式的制作方式，如蒸、炖、烧、烩等，以肉类和蔬菜类食物为主。传统"八大碗"菜肴有：虎皮扣肉、水千子、粉皮鸡、酥香丸子、鸡蛋糕、炸鱼、小酥肉、八宝甜饭等。

②泗阳十大碗：过去由于经济水平较低，泗阳人餐桌上放着的都是大口碗，而且桌上放的都是十碗菜，素多荤少。久而久之，就给筵席取名"泗阳十大碗"。十大碗是指六碗四汤，"六碗"通常有：红肉、白肉、酥鸡、膘鸡、千张卷、扣千张；"四汤"：金针菜汤、鸡蛋汤、肚丝汤、肉圆（8个，1人1个，另带的小孩没有）汤。"八碟"是指喝酒时的8个冷盘，通常有：干切猪肝、干切牛肉、猪耳朵、白斩鸡（或干切瘦猪肉）、小干鱼（油炸）、鸭蛋（一切四瓣）、虾片、花生米。菜品一般根据办筵席的人经济情况而定，还有以苹果片、橘子瓣来做冷碟的。

（2）河湖地区特色的筵席

①新沂窑湾船菜：窑湾船菜源于明代，盛行于清朝，得益于其毗邻的大运河

和骆马湖。大运河水运的发达带动了窑湾工商业的迅速繁荣，也兴盛了窑湾船菜。它利用当地原生态水生动植物为食材，尤以鱼、虾、蟹、鳗等鱼类为主，做工细致，咸淡适中，无论春夏秋冬，四季时鲜不断，佐以窑湾特有的甜油，独具特色。水产蔬菜莲藕、菱角、荸荠、鸡头米，配以鱼虾、螺蛳、螃蟹、甲鱼，用大蒜、辣椒等简单调料。素有"渔家四宝"之称的白丝鱼、青虾、银鱼和螃蟹，是窑湾船菜主打的特色菜肴。"骆马湖八鲜"：鳜鱼、黄颡鱼、龙虾、黑鱼、甲鱼、毛刀鱼、螺蛳和草鱼，是必备烹饪的食材。烹调方法水煮、红烧、清蒸、油炸诸法并用，体现着中运河地区鲜香咸辣的风味特征。

②宿迁渔夫船宴：祖居在河湖上的渔民，每天披星下湖打鱼，晚上戴月满载而归。他们做的河鲜，最具特色的有红烧臭鳜鱼、杂鱼锅贴、红烧泥鳅、蒜香长鱼、小米虾球等。每逢红白喜事，他们将几条船联成一帮，把菜肴端到中间的一条船上。渔夫们围坐船头，大碗喝酒，大口吃鱼，一派欢乐祥和的场景。[1]

渔夫船宴菜单中的冷菜有：莲子、菱角、咸鸭蛋、咸鱼干、藕、鸡头梗。主菜有：盐水河虾、鲫鱼豆饼、蒜香长鱼、小鱼锅贴、豆腐水人参、黑鱼萝卜、红烧臭鳜鱼、针菜酥肉、小米虾饼、清炒蒲菜、清炒藕藤、清水龙虾、红烧麻鸭、角针鱼粉丝、清炒时蔬。汤菜有：蚬子豆腐韭菜羹、鱼头汤、浓汤甲鱼。点心有：萝卜卷、菱角秧包、手擀面、面须、时令果盘。

（3）历史文化厚重的古典筵席

①沛县汉宴十大碗：汉皇故里的沛县，人们在婚嫁、丧葬、贺寿、庆典时流传至今的是"汉宴十大碗"，十道大菜有荤有素，酸、辣、咸、甜兼备。至清末，沛县制作汉宴最著名的厨师是攸明礼，他出身烹饪世家，在县衙当厨师，既为县太爷及众衙役做饭，也常以汉宴十大碗款待各路来沛官员。对此，清末《沛县志》及中华人民共和国成立后的《沛县志》均有记载。攸明礼去世后，他的嫡系后裔及异姓徒弟，遍布沛县各地。乡间凡是有红白大事，主人都以"汉宴十大

1　宿迁市人民政府史志办公室.宿迁饮食文化[M].南京：江苏人民出版社，2019：162.

碗"招待来宾。

"汉宴十大碗"组成：第一道焖子（蒸猪肉饼），第二道签子（牛肉蛋卷），第三道红扣肉，第四道油炸鱼，第五道羊肉炒白菜，第六道甜米饭，第七道虎皮鸡蛋，第八道鸡丝笋，第九道牛肉炖豆腐，第十道全家福。"汉宴十大碗"可分为官府和民间两种版本，其基本风格和制作方法大同小异。官府的用料考究，做工精细，用于招待过往官员及达官贵人；民间的十大碗，则因陋就简，主要用于婚丧嫁娶时款待宾朋。2010年"沛县汉宴十大碗"被列为徐州市非物质文化遗产名录。

②宿迁项府家宴：以楚国贵族子弟项羽为设宴对象，遵循西楚礼仪，主取西楚特产食材，古法料理，器皿考究，融历史、人文、风情、养生为一体的雅聚筵席，体现了鲜、养、趣的特色。主要菜品如下：

下相四钉（烹毛刀鱼、飘香仔鸡、金桂山药、油爆大虾）

雄霸天下（霸王一鼎鲜）　　　钟吾渔歌（三白煎鱼饼）

龙凤天配（汗蒸子鸽鳝）　　　临淮鱼汛（骆马湖鱼头）

斗酒彘肩（香料炙猪蹄）　　　六国会盟（五子伴鼋鱼）

白玉藏珍（古法烙豆腐）　　　故里野蔬（双味时鲜蔬）

家乡酥饼（玫瑰车轮饼）　　　养生面须（槐花面须汤）

梧桐甜羹（冰糖炖酥梨）　　　西楚朝牌（芝麻玉带饼）

第二节　里运河：淮安至扬州地区饮食特色

春秋时期，吴王夫差邗沟的开通，将淮安与扬州两地连通一线，使得两地的水脉紧密相连，这就是里运河的前身。淮安与扬州两地是由大运河的雨露滋润而成，它们因运河而兴，运河是两地的根脉，这条"人文生态繁华欢乐之河"，孕育了璀璨的双城文化，正是这条遗产廊道、交通廊道、生态廊道，提升了两个运河名城的知名度和美誉度。

一、里运河地区概况与文化特点

1. 里运河地区淮扬文化的历史特征

早在《尚书·禹贡》中就记有"淮海惟扬州"之句，这里就把"淮"与"扬"紧紧地联系在一起。"淮扬"，在古代也是指淮河与长江之间的一片区域。从古到今，扬州和淮安都是运河沿岸最重要的城市，也是长江以北最核心的城市。

扬州、淮安因运河而盛，由运河而养。淮、扬文化实则就是运河文化。唐代扬州成为举世瞩目"扬一益二"的城市，正是隋代大运河的开凿与漕运互通使其繁华的。明清时期淮安、扬州，也是在元代大运河的修浚与疏通后，才兴盛而发达的。

明清两朝，淮安兼河、漕、盐、榷、仓、厂、驿之利，是全国漕运指挥中心、河道治理中心、淮盐集散中心、漕粮传输中心和漕船制造中心。据《光绪淮安府志》记载，当时淮安出现了许多专业性的商业街巷和市场，如米市、柴市、牛羊市、驴市、猪市、海鲜市、鱼市、莲藕市、草市、盐市等。仅河下一处，因为侨民商贾的聚居，就有22条街、91条巷，共11坊。同时，大量外籍商人还在淮安设立会馆，著名的如定阳会馆、浙绍会馆、润州会馆、福建会馆、江宁会馆、四民会馆、新安会馆、镇江会馆和江西会馆。[1]而扬州的商业主要是两淮盐业的专卖和南北货贸易，盐税收入几乎和粮赋相等。手工业作坊生产的漆器、玉器、铜器、竹器和刺绣品、化妆品，都达到了相当高的水平。清代康熙和乾隆数次巡游，各地的官府、盐商、豪富更是争相趋附，为扬州的发展起到了推动的作用。"四方贤士大夫无不至此"（李斗《扬州画舫录》），"怀才抱艺者，莫不寓居于此"（《孔尚任诗文集》）。此时扬州城市人口超过50万。各地商人纷纷在扬州建立起会馆，一些商人广结文士，爱好藏书，修建府学，兴建园林，扬州积蓄

1　张强.江苏运河文化遗存调查与研究[M].南京：江苏人民出版社，2015：34.

已久的人文力量此时已绽放出瑰丽的光华。

运河的交通枢纽，带动漕运、盐运的发展，特别是漕、河、盐、榷齐聚淮安、扬州，滋生了豪富的商人。清李斗《扬州画舫录》有载：婚嫁丧葬，饮食车马，动辄花费数十万金。他们在社会和生活的交往中，对饮食的要求越来越高，甚至是穷奢极欲，追求高档的、豪华的生活，由此便催生了满汉席、全羊席、鳝鱼席这类全套、奢华的宴席场面，在烹调上追求多变、奇美的风格。

明朝中后期至清代，特别是清代，是淮扬文化的发展高峰期。淮安因黄、淮、运三水交汇的独特位置，是京杭大运河上的漕运重镇，扼守江淮咽喉，漕运总督署、河道总督署等衙门驻节淮安；而"两淮盐运使"府署设于扬州，为全国六运司之一。两淮盐税富甲天下，盐业的经营与买卖，哺育了一大批富有的盐商。而在盐业的交易地——淮安、扬州，更是富商、肥吏众多，许多官宦商人来往频繁与接风答谢的饮食需求，这种以盐生财强有力的经济支撑，为两地的经济发展注入了活力，更为淮扬菜的发展奠定了基础。

淮安是闻名已久的古城，秦汉之际的韩信，汉赋大家枚乘、枚皋父子，南朝文学家鲍照、鲍令晖兄妹，宋代巾帼英雄梁红玉，明代小说家吴承恩，清代民族英雄关天培，都是淮安人。扬州历史文化名城，有东汉文学家陈琳，唐朝诗人张若虚，唐朝高僧鉴真，宋代词人秦观，清代扬州八怪郑板桥，清代中期经学家阮元，现代文学家朱自清等。许多文化名人与扬州、淮安有深刻的联系。淮、扬之地运河的一线相连，其文化是一脉相通的。

2. 里运河孕育下的市场情况

里运河段常年没有封冻期，具有不间断通航的能力，在历代的漕运史上具有地势优越和河运繁忙的特殊地位。在淮扬运河上，涌现了许多繁华的古镇，如河下镇、杨庄镇、王家营、邵伯镇、瓜洲镇等。而最具代表性的是淮安河下古镇和扬州邵伯古镇，是里运河中最璀璨的节点。

淮安河下古镇位于淮安新城之西、联城之北，地处古邗沟入淮处，是北辰镇的一部分。河下处黄、运之间，加之地势卑下，河下遂由此得名。清代时形成了东西约五里、南北约二里的城镇规模，借助交通之便前来的商人贩夫数以万计。河下镇作为造船物资集散地，又是民船、商船盘驳转搬之地，帆樯云集于此。特别是这里创办了清江督造船厂，造船物资如钉、铁、绳、篷、帆百货骈集。如今河下仍有钉铁巷、打铜巷、竹巷、绳巷等街巷名称，于此可见一斑。

就清江造船厂而言，这里集中了沿海沿江很多州县的各种工匠约6000人。据席书《漕船志》载：从弘治三年（1490年）到嘉靖二十三年（1544年）清江船厂共造漕船27332艘，其最高年份造船678艘。此外，每年还承造50多艘遮洋海船。清初，清江船厂继续开办，年生产量达560艘左右，与明代相当。[1]此外，钱庄业、编织业、搬运业等派生行业蓬勃发展。

古河下镇是盐商的聚集地，更是淮盐转运的枢纽和盐运中心。这里成为淮北盐运线路、掣验场所和集散地，也是"富甲一郡"的繁华之地。明代时期，随着淮北盐场盐业产量增高、盐质好，淮北分司署也由涟水迁至河下，故淮北"产盐地在海州，掣盐地在山阳""淮北商人环居萃处，天下盐利淮为上"，达于极盛。古镇内有22条街道、91条巷、11座坊，同时兼具商人、官宦、文人三重文化属性。商业市场的繁荣，来源于"百万盐策辐辏"和淮北盐运分司署机构的迁移，驻有大批理漕官吏和卫漕兵丁。肥官和豪商们更是不计其数，他们利用垄断经营聚敛的数以千万、万万计的财富，在河下营造宅第、园林，以致区区河下"高堂曲榭，第宅连云"，园林达70多座。因此，这里成为商贾云集、市场繁荣的著名商业都会和三教九流的喧嚣之地。街巷上店肆酒楼鳞次栉比，"市不以夜息"，并形成以奢侈品和高档消费品为特色的商业。市场上的餐饮业也十分发达，融南北口味于一炉，在烹饪上形成独特技艺和完整体系，著名的"长鱼席""全羊席"已闻名遐迩。

扬州江都区邵伯古镇位于扬州城东北郊，是一座因水而兴、因河而盛的运河

---

1 荀德麟. 淮安史略[M]. 北京：中共党史出版社，2002：71-72.

名镇。东晋太傅谢安于公元385年在此筑埭而得名，迄今已有1600多年历史，是京杭运河线上闻名遐迩的著名商埠。千百年来，无数帝王将相、文人墨客在此流连徜徉，留下许多诗文佳话、典故传说。

邵伯古镇是早期开凿古运河邗沟北上的第一站，在邵伯古街道"上河边"，古街临河而建，这条河正是京杭大运河最古老的一段——邗沟的遗存。这里曾迎送过吴国水师的北伐征帆，行驶过两汉盐运的船只。在这安静的古巷河边上，沉睡着的块块条石，也正是这些盐运、铁运中负重的奠基之石，才有那车水马龙、货物装卸的繁华场面。邵伯的"老大街"，通达南北，长达数里，地下尽是大块条石铺就，一块块青砖、一条条石板，印证了斑驳古镇的沧桑变迁。大街上有明代设立的巡检司衙门，可想而知，这个运河要津之地，各式人等一应俱全，需要巡检司人员来整理小镇秩序，"设巡检于关津，扼要道，察奸伪，期在士民乐业，商旅无艰。"使得邵伯这个运河要塞商业繁荣、市民乐业。

在邵伯古运河边上有一座"大马头"，即河边的大码头。在仅存的一里多长的古运河边，这样的"马头"有4个，看来十分壮观。想当年在漕运繁盛、商贾云集的时候，运河上樯橹如云、舟船如梭，那一艘艘载着江南大米、苏杭丝绸、东海淮盐的船只，在大小"马头"上频繁地交接货物，你搬我扛、担挑接传，上下搬运，层层叠叠，一片繁忙景象。街面上的大小店铺客来客往，生意繁忙。傍晚，临街的酒楼上挂着明亮的灯笼，厅堂里人声鼎沸，食客笑声欢语，店家迎来送往不停地奔忙。那时，邵伯镇的夜生活丰富多彩，"夜市千灯照碧云，高楼红袖客纷纷"的场面在古镇的大街上随处呈现。

邵伯千年船闸的变迁与发展，是大运河上极具智慧和力量的闪光点。运河的河水流到此处，落差极大的水流被紧紧闭合的闸门阻挡着，带给运河下游人们平静与安宁。

邵伯的运河连接着邵伯湖，对于水系而言，邵伯湖最大的功能是充当运河水位的调节器。既能泄洪导流，又能输送湖水。河湖相连的优势，带给邵伯和扬州优良的水产资源。邵伯的水产新鲜而丰富，每天清晨市场上，都供应着鲜活的鱼虾蟹鳖、清香的菱藕香荷，各式鱼类品种繁多，除青鱼、草鱼、鲢鱼、黑鱼、鲫鱼、鲤鱼等品种之外，还有鳜鱼、白鱼、昂刺鱼、虎头鲨、鲈鱼、船丁鱼、江鲢鱼、铜头鱼、鸭嘴鱼等。如今的邵伯龙虾也远近闻名，各家龙虾店食客云集，生意兴隆，已成为邵伯餐饮的又一块金字招牌。当地的草鸡、猪头肉、老鹅、香肠、焖鱼等乡土菜都很有名。

二、里运河地区饮食文化特色

淮安、扬州在淮扬运河的两头如一根轴线相连，彼此不可分割。在这片淮、扬文化的故土上，明清两朝两淮盐商富甲天下，淮南盐商多在扬州，淮北盐商多在淮安。商人在日常宾客接待和家庭生活的享乐中，无时无刻不在追求山珍海味、美味佳肴，这种奢侈的生活水平，加速了当地地方菜的发展。清末民初，国人将地域相邻、风格口味相近的淮帮菜、扬帮菜、京帮菜（京口即镇江）等合称为"淮扬菜"。杨度（1875—1931年）是清末反对礼教派的主要人物之一，毕业于日本政法大学。戊戌变法期间，曾接受过康有为、梁启超等改良派的维新思想，反对帝国主义。他在《都门饮食琐记》中曾说："淮扬菜种类甚多，因所代表之地域亦广，北自清江浦，南至扬镇，而淮扬因河工盐务关系，饮食丰盛，肴馔清洁，京中此类极多。"最早提出了"淮扬菜"一词。1962年香港地区出版的《中国名菜大全》中曾曰："淮扬菜是淮城、扬州、镇江菜的总称，在中外久已享有很高的声誉。"至此，"淮扬菜"一词在业内广泛流传。

里运河一线的人们，其饮食风格大体相近，属于苏中、苏北两地的饮食文化风格。饮食口味上讲究汤清味醇，浓而不腻，咸中微甜，咸甜适中，鲜淡平和，南北皆宜。在菜品制作上，制作精湛，主料突出，注重本味，讲究火工，擅长炖焖之法。主食主要以米饭为主，也有少量的面食。

1. 水产鱼虾繁多，制作考究

里运河地区毗邻高邮湖、白马湖、洪泽湖、邵伯湖等，许多居民依水而居、傍水而居，当地水产资源和水生植物十分丰富。鱼、虾、蟹、蚬、蚌、螺随处可见，水生植物资源各地都有生长，如蒲菜、藕、菱角、荸荠、慈姑、水芹等。在选料上以时令、鲜嫩为佳，如春天的菜花甲鱼、初夏的鲥鱼、六月的花香藕、冬季的鲫鱼，河蟹"九月团脐十月尖"等，讲究时鲜为美。在一日三餐的用料方面，当地人水产鱼类占一半左右，鲫鱼、草鱼、青鱼、鲢鱼、鳙鱼、黑鱼、鳊鱼、翘嘴红鲌、红鳍鲌、鲶鱼、乌鳢、赤眼鳟等是其主要原料，以湖鲚、小杂鱼、青鱼、白虾等占优势。当地人烹制的菜品，主料突出，制作考究，鲜美爽口。

江淮之地，盛产鳝鱼。据《山海经》记载："湖灌之水，其中多鳝。"清代时期淮安就有著名的"鳝鱼席"，能做出108道菜肴。著名的软兜长鱼、大烧马鞍桥、炝虎尾、煨脐门、生炒蝴蝶片等远近闻名，而当地名菜朱桥甲鱼、平桥豆腐、小鱼锅贴、烧杂烩等，更是家喻户晓。

扬州宝应县、高邮市、江都区是大运河的主要流经地，多个乡镇依偎在运河旁，这里水产资源品种多、质量佳，制作的各种水产鱼肴口味鲜美。昂刺鱼、虎头鲨、黄鳝、泥鳅、乌鳢等，是高邮、宝应人必吃的地方特色水产。宝应名吃有全藕宴、慈姑烧肉、红烧甲鱼、荷包鲫鱼、氾水长鱼面，高邮代表菜品有香酥麻鸭、雪花豆腐、金丝鱼片、汪豆腐、双黄蛋、蒲包肉、高邮湖大闸蟹等。

在菜肴的制作中，当地厨者对鱼的分档取料达到了异常完善的地步，以青鱼为例：整条烹制，块形烧制，片、丝、条形炒制，鱼肉制蓉后可制成不同特色的鱼圆，是每一个厨师的必备技艺；若按部位如头、尾、中段、肚裆、下巴，乃至鱼脑、鱼皮、鱼子、鱼肠、鱼唇等都可制作成特色菜肴。"灌汤鱼圆"的洁白柔嫩、圆润轻盈，堪称一绝。

2. 菜肴讲究火工，清鲜入味

地处东南的淮扬地区，湖荡港汊较多，水产鱼类和瓜果蔬菜丰富，这些原料本身就具有极鲜美的滋味，如新鲜的时蔬、鸡鸭、鱼虾等，以突出本味为主旨，在调味上对鲜味足的原料，宜淡不宜重，在调味上避免调味过重而适得其反，失去本味效果。对有腥膻味的原料，用调味品去解除，使其鲜美本味突出。对味淡的原料用其他鲜香的美味促使其更好地体现出清淡本味。

里运河地区的菜品制作，以炖、焖烹调为主，讲究火工独到，特别善于利用小火长时间加热，使菜肴酥烂脱骨，有滋有味。如三套鸭、蟹粉狮子头、扒烧整猪头、八宝鸭、清炖鸡、翡翠蹄筋等。许多菜肴通过火工的调节来体现菜肴的鲜、香、酥、脆、嫩、糯、韧、烂等不同特点。如传统名菜"三套鸭"，系用家鸭、野鸭、乳鸽整料出骨，用火腿、冬笋等作辅料，逐层套制，三位一体，用文火宽汤炖焖而成。这是一道工夫菜，小火炖焖后汤汁清澄，形状完整，酥烂脱骨，入口而化。

传统名菜"扒烧整猪头"，1个整猪头6~7千克，经过加工清理后，用旺火烧沸，改用小火焖约2小时，成熟后保持猪头外皮完整。此菜通过慢火加工，香味扑鼻，肥嫩香甜，猪头酥烂，食用时需用汤勺舀食，入口即化，这是火工的魅力。淮安名菜"炖家野"是古代流传的佳肴，以清江浦肥美的山鸡与当年母鸡相炖，用小火炖约3小时，野鸡香酥，家鸡肥嫩，再与冬笋片、冬菇片、火腿片、豌豆苗等稍炖片刻，风味相济，美味可口。既保持了各种原料的特有风味，又吸收了其他原料的美味，丰富了味质，堪称集美味之大成。

淮扬地区在历史上多次南北烹饪技艺交流中，既吸收了南方菜鲜脆嫩的特色，又融化了北方菜咸、色浓的特点，如扒烧整猪头、扒烧蹄筋、冰糖蹄髈、甲鱼烧海参、马鞍桥烧肉、生炒蝴蝶片等菜肴，形成了咸甜适中、咸中微甜的风味。许多地方特色菜肴都体现了清淡入味的特色，如清炖蟹粉狮子头、拆烩鲢鱼头、荷叶粉蒸肉、鸡粥蹄筋、蛋美鸡、芙蓉鸡片、西瓜鸡、桃仁鸽蛋、鸡蓉鸽蛋、瓜姜鳜鱼丝、稀卤白鱼、炒软兜、双味虾球、大煮干丝、文思豆腐，等等。淮扬风味的许多菜肴，都是以咸鲜、咸甜风味为主，许多菜肴口味鲜嫩、鲜爽、鲜滑，多清淡、清爽，没有浓烈的调味料，具有四方皆宜的风格特征。如流行的芙蓉鱼片、玉带虾仁、白汁鲴鱼、芙蓉蟹斗等，色泽淡雅，口味清淡，味美可口，老少咸宜。在制汤方面，许多菜肴多以高汤、清汤调制，如清汤火方、醉蟹炖鸡等，口味清醇、鲜爽，汤清则见底，浓则乳白，淡而不薄，浓而不腻。

3. 小吃点心多样，精致味美

淮扬地区的小吃点心特别丰富，民国时期在北京、上海的淮扬点心就十分有名。特别是以嫩酵面、温水面团、油酥（含酵面酥）、面条及应时点心为主，点心小巧玲珑，十分可口和可爱。皮薄馅大，馅心多变，花式精巧。清代《随园食单》记曰："扬州发酵最佳，手捺之不盈半寸，放松仍隆然而高。"扬州的发酵面松软柔韧恰到好处。

淮扬面条津津有味，有宽面条、裙带面、细面条、银丝面，下好的面条丝丝分清，有韧劲。面条的汤卤十分讲究，浓汤则用鱼汤（鲫鱼、鳝鱼）、骨头汤，清汤则用虾子汤、鸡汤、蘑菇汤、豆芽汤，配上各式浇头，如虾仁、鳝鱼丝、鸡丝等。扬州地方特色小吃阳春面、虾子饺面，是扬州平民生活的象征，价格公道，很多小吃店都有售卖。

扬州的灌汤包是早餐茶点中不可缺少的重要角色。据《邗江三百吟》"灌汤肉包"条引言："春秋冬日，肉汤易凝，以凝者灌于罗磨细面之内，以为包子，蒸熟则汤融而不泄。扬州茶肆，多以此擅长。"早点店的灌汤包一般一人一小笼，一笼一只，个个如拳头大小，汤包皮薄如纸，醇香味美。扬州富春茶社的名点有翡翠烧卖、千层油糕、三丁包子等，名号响彻大江南北。

运河地区其他特色点心小吃有：宝应的泾河大糕、草甸小粉饺子、长鱼面，高邮的酱油面、雪花豆腐、水晶月饼，江都的蛤蟆酥、江都方酥、小纪熬面、丁沟水饺，仪征的岔镇盐水鹅、大仪风鹅、五香茶干、大椒盐烧饼等。

淮安运河地区的小吃点心也十分丰富，如运河人家的小鱼锅贴，鲜美的汤汁配上软糯的面饼，鲜香四溢；淮饺、鸡蛋软饼、葱油牛舌饼、朝牌饼、灌汤蒸饺、韭菜盒子等都具有浓郁的地方特色。

淮安文楼汤包，清道光年间开始出名。当时淮安设有淮安府、漕督，京城常派钦差来，河下镇的盐商也多，来往皆传，使这种汤包驰名于省内外。汤包呈半透明状，皮外可以看到包子里面的蟹黄。大约在中秋节后蟹肉肥时开始供应，到农历十一月份停止。

淮安土特产之一的茶馓，用上白面粉，拉出像麻线一样的细面绕成小型套环，环环相连，放入油锅内浸炸而成，质地酥脆，味道香美。清代咸丰五年（1855年），运河边镇淮楼旁的岳家茶馓生产出闻名遐迩的鼓楼茶馓。近百年来，人们常用茶馓馈赠亲友。

淮安地区的人们都爱吃"长鱼面"，遍布淮安的大街小巷，因其肉嫩味鲜、面条筋道、面汤鲜美而被人们称道。做长鱼面的关键是长鱼浇头，汤料必须是精心熬制的长鱼骨、猪骨头汤。选用略微加了碱水的手工面，配上用长鱼骨熬制的面汤，再加上软兜长鱼和新鲜蔬菜炒制的浇头，美不胜言。

金刚脐是江淮一带常见的茶食，只是各处做法有点不同。淮安人做的金刚脐是圆形的饼，中间有个一角钱硬币大小的圆圈，从中间向边缘有很多条直线辐射出去，如菊花状。扬州做的如面包状，有五个瓣聚在一起，有个外号叫"老虎爪子"，很是形象。大京果、小京果、麻花、桃酥、交切片等是淮扬运河地区茶食店中最常见的品种，早期在淮安河下古镇和扬州东关街上均有销售。

4. 筵席制作多变，风格各异

淮安、扬州地区受运河的影响，官府和商贾互相宴请比较频繁，因而筵席规格都比较高，普通百姓的红白喜事则比较简单，也多是六大碗、八大碗之程式。另外，运河城乡地区根据土特产原料的特点设计出特色的主题宴，如全藕宴、慈姑宴、全鱼宴等。

（1）清代盐商接待筵席——淮安全鳝席

清代《清稗类钞》记载："同、光间，淮安多名庖，治鳝尤有名，胜于扬州之厨人，且能以全席之肴，皆以鳝为之，多者可至数十品。盘也，碗也，碟也，所盛皆鳝也，而味各不同，谓之曰全鳝席。号称一百有八品者，则有纯以牛羊豕鸡鸭所为者合计之也。"[1]

1　（清）徐珂.清稗类钞[M].北京：中华书局，1986：6268.

"全鳝席"，又称"长鱼席"，是淮安的传统筵席，以长鱼为原料贯穿于宴席的每道菜点之中，为淮安独有。宋代，淮安的长鱼就已经是著名的家乡美味了。清代，淮安的"全鳝席"就已经赫赫有名。淮安宾馆根据传统的制作技艺和特色，设计的"全鳝席"菜单如下：

冷菜：双龙戏珠、麻线长鱼、炝斑肠、水晶脯脑、脆皮龙鳞、椒盐龙骨、卤荔枝鱼、挂霜雪球、如意长鱼。热菜：软兜长鱼、锅贴长鱼、翡翠长鱼圆、乌龙凤翅、水晶长鱼饼、白煨脐门、蒲菜生敲、叉烤长鱼方、红酥长鱼、清汤菊花鳝。点心：长鱼烧卖、长鱼汤包。果盘：时令水果。

（2）传统改良宴——扬州船宴

清代，扬州瘦西湖上画舫船宴比较盛行，接待对象主要是达官贵人和盐商大贾，船有大、小之分，最有影响力的是"沙飞船"，还有小型画舫，可设席三桌。《扬州画舫录》中有详细记载："此船设茶灶于船首，可以煮肉。自马头开船，至虹桥则肉熟，遂呼此船为'虹桥烂'。"这些小画舫，属于低档次的宴舫。菜品比较简单，大多是些鱼肉之类。至于盐商之家，则是豪华气派。最大的画舫，可容纳百余人，一般可置50人。赏用画舫的游客，早晨出发，先喝清茶，然后开怀畅饮，往往在夜色朦胧、舫上红灯笼点亮时开始返航。

达官贵人们所用的画舫，既宽敞又华丽，《扬州画舫录·虹桥录》记载："贵游家以大船载酒。穹篷六柱，旁翼阑楹，如亭榭然。数艘并集，衔尾以进，至虹桥外，乃可方舟。盛至三舟并行，宾客喧阗，每遥望之，如驾山倒海来也。"于是，"画舫在前，酒船在后，橹篙相应，放乎中流，传餐有声，炊烟渐上，幂历柳下，飘摇花间，左之右之，且前且却。"朱竹垞《虹桥》诗云："行到虹桥转深曲，绿杨如荠酒船来。"[1]

（3）乡土特色筵席——宝应全藕宴

大运河从宝应境内穿过，泾河镇、宝应县城、沿河镇、范水镇等都依偎在运

1　（清）李斗.扬州画舫录[M].周光培，点校.扬州：江苏广陵古籍刻印社，1984：241-242.

河旁。宝应是中国水鲜美食之乡、中国荷藕之乡。境内五湖四荡约73万亩滩涂水面，荷藕种植面积和产量均居全国之首。宝应荷藕、藕粉素有"美人红""鹅毛雪片"之称，为明清皇室贡品。宝应出产的藕是运河三宝之一，四季皆可品尝。

全藕宴菜单：冷菜：醉香四味、熏鱼藕托、金藕乳鸭、清水菱米、糯米香藕、虾子藕尖、咸菜慈姑、三色玛瑙。羹汤：藕粉芡实鳝鱼羹。热菜：清炒三鲜、百合藕菱、水乡全家福、荷藕杂粮狮子头、蜜饯捶藕、五仁藕粉圆、荷香黑菜猪头肉、荷乡蒲棒、老藕排骨汤、肉末藕糕、荷花香藕炖鳜鱼、应时蔬菜。主食：荷香八宝饭。果盘：应时鲜水果。

第三节 江南运河：镇江至苏州地区饮食特色

江南运河起自长江南岸，经镇江、丹阳、常州、无锡、苏州、吴江至浙江嘉兴、桐乡、杭州。运河北接长江，南接钱塘江，是江南河运的主干道。

江南运河的开凿最早可追溯到吴王夫差开凿的百尺渎，三国孙吴时代，孙吴政权为了沟通南京和太湖平原而开凿江南运河，以后历朝历代又不断疏浚、改造。隋炀帝大业六年（610年）重新疏凿和拓宽长江以南运河古道，形成今天的江南运河。江南运河和隋代修建的通济渠和永济渠，沟通了钱塘江和长江、淮河、黄河、海河的联系，形成了以洛阳为中心，向东北、东南成扇形展布的大运河，经不断改造、治理，航道水流平缓，流量丰富，是京杭运河运输最繁忙的航道，发挥了航运、灌溉、防洪排涝、居民用水、水产养殖和旅游资源的综合功能。

一、江南运河地区概况与文化特点

1. 江南运河地区吴文化的历史特征

吴地素有水乡泽国之称，是一个因水而兴的地区。这里江、河、湖、荡、塘、渎、溪等各种水体聚集，碧波浩渺的太湖是江南地区的母亲湖，孕育了江南文明。这里资源丰富，物产富饶，水面占土地面积的17.5%，其地理位置优越，交通便利，素称"鱼米之乡"。吴文化起源于春秋时期的太伯勾吴古国，太伯、仲雍带来了中原先进的农业技术、种桑养蚕技术，使江南从荆蛮之地蜕变为后来的鱼米之乡。

江南运河地区除耕地以外，还有一定数量的山丘面积，宜于种植茶、桑、竹、和亚热带果木。古代常州阳羡茶为上贡极品，光绪《常州府志·物产》收有"天子须尝阳羡茶，百草不敢先开花"的诗句；苏州吴中区洞庭山所产的茶也曾作为贡品进奉朝廷。宋代时吴地已成为全国蚕桑中心，苏州被誉为"丝绸之府"。吴地的毛竹、柑橘、水蜜桃、杨梅等都是著名的传统特产。

有关吴地人的解释，有专家分析说："生于水乡泽国的吴地人，本是以鱼为标志的族群，在吴语中'吴'与'鱼'的发音相同。"江南地区自古与河流、湖泊、淡水鱼类打交道，有悠久的水运史，先民们除了打渔，也人工养鱼。在距今六七千年的史前时代，该地已通舟楫。吴人以船为舟，以楫为马，可见舟楫与吴地人的生活息息相关。

江南运河的镇江、常州、无锡、苏州之地，是吴文化的中心区域。江南运河北段的镇江，三面环山，一面临水，万里长江和京杭大运河在这里形成黄金十字交汇。在地域上，镇江地处宁镇山脉东部，与扬州隔江相望，在文化上与南京和扬州关系甚密。三国时的吴国开始筑城京口，成为一座军事堡垒，吴国曾建都于此。隋唐以后，京杭大运河的全线开通，长盛不衰的江南漕运推动了镇江港口型经济发展，带来了商业、手工业、服务业的发展和繁荣。晚唐大诗人杜牧曾对京口繁荣有过生动的写照："青苔寺里无马迹，绿水桥边多酒楼。"

唐代，苏州号称十万户，为江南大州。唐朝著名诗人韦应物、白居易、刘禹锡先后出任苏州刺史。白居易曾修筑山塘街，将虎丘与城相连。"吴中盛文史，群彦今汪洋"（韦应物），苏州已成为江南的经济、文化中心。白居易有"人稠过扬府，坊闹半长安"诗句，说明苏州人口超过了繁华的扬州，坊市之热闹和唐都长安相近。"上有天堂，下有苏杭"，这是南宋吴人范成大在《吴郡志》中对苏州和杭州的赞语。

从宋代起,常州开始担负起重赋承受地和物资转运中心的双重职能,清人曾称常州地处"自姑苏水行而北道者"。为了改善江南运河北段的航运条件,宋代在江南运河上出现了连续节制闸即复闸来取代堰埭,其工程构造、工作原理与现代船闸完全相同,并在京口、奔牛之地设为澳闸。澳闸是一种设有闸水循环系统的船闸,从技术上说,澳闸在当时是非常先进的。

明清两代,江南文化风光辉煌,无锡所处江南核心区,是中国最繁荣富庶、最富人文气息的地区,居民稠广、民俗淳朴、市镇林立、农商并举。无锡正位于最发达的太湖稻作区的中心和大运河沿岸,所以逐渐成为全国四大米市之一。合理选种、合理利用资源的生态农业思想在江南萌芽,并初具雏形。如农谚云:"上半年靠蚕,下半年靠田。"无锡逐渐形成稻作业、蚕桑业、植棉业、家畜饲养业、淡水渔业有机生产的整体。

2. 江南运河孕育下的市场情况

在两千多年的运河发展史上,江南运河从吴王夫差开凿,历代的统治者为了战争或国家经济发展的需要,不断地对运河航道的改道、疏浚、扩挖、拓宽、加深、清淤,做了大量疏通引水、泄洪或辅助水利等工作,使得大运河能够持续不断地发挥交通运输的作用,并为地区的经济发展带来了活力。

对于江南地区来说,大运河的通畅成为江南地区的经济命脉。苏州是吴地经济的中心和首位城市,明清时期已是商业辐辏的城市。《南游记》一书记述乾隆时期的苏州"控三江,跨五湖而通海。阊门内外,居货山积,行人流水,列肆招牌,灿若云锦"。各地商人在苏州设置会馆、公所。大批吴地漕粮的北运,使苏州运河沿岸兴旺发达。枫桥至浒墅关一段,长10公里,是苏州段运河繁华河段,浒墅关有榷关,税收在明清榷关中名列前茅。苏州的市肆商业繁盛,其居民多以工商为业,甚至连太湖里的村民都纷纷弃农从商。便利的水上交通,给商业的大规模发展提供了可能。在虎丘山旁的山塘街,堪称江南水乡街巷的典范,它紧傍山塘河，通过一座座石桥与另一侧的街道连接。"水陆并行，河街相连"的格局，店铺连着住家，房屋多为前门沿街，后门临河。唐朝诗人杜荀鹤诗曰："君到姑苏见，人家尽枕河。古宫闲地少，水港小桥多。"这里运河船只来来往往，游船画舫款款而过。山塘河、山塘街汇聚各地商人，市楼、酒店、茶馆遍布，万家烟树，商肆辐辏，贸易之盛，闻名天下。

运河是无锡经济命脉的黄金水道。无锡城市因河而兴，日益繁荣。明清时期无锡城河相依，城东行漕运船、重船，城西则行官船、轻船。清朝《南游道里图》画卷中的无锡县部分，绘有县城和南禅寺、妙光寺、西水墩、惠山等古迹名胜；宋骏业的《康熙南巡图》，描绘了无锡南门内外街市繁华和运河上舟楫往来的盛况。大运河促进了城市的发展，兴起了大批商业街巷。无锡人把运河河岸称为"塘"，清初竹枝词有"北塘直接到南塘，百货齐来贸易场"的生动描写。无锡比邻太湖，盛产稻米，是我国著名的粮仓和米码头，米市集中分布在北塘地区的八条街道上。明清时期市场繁荣，桑蚕、布匹是无锡地方的重要产品，也是无锡经济发展的重要基础。无锡城北地区集中了粮食、绸布、苎麻、山地货物等商业店铺、行号400多家。这里物流畅通，货物周转迅速，促使无锡成为运河上的重要交易场所。

明清时期，常州经济更加发达。明朝常州段穿城运河的运输依然繁忙，船舶如梭，商贾云集，沿岸的商铺生意兴隆，最著名的要数"千果巷"。千果巷位于老城区中部，紧临城区运河段，当时船舶云集，是南北果品集散地，沿岸食品类果品店铺众多，故有"千果巷"之称。《常州赋》云："入千果之巷，桃梅杏李色色俱陈"。此河段是常州历史上最繁华、最重要、贡献最大的一条河流，承载着地域经济的辉煌历史，被誉为"中国东南最具光彩的运河段落。"[1]直到明代正德十六年（1521年）运河改道而衰落。清康熙十九年（1680年），江宁巡抚慕天颜奏称："江南财赋甲天下，苏、松、常、镇课额尤冠于江南。"晚清时期，

---

1 张强.江苏运河文化遗存调查与研究[M].南京：江苏人民出版社，2015：209.

随着上海的兴起，江南运河逐渐繁忙。常州城从怀德桥到水门桥的古运河两岸，百工居肆、商贾云集。南运桥、青山桥一带是江南豆类、粮食、土布等的主要集散地，棉纺、丝绸、西药、洋货等，从常州运河码头经长江转销内地，东门外水门桥堍四乡八邑的商贩汇集交易，各色商品琳琅满目。

镇江地区位于长江与大运河的交汇处，成为十字水道上的枢纽港，因漕运而发展成为中心枢纽城市。据文献记载，宋代经镇江中转的漕粮每年约为319万斛，占各路漕米总数的68%。镇江成为南宋政权的门户、抗金前线最重要的保障，是南宋长江中下游及淮南各路漕粮贡赋的集散地。明代，镇江不仅是漕运的枢纽，也是各类商品和土特产交流的重要市场。镇江木材贩运业也由此兴盛起来，明中叶有"江南木业早期鼻祖"之称。镇江西津渡承载着自唐朝以来1300多年的历史遗存，宋代时镇江知府蔡洸曾在西津渡创设救生会，这是带有慈善性质的水生安全救助机构，被认为是"世界上最早的专业人命救助机构"。[1]清代康熙年间，镇江蒋元鼐等人在西津渡观音阁创立京口救生会，专门负责打捞沉船和江中救生事宜。清代，由于镇江拥有交通优势，"民户十万"，漕船运粮达400万石左右，空前繁荣，被各地商人称为"银码头"。大运河漕运和商业的繁荣深深影响着镇江的城市发展格局，人们在那里可以批发到南北各种货物。城市东部临江的丹徒镇也是人声鼎沸，傍晚丹徒闸外引河内停满了船只，灯火辉煌，热闹非凡。

江南地区市场繁荣，百姓生活蒸蒸日上。乾隆时期画家徐扬用了24年时间创作了长卷《姑苏繁华图》，反映当时苏州"商贾辐辏，百货骈阗"繁华盛世的市井风情，画面中人物、景况热闹非凡，熙来攘往者多达12000余人，仅运河中船帆如云，官船、货船、客船、杂货船、画舫、木牌竹筏等约400条，还有桥梁50余座，描绘了苏州城郊百里的风景和街市的繁华景象，形象地反映了江南苏州风景秀丽、物产富饶、百业兴旺、人文荟萃、商店林立、市场繁荣的景象，充分展示了清代乾隆时期江南运河带来的高度繁华以及物质文明的盛况。

1　政协江苏省委员会.江苏大运河文化名片[M].南京：江苏凤凰美术出版社，2021：139.

二、江南运河地区饮食文化特色

江南运河起自长江南岸，经镇江市、丹徒区、丹阳市、武进区、常州市、戚墅堰区、惠山区、无锡市、相城区、苏州市、吴中区、吴江区至杭州，沟通了长江、太湖和钱塘江。吴文化区域的物产十分丰富，"春有刀鲚夏有鲥，秋有肥鸭冬有蔬""红苋紫茄种满吴兴之圃，绿葵翠薤植盈钟阜之区"。在传统饮食上，镇江与一江之隔的扬州同属"扬镇流派"，烹饪制作多有相似之处；而苏、锡、常同属江南的苏锡风味流派。他们同处江南地区，饮食风格有许多共同的特色。长期以来，这里的人们以水产、蔬菜为主，充分利用本地的原料，讲究时鲜为贵，不断改进传统的烹饪技术，形成独具一格的菜品风格。

1. 讲究清鲜本味，制作精巧

古往今来，江南运河地区一直以烹制河鲜、湖鲜鱼类菜见长。在菜肴制作上比较讲究本味特色。当地水产、蔬菜丰富，为本味菜的制作提供了先决条件。如清炒虾仁、清蒸白鱼、白汁鲴鱼、三虾豆腐、炝白虾、雪花蟹斗、桂花鸡头米羹等，都是充分体现本味的特色菜。

许多水产菜肴是江南菜肴的代表，如松鼠鳜鱼、糟熘塘鱼片、鲃肺汤、黄焖鳗、香炸银鱼、老烧鱼、荷叶粉蒸鳗、清蒸白鱼、梁溪脆鳝、红烧划水、水晶虾仁、白汁鲴鱼、清蒸刀鱼、拆烩鲢鱼头、炝白虾等久已蜚声海内外。除此之外，江南地方特色蔬菜品种多样，特色分明。如利用本地的小塘青菜制作的"鸡油菜心"，翠绿欲滴，入口酥糯可化，食有清香。苏州的莼菜、芡实、菱角，无锡茭白、油面筋、宜兴百合，常州百叶、溧阳白芹、雁来蕈，镇江的蒿瓜菜、焦山豆腐、扬中秧草等，都是地方菜的特色原材料。

江南地区的人们在菜肴制作中常常使用各种香料，但注重清爽宜人。料酒多使用绍兴酒，有些菜用酒量多，如酒焖肉、云林鹅、醉蟹等。糟香是江南人的一大特色。糟油在江南古已有之，主要散落在城乡民间，虽名为"油"，实则是"卤"，多为各种食用香料在料酒中浸泡而成。对于江南地区来讲，没有糟货的夏天是不完整的。如苏州名菜糟熘塘鱼片、青鱼煎糟、青鱼汆糟，无锡名菜糟煎白鱼，常州名菜糟扣肉等，就是用糟油或香糟，经糟渍、加工后，糟香诱人，色泽微红，香味扑鼻，鲜美异常。苏南民间，许多食物都可拿来糟制，如糟鹅、糟鸡、糟鸭、糟鸭舌、糟凤爪、糟蛋、糟毛豆、糟茭白、糟黄豆芽等，这是当地最清爽、最可口的时令味道。

注重火工也是江南地区烹饪的特色。江南人制作的菜品擅长炖、焖、煨、焐的烹调技法，许多菜肴都是讲究火候的。所制菜肴原味醇厚，原香浓郁，肥而不腻，淡而不薄，清而不寡，酥烂脱骨而不失其形。如清炖甲鱼、清炖鸡、常熟叫花鸡、母油鸭、生煨甲鱼、煨蹄髈、清炖蟹粉狮子头、水晶肴肉等。江南人一般选用大块或整形的动物原料，如母鸡、肥鸭、鳖、大鱼头等，这些原料经较长时间的炖制，形成了菜肴汤清见底、味香鲜洁、滋补强身的特色。不仅味美，而且造型完整独特。江南人多用气锅烹制菜肴，气锅是宜兴特有的紫砂炊具，外观似钵而有盖，锅中央有凸起的圆腔可通底气嘴，内部蒸汽由气嘴进入气锅，使食物蒸熟、蒸透而酥嫩。气锅内肉汁与高汤融为一体，口感更加鲜美。如"气锅鸡""气锅牛腩"等菜品，体现的是原汁原味之妙。[1]

2. 菜品崇尚时令，色调清雅

江南运河地区淡水鱼类资源丰富，不少百姓临水而居，对于食用水产鱼类终年不断，而且讲究时令美食。如一月塘鳢鱼，二月刀鱼，三月鳜鱼，四月鲥鱼，五月白鱼，六月鳊鱼，七月鳗鱼，八月鲃鱼，九月鲫鱼，十月草鱼，十一月鲢鱼，十二月青鱼。上面许多鱼过时即断市，如鲥鱼、鲃鱼，有些鱼虽终年都有，但有最佳季节，如鲫鱼以秋季为贵，青鱼则以冬季最为肥美。

江南人比较讲究时令原料的烹制，如头刀韭菜、青蚕豆、鲜笋、菜花甲鱼、太湖莼菜、南塘鸡头米、螺蛳、鸡毛菜、香椿头……四时八节都有时菜。如仲春时节的苏州，碧螺春新茶开始采摘，制成的"碧螺虾仁"，既有虾仁的滑嫩爽

1　邵万宽.江苏美食文脉[M].南京：东南大学出版社，2023：258-259.

鲜，又有碧螺春茗茶的清香。此时"樱桃汁肉"应时上市，此菜色鲜红，肉酥烂，甜中带咸，入口而化，配以豆苗相衬，格外悦目。"莼菜汆塘鱼片"塘鱼片细嫩无骨，汤鲜味美，新莼菜碧绿滑嫩，润肺爽口。夏日时分，三鲜滋味好，无锡人的地三鲜一般是指蚕豆、蒜苗、苋菜，惠山的青蚕豆是立夏三鲜最好的代表。白露一过，常州、镇江人烹制的大闸蟹登场，厨师们换着花样奉献蟹黄豆腐、蟹粉蹄筋、蟹粉狮子头、芙蓉蟹粉等；秋天，到武进太湖湾品尝甲鱼、鳗鱼、鳝鱼、鳜鱼。苏南各地特产众多，美味纷呈，每季都有新品佳肴。

江南地区的饭店酒家，由于自然条件和经济条件的影响，在菜肴造型上、色泽上有许多要求。在用色上，多采用酱油，有的菜肴还需加少量的红曲米水增色，如"黄焖鳗""酱汁排骨"色泽殷红艳丽。菜肴的色泽还根据不同的季节略加变化，秋季较淡，如"黄焖栗子鸡"等色棕黄光亮；冬季较深，"酒焖肉"则呈棕红色。苏州的"早红橘酪鸡"则体现了橘黄的亮丽色泽，无锡的"镜箱豆腐"在造型上、色泽上都有较好的展现，内酿馅心，外呈橘红，做工精细。最有代表性的是苏州的"松鼠鳜鱼"，在造型上设计独特，既体现了刀工技艺，又显现出烹调火工的把控和挂汁的水平。其他菜肴如苏州的雪花蟹斗、无锡的鸡蓉蛋、常州的盘龙戏珠、镇江的鮰鱼狮子头等，都是味、形俱佳的美味佳肴。

江南地区的人爱吃咸甜、红烧一类菜肴，如苏州的黄焖鳗、青鱼划水、走油肉，无锡的老烧鱼、梁溪脆鳝、肉酿生麸，常州的兰陵爊鳝、红烧划水、五香爆鱼，镇江的红烧河豚、醋排骨、宝堰红烧甲鱼等。比较来看，苏锡地区的菜肴有点偏甜，一般是利用甜味的协调和平衡作用，甜中有味，是"咸出头，甜收口"的特色。有些菜适当放点糖，乃是起矫味、减少异味、提鲜和呈现复合味的作用，这也是苏锡地区用糖的绝妙之处。

3. 糕团点心多变，甜咸香醇

江南运河地区的点心小吃源于民间。在江苏丰富多彩的米食文化中，最具特色的无疑是糕团文化。江南区域的居民，随节日、节气的不同，制作各类时令小吃。如大年初一，家家户户吃糕团。"糕"和"高"谐音，取其步步高升的口彩；团的形状是圆的，取其团圆之意。在糕团文化中，最有影响的是江南吴地食俗，并渗透于四时八节的节日与节气中。江南糕团的品类，主要是以米类为主。其品种丰富多彩，还有利用各式水果、干果、杂粮、菜蔬等制作的糕品，如栗糕、枣糕、松仁糕、花生糕、桂圆糕、杏仁糕、菱粉糕、山药糕、百合糕、莲子糕、荸荠糕、薄荷糕、扁豆糕、豇豆糕等。江南苏式团子是利用米类和杂粮食品制作而成的，主要包括汤团、元宵、麻球等品种。汤团，一般用压干水磨粉制作，也有用米粉调制成团的，水磨粉团需取少部分煮成熟芡再拌和。馅心有甜、咸两种，制作也较为简单，将粉团剂子搓圆，捏成圆窝形，包入馅心，从边缘逐渐合拢收口，即成团子。在江南民间，糕多用于蒸，团多用于煮，是江南运河的百姓们日常食用的主食与小吃品种。

江苏糕团以苏州为最。关于苏州的糕团，唐代时已很有名。苏州拥有一大批糕团店，最具有代表性的是观前街上创始于清道光元年的"黄天源糕团店"，是以米粉制品为主的专业饮食店，以其浓郁的吴地特色而闻名中外。全年供应品种多达200多种，每天供应各式糕点多达60余种。其他有稻香村、叶受和、桂香村等名店。除了这些知名的品牌糕团店外，大街小巷中还有一些不知名的店铺，每个店也有一些特色的品种吸引众多的苏州人。无锡人的日常饮食离不开各种糕团，老人祝寿、新房上梁、姑娘出嫁、小孩满月等都用不同品种的糕团以示祝贺等。在民俗饮食方面，无锡几乎和苏州地区相近似。糕团贯穿了无锡人一生所有重要的时刻。无锡最著名的传统糕点"玉兰饼"，现已成了无锡常见的小吃，以外皮香脆、粉饼软糯、甜咸适口、香味诱人为上品。

常州人吃糕团也有悠久的历史。常州糕团店创始于清末，至今已有一百多年。原址设在常州钟楼下，后来迁移多次，才搬至县直街。此店原来的名字叫"四喜汤团店"，原是以做四喜汤团起家的，至今四喜汤团仍是糕团店的招牌点心。传统的四喜汤团分咸甜两种不同口味，甜的有豆沙和芝麻，咸的为荠菜和鲜肉，外形也根据馅心的不同而不同。

江南地区的各种小吃点心除糕团以外，还有各式特色点心。如王兴记馄饨、石梅盘香饼、常州大麻糕、紧酵馒头、枫镇大面、奥灶面、银丝面、白汤大面、血糯八宝饭、桂花糖芋艿、南荡鸡头汤、无锡豆腐花等。镇江运河地区人民食用的糕团品种不多，主要在年节时食用，但其面食品种十分丰富，面条按煮面技法分，就有锅盖面、白汤大面、长鱼面、宝堰干拌面、麻油凉拌面、熬面、卤面、浇头面、饺面、烂煸面等。著名的点心有蟹黄汤包、蟹黄蒸饺、蟹黄烧卖、什锦素菜包、什锦包子、萝卜丝包子、虾仁水饺、鸡丝馄饨等。

4. 民间筵席精美，突出水鲜

江南运河地区，由于自然条件的优越，运河交通运输的便利，商业的繁荣，人们在饮食上相对比较宽裕。对于平民百姓而言，生活以"厉行节约"为主，处处精打细算。而中上阶层人士的饮食，在明清时期逐渐地讲究起来。明代江苏松江人何良俊撰写的《四友斋丛说》中记载："余小时见人家请客，只是果五色、肴五品而已，惟大宾或新亲过门，则添虾蟹蚬蛤三四物。亦岁中不一二次也。今寻常燕会，动辄必用十肴，且水陆毕陈，或觅远方珍品，求以相胜。前有一士夫请赵循斋，杀鹅三十余头，遂至形于奏牍。近一士夫请袁泽门，闻肴品计百余样，鸽子、斑鸠之类皆有。"[1] 江苏太仓人陆容在《菽园杂记》中曰：常熟陈某请客，动辄具全鸡全鹅："夸奢无节，每设广席，肴饤如鸡鹅之类，每一人前，必欲具头尾。尝泊舟苏城沙盆潭，买蟹作蟹螯汤，以螯小不堪，尽弃之水。"[2] 待客食品讲究大小和档次，以体现自家饮食的丰饶和富有。

（1）江南船宴　船宴，在江南地区流行较早。而被官僚、商人、文士普遍享用的是明清时期，无锡、苏州船宴、船菜是自明清以来具有浓郁特色的水乡风味。苏州沈朝初《忆江南·船宴》："苏州好，载酒卷艄船。几上博山香篆细，筵前冰碗五侯鲜，稳坐到山前。"明清船宴的流行吸引了不少雅士与名流，由此，船宴渐渐得到发展，船菜、船点也便兴旺发达起来，成了一种专门的风味美食。

1　（明）何良俊.四友斋丛说[M].北京：中华书局，1959：314.

2　（明）陆容.菽园杂记[M].佚之，点校.北京：中华书局，1985：169.

今日演绎的船宴菜单如：活炝虾、八味佳碟、太极鱼脑、银鱼双味、翡翠塘片、运河鱼圆、雪花蟹斗、荷叶焗鳜鱼、太湖船点、鱼米烧卖、扁豆酥糕、湖珍馄饨、时令三蔬。

（2）民间端阳宴（十二红）　在镇江，端阳（端午节）一向被看作是一年中的主要节日之一。旧日盛行于端午节的"端阳宴"，至今还被称为镇江时令"十二红"菜肴。所传之"十二红"，并无定品，只有粗细之分，视各家财力和社会地位而定。菜品亦有通用之品，如炒苋菜、炝女儿红（扬花萝卜）、咸鸭蛋等。这已几乎是镇江地区端阳宴的常品。红色，有喜庆吉利和节日的气氛，大家都比较喜欢。"十二"的数字，代表每年的12个月，也兼顾四时八节。人们都希望日子过得红红火火，事业发展得顺顺当当，年年吉利，月月喜庆。

具体菜单：冷菜有咸蛋、香肠、杨花萝卜、熏鱼；热菜有炒苋菜、炒猪肝、炒河虾、脆炒鳝丝、红烧黄鱼、红烧扒蹄、红烧牛肉、红烧鸡块；汤菜有吊炉烤鸭汤；果盘为应时鲜果。[1]此外，红豆粽子、番茄、樱桃、枇杷等应节食物和时令水果也会被列入其中。

（3）运河小吃宴——双桂坊名点宴　常州市双桂坊，是一条有着千年历史的文化老街，这里汇聚常州名点名小吃。千年风物沉淀，让这里成为常州美食的缩影。自清末开始，双桂坊成为商贾云集之地、名流汇居之所，由此孕育出一大批如老天泰、瑞和泰、马复兴、兴隆园等餐饮名店。最有市井气、最具饮食记忆的是这里的小吃名点。

名点宴的具体品种有：常州桶炉大麻糕、桂花糖芋头、加蟹小笼包、四喜汤团、青团子、金钱饼、月亮饼、巧果、五色重阳糕、三鲜大馄饨、酒酿元宵、桂花糖藕、鲜肉月饼、如意粽子、八宝饭、腊八粥、常州粉丝汤、萝卜干炒饭、常州豆腐汤。此名点宴席以精巧美味为特色，注重馅心的变化和口感，具有浓郁的文化意趣。

1　镇江市政协文史资料委员会，镇江市餐饮、烹饪协会.镇江味道[M].南京：江苏人民出版社，2018：39.

第三章

江苏大运河地区
民间食俗文化

我国境内的天然河道大多是东西走向，大运河却是横贯南北的一条人工运河，这一条最初为军事需要而通衢的运河，在历史的演变过程中逐渐成为中国南北经济交流的主要渠道，沿岸城镇随之兴起与繁荣，运河沿岸的人民群众也形成了独特的运河文化和社会生活习俗。江苏段作为大运河的核心地段，成为沿线内涵最丰富的文化遗产集聚区，既有北方的粗犷大气又有南方的钟灵毓秀。

运河文化的基因顺着流淌的河水渗透到运河城市的每一个末梢，使每一座城市从社会结构、经济形态、民风民俗到城市的性格与气质，都被深深地打上了运河的烙印。大运河通过跨越自然水系的通航、漕运，促进运河流域不同文化区在生产方式、民俗风情等领域广角度、深层次交流融合，推动运河流域全面发展而形成一种跨水系、跨领域的网状区域文化集合体，江苏大运河段的饮食文化也呈现出地域特色鲜明、食风食俗内容丰富等特点。

第一节 日常食俗

《黄帝内经·素问》中记载古代人的食物结构为"五谷为养，五果为助，五畜为益，五菜为充"，即以谷、果、菜植物类原料为主，以肉食为辅，主副食相配，荤素结合。江苏大运河段人们饮食也不例外，主食以大米、小麦为主，配以其他杂粮，但受地理和经济因素的影响，也存在南北方饮食差异，宿迁、徐州、淮安等苏北地区以面粉、杂粮为主，大米为辅，如宿迁、新沂、邳州等地主食喜食煎饼。苏中、苏南地区以大米为主食，苏南人尤其喜欢黏性大的糯米，辅以面食和杂粮，正如扬州人所说"粥饭常年不厌，面食三顿不香"。

一、饮食结构和餐制

进入20世纪80年代，随着生产的发展和人们生活水平的提升，苏北以大米为主食的人增多，苏中苏南面粉的消耗量也逐渐增加，面制品类多样，很多城市都有地方特色的面条，如镇江的锅盖面、扬州的饺面、无锡的刀鱼面、昆山的奥灶面、苏州的枫镇大面等，扬州更是"郡城酒面馆，列肆相望，'连面'各处驰名"[1]。

丰饶的物产为江苏人民带来了取之不尽的原料，运河的开通更是使江苏的食材和烹调方法不断向外传播。根据《新唐书》记载，隋唐时期，"食鱼与稻"是江南人饮食的主要构成。当时江苏境内给朝廷进贡的其他食物有：扬州广陵郡的鱼脐、糖蟹、蜜姜、藕，润州丹阳郡的黄粟、鲟、鲊，常州晋陵郡的紫笋茶、薯，苏州吴郡的柑、橘、藕、鲻皮、鸭胞、肚鱼、鱼子。

江苏最具代表性的菜肴就是淮扬菜和苏帮菜，选料严格，注重时令，以淡水水鲜为主，注重刀工，讲究火工、擅长炖、焖、煨、焐等烹调方法，强调色香味形，口味清淡，咸甜适中，营养丰富，整体烹饪格调高雅，富有文化品位。代表菜有"镇扬三头"（清炖蟹粉狮子头、扒烧整猪头、拆烩鲢鱼头）、"苏州三鸡"（叫花鸡、西瓜童鸡、早红橘酪鸡）。

上古时期，人们采用早晚两餐制，这是和日出而作、日落而息的生产作息制度相适应的。随着生产的不断进步，两餐制逐渐演变为三餐制。虽自汉代以后一日三餐制在民间开始广泛流行至今，《论语·乡党》中记："不时，不食。"东汉经学大师郑玄解释说："一日之中三时食，朝、夕、日中时。"三餐则包含第一顿朝食，即早食，安排在天色微明以后；第二顿为昼食，及中午之食；第三顿为飧食，一般是下午三时至五时。江苏很多地区喜食汤饭，每日两粥一饭，饭在中间一顿。中饭或有留余，晚间入锅加水煮而熬之。或用多余之饭，以杂菜做羹汤，和饭细熬，做成汤饭。

以讲究食道闻名于世的江苏运河人，则常常是一日三餐，但也有三餐以上的，有早茶、中饭、下午茶、晚饭、夜宵，而且味不雷同。在扬州一带旧时流传

1　（清）林苏门，董伟业，林溥. 邗江三百吟；扬州竹枝词；扬州西山小志[M]. 扬州：广陵书社，2005：42.

一首歌谣：

早上起来日已高，只觉心里闹潮潮，茶馆里头走一遭。拌干丝，风味高；蟹壳黄，千层糕；翡翠烧卖三丁包；清汤面，脆火烧，龙井茶叶香气飘。／吃过早茶想中饭：狮子头，菜心烧；煨白蹄，酱油浇；大烧马鞍桥；醋溜鳜鱼炒虾腰；绍兴酒，陈花雕，一斤下肚乐陶陶。／吃过中饭想下午：浇切董糖云片糕，再来一包香橼条。／吃过下午想晚饭：金华火腿镇江肴，盐水虾子撒花椒，什锦酱菜麻油浇，香稻米粥儿黏胶胶。／吃过晚饭想夜宵：一碗莲子羹，清心又补脑，一觉睡到大清早。

唐代以来中国人的就餐方式基本采取聚餐制，就餐氛围热闹、亲密、融洽，起到交流感情、和睦家庭、维系社会关系的作用，不但体现了家族观念中"合家欢"的传统思想，更体现出社会哲学中"和"的境界，实现人与人、人与家庭、人与集体之间的和谐。

二、饮食习俗特点

1. 食物种类丰富

自古以来，江苏就是最富饶的省份之一，素有"苏湖熟，天下足"的美誉，食材种类丰富多样，"如春夏则燕笋、牙笋、香椿、早韭、雷菌、莴苣，秋冬则毛豆、芹菜、菱瓜、萝葡、冬笋、腌菜，水族则鲜虾、螺丝、熏鱼，牲畜则冻蹄、板鸭、鸡炸、熏鸡，酒则冰糖三花、史国公、老虎酒果劝酒。"[1]扬州民谚说"东乡萝卜，西乡菜，北乡葱蒜韭，南乡瓜茄豆。""夏月有卖洋糖豌豆，秋月有卖芋头芋苗子。"扬州的乳黄瓜、暗种萝卜、笔杆青莴苣、三红胡萝卜、宝塔菜都是扬州酱菜的主要原料，而大头矮、小青菜、乳黄瓜、水芹菜更是饮誉大江南北。扬州人"早上吃蟹黄汤包；中上吃牛肉熏烧；晚上吃的豇豆角子，鲇鱼哇子，冬瓜汤两三勺子，肉丁子钉到下巴壳子。"

---

1 （清）李斗.扬州画舫录[M].周光培，点校.扬州：广陵书社，2017：104.

苏州四季蔬菜生长茂盛，花色繁多，有青菜、蚕豆、竹笋等，苏州人吃菜讲求吃鲜，鱼虾、螃蟹为佐餐喝酒主要菜肴，清人作《吴门竹枝词》有云："山中鲜果海中鳞，落索瓜茄次第陈。佳品尽为吴地有，一年四季卖时新。"苏州人还喜食野菜，一为荠菜，一为金花菜，一为马兰头，荠菜还有家荠菜、野荠菜之分。

吴承恩在《西游记》第八十六回描述了家乡淮安一带的三十几种野菜，黄花菜、白豉丁、马齿苋、马兰头、狗脚迹、猫耳朵、剪刀股等，并赞誉道"油炒乌英花，菱科甚可夸；蒲根菜并茭儿菜，四般近水实清华。"

江苏享誉全国的美食更是不胜枚举，镇江的红烧河豚、水晶肴蹄、锅盖面、京江脐；常州的加蟹小笼包、蟹壳黄、酒酿元宵、三鲜馄饨、义隆素火腿、天目湖砂锅鱼头、大麻糕、马蹄酥、芝麻糖；无锡的油面筋、三凤桥酱排骨、小笼包、糖芋头；邳州的盐豆炒鸡蛋、煎饼、蒲包豆腐；新沂的银鱼、新沂捆蹄、小儿酥糖；宿迁的黄狗猪头肉、穿城大饼、五香大头菜、铁球山楂；高邮的双黄蛋，扬州的老鹅，界首的茶干，等等。

2. 节气时令突出

孔子"不时不食"的思想在江苏运河区的人们饮食生活中体现得尤其明显，不论是水产品还是蔬菜类，都有鲜明的特色。无锡地区有民谣："菜花甲鱼菊花蟹，刀鱼过后鲥鱼来。竹笋蚕豆荷花藕，八月桂花烧芋头。春秋银鱼炒鸡蛋，活炝青虾人人赞。小暑黄鳝赛人参，营养佳品有鹌鹑。"广泛的水资源给江苏人带来了鲜活的水产品，于是人们总结了一套吃鱼的时令规矩。

正月塘鳢肉头细，二月桃花鳜鱼肥，

三月甲鱼补身体，四月鲥鱼加葱须，

五月白鱼吃肚皮，六月鳊鱼鲜似鸡，

七月鳗鲡酱油焖，八月鲃鱼只吃肺，

九月鲫鱼要塞肉，十月草鱼打牙祭，

十一月鲢鱼汤头肥，十二月青鱼要吃尾。

不仅如此，运河人的面点也注重节气时令。除了普通的肉包子和菜包子外，扬州人的餐桌上春季有笋肉包子、荠菜包子，夏季有干菜包子，秋季有蟹黄包子、虾肉包子，冬季有野鸭包子、雪笋包子、水晶包子。烧卖也是如此，四季皆备的为翡翠烧卖及糯米肉丁烧卖，另外，春季还有豌豆烧卖，夏季有茼蒿烧卖，秋季有蟹鳌烧卖。苏式糕点也讲究时令，按传统食俗可分为春饼、夏糕、秋酥、冬糖。夏则黄天源薄荷糕为佳；秋以酥皮月饼见长，如采芝斋、稻香村等月饼成为首选；冬则马酥糖为好。扬式糕点一直以口味酥脆、造型别致闻名于世。常年供应的品种有小京果、大京果、京果粉、桃酥、蛤蟆酥、金刚脐、馓子，许多品种还跟着节令变化，春有春香糖、索枣糕，夏有薄荷丁、绿豆糕，秋有月饼、重阳糕，冬有交切片、寸金糖。《十二月时令歌》生动描绘了苏南人民的岁时节令食俗图：

正月一日吃圆子，二月里放鸢子，三月清明买青团子，四月里蚕宝宝上山做茧子，五月端午吃粽子，六月里摇扇子，七月上帐子，蒲扇拍蚊子。八月中秋炒南瓜子勒西瓜子，九月里打梧桐子，十月朝就剥橘子，十一月踢毽子，十二月年底搓圆子。

徐州人吃羊肉更是讲究"冬吃三九，夏吃三伏"，夏吃伏羊成为徐州地区特殊的饮食习俗。夏天是人阳气最充足的时候，三伏天是一年最热的时刻，湿度较大，人常常会有不舒适的感觉，另外，夏天的冷饮和瓜果容易对人的脾胃造成伤害，而羊肉性温，再配以葱姜蒜、辣子、胡椒等燥热之物，可以将人体内的寒气排出，具有补脾胃、治虚劳寒冷等功效。

3. 水中食材丰富

江苏在长江、淮河和旧黄河故道的冲击下，从北到南形成了一片坦荡的平原，面积辽阔，地势低平，河网稠密，湖荡众多，素有"水乡泽国"之称。江苏的苏字古体为"蘇"，是典型的有"鱼"、有"禾"、有"草"的"鱼米之乡"。丰富的水资源孕育了许多独特的水生植物，如藕、芡实、慈姑、菱角、荬瓜、水芹等，其中邵伯菱、宝应藕、扬州芹被称为水生植物的三绝，太湖莼菜、扬州水芹以及淮安蒲菜、茭白，历代智慧的江苏人更是赋予了这些食物特定的文化内涵。

莼菜：太湖流域的水生植物。莼菜又称"水葵"，莼菜的幼叶与嫩茎中含有一种胶状黏液，口感极好，风味独特。明朝万历年起，苏州的太湖莼菜即作为贡品，年年向朝廷进献。莼菜常常和鲈鱼一起出现，文人用"莼鲈之思"代表思念故乡。《世说新语》里记载陆机去拜会王武子，王武子用羊奶酪招待他，并且炫耀说你们江南没有物品可以比拟，陆机说"有千里莼羹，但未下盐豉耳！"张季鹰在洛阳见秋风起，因思吴中莼菜羹、鲈鱼脍，辞官归家。

水芹：扬州盛产水芹，据《扬州画舫录》载："红桥至保障湖，绿扬两岸，芙蕖十里，久之湖泥淤淀，荷田渐变而种芹。"水芹菜逢冬季成熟，无论是素炒荤炒都清爽利口，且能久藏，放在水缸中能继续生长，不但可做家常菜，而且是春节必不可少的一道蔬菜，也是富有寓意馈赠亲友的物品。《诗经·鲁颂·泮水》中也有"思乐泮水，薄采其芹"之句，泮水指泮宫水，泮宫即学宫，后人把考中秀才入学为生员叫"入泮"或"采芹"。因而自古有赠芹之俗，以芹表情谊。

蒲菜：南宋年间，金国派兵攻打淮安城，梁红玉率士兵镇守淮安，因被金兵长期围困，无粮草可食。偶然间发现水中生长的蒲茎可以食用，且脆嫩无比，从而解决了粮食尽绝之困境。后来淮安人把蒲菜称为"抗金菜"。江苏人把蒲草应用到极致，嫩芽入菜，老的叶子编制成器皿，蒲绒做成枕芯。还用蒲草编制的盛器加工制作各类美食，如汪曾祺最爱吃的蒲包肉，邳州的蒲包豆腐，都留有蒲包的印迹和蒲草的香气。

茭白：有一种长于池沼的多年生草本植物叫"菰"，茭白正是它的嫩茎基部，因其洁白而得名。茭白又称作"葑"，苏州东郊原多水泽，有许多茭白水田，后来这一地区就得名"葑门"。苏州人把茭白列为"水八仙"之首。清代李渔说，蔬食之美，一在清，二在洁。茭白是我国的特产蔬菜，在南方，与莼菜、鲈鱼并称为"江南三大名菜"。

范成大在《吴郡志》中写道："江南之俗，火耕水耨，食鱼与稻，以渔猎为业。"江南一带格外注重烹食鲜鱼，把鱼类产品当作饮食生活中的重要食物。《全唐文》崔融《断屠义》曾这样分析地域饮食习惯："江南诸州，乃以鱼为命；河西诸国，以肉为斋。"《太平广记》（卷一三二）引《纪闻》中也记载："吴俗，取鲜鱼皆生之，欲食，则投之沸汤，偃转移时乃死。"苏北也不例外，北宋郴州酒税监张舜民"入运河，舣舟洪泽间，下见比目鱼。……鱼虾蟹蛤，日厌盘飧。"[1]太湖的银鱼和白虾、骆马湖的银鱼和大青虾、洪泽湖的白鱼、阳澄湖的清水大闸蟹及凤尾鱼等都是优质的水产品，更是名声在外。北宋文豪苏轼一到洪泽湖边就急忙打听："明日淮阴市，白鱼能许肥。"（《发洪泽中途遇大风复还》）

长期以渔猎为生的渔民，对鱼虾蟹类食材的加工也形成了独特的加工方法和烹调技法。如骆马湖白鱼，当地人喜欢先将白鱼用盐腌制再烧制，鱼肉呈蒜瓣状，肉质鲜美，新沂闸头鱼在当地用原水烧制，风味突出，微山湖船民在船上使用地锅，干燠鱼、干燠虾用小火将小鱼、小虾烘炒干，香味浓郁。

4. 苏中、苏南早茶习俗盛行

"早上皮包水，晚上水包皮。"早上在茶楼吃茶，茶水灌满肚子，成了皮包水；晚上在浴池里逍遥自在，又成了水包皮，这是对扬州人生活方式的最好写照。苏中、苏南都有吃早茶的习俗，而尤以扬州为甚。扬州的茶馆专卖茶和面点，是一般市民休闲、社交的去处，富春茶社、冶春茶社、花园茶楼、趣园等都是吃早茶的好去处。自古以来扬州四面多茶寮，由朝至暮，辄高朋满座，抵掌谈天，故北方人谓扬人为"渴相如"。

1　马俊亚.江苏风俗史[M].南京：江苏人民出版社，2020：214.

泡茶，须有宜茶之水，陆羽《茶经》中说"用山水上，江水中，井水下"。江苏早茶文化的兴盛与江苏优良的水资源有非常大的关联。《煎茶水记》里记载，唐朝时期江苏的水就非常适合煎茶，当时的刑部侍郎刘伯刍从煎茶的角度对全国的水进行鉴评，结果是：镇江扬子江南零水第一，无锡惠山寺石水第二，苏州虎丘寺石水第三，丹阳县观音寺水第四，扬州大明寺水第五，吴松江水第六，淮水最下第七。可见，全国最适宜煎茶的水基本在江苏。旧时扬州旧俗，利用长江每天两次涨潮之机，卖水者从运河运来涨潮江水，供人泡茶饮用，民间称为"活水"。

同时，江苏也盛产茶叶，名茶有苏州碧螺春、问荆茶、薄玉茶、苏州花茶、无锡毫茶、太湖翠竹、太湖白茶和无锡阳羡茶、常州南山寿眉、茅山青峰、金坛雀舌、金山翠芽、茅山长青茶、宝华玉笋茶、扬州的蜀冈茶、绿杨春、魁龙珠等。以扬州为例，从古至今，扬州人喜种茶，到唐代时，扬州茶以数量多、质量好闻于海内。唐代《封氏闻见记》曾记载江淮一带运茶盛况，当时运茶车船摩肩接踵，相继不断。而扬州蜀冈茶更是蜚声海内。五代毛文锡《茶谱》中称："扬州禅智寺，隋之故宫，寺旁蜀冈有茶园，其茶甘香，味如蒙顶焉。"当时蜀冈茶还作为贡品进奉。《甘泉县志》载："甘泉县宋时贡茶，皆出蜀冈，甘香如蒙顶。"把蜀冈茶和蒙顶茶并列，可见蜀冈茶在当时的地位。扬州的魁龙珠更是体现了运河中心城市的地位。魁龙珠，是用安徽的魁针、浙江的龙井和扬州的珠兰，按一定的比例选配而成，它取魁针的色、珠兰的香、龙井的味，泡出来色、香、味、形俱全。由于这种茶来自三个省份，用流经青海、四川、湖北、江西、安徽、江苏六个省份的长江水冲泡，故称"六省水三省茶"。

"扬州好，茶社客堪邀。加料干丝堆细缕，熟铜烟袋卧长苗，烧酒水晶肴"，扬州早茶茶食品种丰富，单点心就可以分为四大类：包、饺、烧卖、油糕。三丁包子据说乾隆的评价是"滋养而不过补，味美而不过鲜，油香而不过腻，松脆而不过硬，细嫩而不过软。"蒸饺一般是灌汤的肉馅，滋润鲜美。翡翠烧卖和千层油糕被誉为扬州点心的双绝，其中，翡翠烧卖是专门为饮茶而设计的品种，是清代以来真正的茶点。另外，还有各色面条和干丝。切到发丝般细、用火腿和虾米烹制的烫干丝，最能显现出扬州人饮食的精致，被清代扬州诗人林兰痴诗赞誉道："莫将菽乳等闲尝，一片冰心六月凉。不曰坚乎惟曰白，胜他什锦佐羹汤。"镇江茶馆里卖的食物，可以简化成三个单字"肴""点""面"。镇江人把"肴"读作"小"。进得茶馆只要说"小"，店家就会送上一盘"肴肉"外带细姜丝和一碟镇江醋。

5. 调味品和酱菜特色明显

调料是烹调菜肴的作料，在日常生活中不可或缺，主要包括酱油、醋、酱类、麻油、盐、糖、香辛料等。中国人饮食讲究五味调和，烹制菜肴就是以水、火、木"三材"，去除水居者腥味、草食者膻味、肉攫者臊味等人们不能接受的本味，而突出食物原料的美味，"有味使之出，无味使之入"。

我国醋的生产在周代就很发达，以后历经发展，品种繁多，质量优异。江苏镇江、徐州等地的醋素享盛名。晚清时，恒顺香醋就闻名遐迩。1879年编撰的《丹徒县志》曾载："京口（即今镇江）黑醋，味极香美，四方争来货之。"大文学家苏轼在镇江焦山品尝醋炙鲅鱼，就写下诗句："芽姜紫醋炙银鱼，雪碗擎来二尺余，尚有桃花春气在，此中风味胜莼鲈"，赞美紫醋确为调味佳品。该醋独特的固态分层发酵工艺已被列入国家级非物质文化遗产代表性项目名录。酱类的生产在周代亦很发达，起先是作肉酱，后发展到以鱼、虾、豆类、面类等制酱。江苏的酱类及酱油生产历史悠久，颇多名品，如吴江、江阴的酱类，徐州的酱油等。我国大约在三国时期开始以芝麻仁榨油，江苏徐州、镇江等地的麻油久负盛名。江苏还有甜油、虾油、糟油等特产调味品。这类调料制作特殊，风味各异。

扬州酱菜历史悠久，问世于汉代，发展于隋唐，兴盛于明清。清代乾隆年间被列入宫廷早晚御膳小菜。《扬州风土记略》载："高、宝一带，少腌冬菜，多腌春菜，则又习俗使然也。"创建于清嘉庆年间的三和四美酱园，扬州乳黄瓜、萝卜、宝塔菜等为名牌产品，色香味俱佳。

"煎饼卷盐豆，一日三餐吃不够。"徐州地区的盐豆子据说起源于楚汉战争时期，盐豆子的制作工艺与今天日本的纳豆有些类似，不仅可以作为风味小吃直接食用，还可以作为菜肴的配料或调料使用。例如，邳州人喜欢炒鸡蛋时加入盐豆子，再配上一点蒜苗或蒜薹同炒，炒好后用烙馍或煎饼卷食，风味更为别致；另外，盐豆子可作为调料，放入菜品中，成菜后也会产生一种独特的风味。微山湖一带的徐州人则喜欢用盐豆子和萝卜一起腌渍。常州武进的新闸红萝卜，质地脆嫩，加工而成的五香萝卜干也为上品。宿迁的五香大头菜，始创于明正德年间，选用当地产优质大头菜，辅以茴香、花椒、丁香、八角、桂皮等5种香料腌制而成，色泽鲜黄，香味纯正，脆嫩爽口，口嚼无渣。

6. 面点种类繁多

宋人范成大《吴郡志》载，宋代苏州每一节日都有用糕点，如上元的糖团，重九的花糕之类。明清时，苏州的糕点品种更多，制作更为精巧，《易牙遗意》《随园食单》《清嘉录》等文献中都有不少记载。如今，苏州糕点已形成品种繁多、造型美观、味道佳美等特点。创设于道光元年（1821年）的"黄天源"是一家百年老店，经营的糕团品种很多，一年四季都有老百姓日常和节日生活需要的花色品种推出，如正月初一的糖年糕和猪油年糕；二月初二的撑腰糕；三月清明节的青团子；四月十四的神仙糕；五月初五各色粽子；六月有绿豆糕和薄荷糕；九月初九有重阳糕；十一月冬至节团子，十二月各色年糕。还有老人做寿用的寿团寿糕；新屋上梁和乔迁时用的定胜糕；姑娘出嫁用的蜜糕和铺床团子等。

在苏州糕点中，最为人称道的是苏式船点。船点是由古代太湖中餐船沿袭而来的，它在制作工艺上受到吴门画派清和淡逸、典雅秀美的风格影响，无论是制作鸟兽虫鱼、花卉瓜果，还是山水风景、人物形象，均能做到色彩鲜艳、惟妙惟肖、栩栩如生。再包上玫瑰、薄荷、豆沙等馅心，更是鲜美可口，不仅给人以物质上的享受，还给人以精神上的美感，充分显示了吴地饮食具有高文化层次的特征。

苏州人养成早餐一碗面的传统，据有关资料记载，清末至民国年间苏州城约有100余家面馆，名声较大的有十多家，张锦记、松鹤楼和观振兴三家名列前茅。扬州"城内食肆多附于面馆，面有大连、中碗、重二之分。冬用满汤，谓之大连；夏用半汤，谓之过桥。面有浇头，以长鱼、鸡、猪为三鲜。"在杜负翁的《蜗涎集》中，扬州人的面浇头更是多样，列了五十余种，如火腿、鸡皮、脆鳝鱼、红白腰子、鳇鱼片；虾蟀、蟹黄、斑鱼肝；野鸭、凤鸡、盐水蹄；脆鱼、软兜、枸杞头⋯⋯正如《扬州竹枝词》中所说："一钱大面要汤宽，火腿长鱼共一盘；更有稀浇鲜入骨，蟀鳌螃蟹烩斑肝。"扬州人称汤多面少为宽汤窄面，浇头的种类更是非同寻常。

扬州的包子更是闻名中外，春、秋、冬日，肉汤易凝，以凝者包于发酵面之内，蒸熟，则汤融而不泄。包子种类更是繁多，有肉包子、三丁包子、菜包子、细沙包子等。馄饨与面条同食，扬州称为饺面，共和春饺面、富春包子、冶春蒸饺，堪称"扬州早点三绝"。

宿迁的"朝牌"是烧饼类食品的一种，其形状酷似封建王朝文武大臣上朝时手里捧着的笏。其色如锦帛，酥脆可口。邳州的芙蓉果也被广泛赞誉，有"大运河边芙蓉果，胜似蜜饯牵涎流。香酥适口易消化，益肺补气味道稠"的记述。

三、饮食禁忌

运河沿岸的人们过去舟船成为主要交通工具，渔民长期居住在船上，到处漂泊，长期形成船家的独特饮食忌讳，如吃鱼不能将鱼翻身，鱼翻身象征要翻船。忌将碗倒扣在桌上，忌说"盛饭"，因为"盛"与"沉"发音相似，要说"装饭"。筷子不可搁在碗上，这样意味着船会"搁浅""触礁"。餐具也有特殊的称谓，如筷子叫"撑篙"，羹匙叫"掏子"，菜盘叫"羹搭"，饭锅叫"锅子"。吴语地区的船民，遇到不吉利的词汇都要避讳，如"猪"谐音"输"，"石""舌"谐音"蚀"，"鸡"谐音"欠"，所以猪头改成"利市"，猪耳叫

"顺风"，舌头叫"赚头"。

苏南人民吃鱼有一些习俗和忌讳，在节庆和宴请客人时整个筵席最后一道菜一般是一条整鱼，只要鱼一上，大家便知菜已上齐，筵席已到尾声，"鱼"意味着筵宴结束，又寓意吃而有余（鱼）。因鱼又与"裕"同音，所以过年吃年夜饭，桌上少不了鱼，但不能全部吃光，称"吉庆有余"。苏中和苏南地区的人们一般很少吃鲤鱼，因认为鲤鱼肉粗味异，也有说因鲤鱼要去跳龙门的，还因鲤字与"离"谐音，吃鲤鱼不吉利，故戒杀鲤鱼。因鲢与"连"谐音，所以不论生孩子还是结婚，都喜欢吃鲢鱼，寓意着连生贵子，心心相连。而居丧之家则绝不能吃鲢鱼，喻"连连丧"大不吉利。但是徐州地区却相反，徐州地区比较出名的是微山湖的四孔鲤鱼、大运河的赤色鲤鱼、黄河鲤鱼，徐州人认为鲤鱼是非常吉利的，尤其是微山湖四孔鲤鱼，鱼身长而健，尾巴红色，四个鼻孔，四个鱼须。四个鼻孔分别代表吉祥、如意、平安、富贵，所以在办喜事、走亲串友，宾朋宴席时用红鲤鱼更能代表吉祥如意。

婚宴上水果盘中不装梨，因"梨"与"离"同音。不给生病人送苹果，因苹果和"病故"音近似。头顶生疮不吃绿头糕，绿豆谐音"落头"。小孩忌食鱼子，民间谓之"不识数"。人们还将鱼头上两根等腰三角形的鱼骨视作"鱼仙人"，常用此来占卦，掷在桌上直立，则表示大吉大利。

苏南一带认为吃了鱼脸"无情肉"会"眼空浅"（吝啬）。孕妇禁吃生姜、辣椒、螺蛳和米粉糊，传说吃生姜会生六指儿，吃辣椒会生瘌痢头，吃兔肉会豁嘴，吃米粉糊会头脑不清，吃螺蛳会流口水。

吃饭的时候也有很多禁忌，如扬州人吃饭忌"抬轿""跑马""过河""翻场"等。对着菜夹起一大叉称之"抬轿"，筷子不停夹菜谓之"跑马"，站起来将筷子伸到桌子对面去夹菜谓之"过河"，将盘中菜翻来覆去挑拣谓之"翻场"。忌将筷子直立插在饭碗里，只有"倒头饭"和祭祀祖先的供饭才可以这样做。菜肴的数目忌讳七。

第二节 人生礼仪食俗

诞生礼、成长礼、婚礼、寿礼、丧礼这些仪式是人在一生中不同年龄阶段所举行的重要仪式，是个人以不同身份与角色进入家庭和社会的关键标志。举办这些仪式时都要有相应的筵席以表达祝福和感恩，体现尊老爱幼的美德和对子孙兴旺富裕的期待。运河的交通运输和文化交流功能，对沿岸社会的物质生活和精神生活带来深刻影响。在地域文化的交融与碰撞中，人生礼仪食俗呈现出浓郁的地方特色。现在很多地区旧的习俗在日渐消失，如何抛弃传统习俗中的糟粕，发扬积极因素，并结合新时代的特色，形成新时代富有文化内涵的人生礼仪食俗，是当代应该思考的重要内容。

一、诞生食俗

在中国人的传统观念中绵延子嗣是人生头等大事，从结婚时早生贵子的美好祝愿开始，到怀孕、孩子出生、满月、周岁等都伴随有一系列的饮食表达。我们的祖先最早是向自然神灵求子，后来又向神佛求子，祭拜主管生育的观音菩萨、碧霞仙君、百花神等。一旦得孕，便供上三牲福礼，并给神祇披红挂匾。后来民间出现了送食求子的习俗，如吃喜蛋、喜瓜、莴苣、子母芋头、石榴、枣、花生、栗子、莲子等方式。

在江苏运河地区的民间，家中有妇人怀孕是一件大喜事。孕妇的饮食尤其受到家人照顾，既是为求得最终生产的顺利平安，也是为了胎儿的健康成长。在食养方面，有很多的迷信色彩，比如说孕妇应多吃苹果、桂圆、鸡蛋，这样生出来的孩子就会脸面丰满，眼睛大，皮肤嫩。民间也多有根据孕妇口味的变化，判断胎儿性别的办法，如"酸儿辣女"之说在民间就十分流行。

旧时生产前，产妇娘家向婿家送催生包，一般为食品和用物。苏州办"催生包"，内有毛衫（不缝边的襁褓内衣）、抱裙（小被子）、棉衣裤、斗篷及尿布等，打成一个包袱，结四系结，连同苦草（益母草）、红糖、人参、桂圆、陈米等送到婿家，到产妇床前，将包袱往床上一扔，包袱结向上，兆生女，向下兆生男。然后由婆母将催生包在产妇床上迅速打开，口说吉祥话，这样可以快生顺养。然后其他催生礼才好进门。临产时，娘家还要送两碗"催生面"到婿家给女儿、女婿吃。孕妇要坐在马桶上吃，以求顺养。催生的人不能坐，否则孩子就生得慢，甚至难产。常州的"催生盘"有海参、鱼圆，或鸡块、鱼片合煮的杂烩，或红糖、红枣、鸡蛋、糕点之类。扬州的催生盘是两个朱红漆描金的托盘，一盘盛小孩子的鞋袜衣被，一盘盛小孩子的装饰品如金银锁、镯之类。如果是头胎，娘家还要接回去，当天回来，叫作"催生过街"。

苏州一带妇女分娩时吃"邋遢团子"，即糯米粉团子，亲朋好友给产妇送水生作物，如冬春送茨菇、荸荠，夏秋送塘藕和茭白，产妇家要回礼，"吃了团子奉还糕，得仔菱藕还红包"，寓意"兴高（糕）采烈（礼）"。扬州孩子出生三日，要送洗三红蛋。一半染红，一半不染。若生男孩则送单数，生女孩送双数。另外鸡蛋的个数还根据亲疏来定，关系近的送得多，关系远的，送得少。现在扬州依然有送红蛋的习俗，但是鸡蛋多不染色。常州人将糯米粥一碗一碗送左邻右舍，表示感谢大家关心。徐州地区先向祖先报喜，祭祖先牌位。从报喜日起至满月，亲友前来祝贺并馈赠礼品。外婆家送蛋，一般要百只上下，要单数，放篮内，不另包装。孩子满月的时候，徐州地区传统习俗"送粥米"，娘家和亲朋好友送米面、鸡蛋、挂面、红糖、馓子、新衣等。到指定的日子，娘家哥哥将"粥米"担过去，娘家送粥米，婆家要准备筵席，称"吃喜面"。吃喜面最讲究喝红糖泡馓子，红糖表示喜庆，馓子谐音"散子"，意为多得贵子。还要吃"长寿面"，下挂面再卧两个鸡蛋。吃完筵席，每位客人还要带上10个红喜蛋离开。

二、婚礼食俗

在古人看来，婚姻的意义在于"事宗庙"与"继后世"，即以祖先的祭祀和宗族的延续为目的的结合，所以婚姻是家族的大事。在筵宴的仪礼上，人们更要郑重对待。江苏运河地区在20世纪20年代前依然承袭早在周代就已形成的纳采、问名、纳吉、纳征、请期和亲迎六礼，但后续各个年代都不断加入了时代特色，有所变更。

在旧式婚姻中讲究媒妁之言，男家备礼去女家求婚，即六礼中的纳采，所以媒婆受到人们的尊重，有俗语称"做一次媒，要吃十八只蹄髈"。徐州地区提亲前，男孩的父母要请媒人吃饭，俗语云"成不成，酒两瓶"。事成后更有谢媒的说法，有的地方要请媒人吃八次酒。徐州地区男方则要给媒人送条大鲤鱼，酬谢媒人介绍之功。问名，俗称讨八字，用红帖写好，装入红封套内，同时放一些茶叶。此外，苏州还放红米、千年红，无锡放枣子、花生、桂圆、莲子，品数必双，取"早生贵子"之意。媒人到男方家，把贴供放在灶座下，如三日内无碎碗破甑或其他不吉利的事发生，即请人排八字。八字相合才能相亲。

自古以来茶在婚礼中必不可少，即使现在婚礼程序简化，但依然有新人敬奉父母茶的习俗。明人许次纾《茶疏》说："茶不移本，植必子生。古人结婚，必以茶为礼，取其不移植子之意也。今人犹名其礼曰下茶。"因茶树移植则不生，种树必下籽，所以在古代婚俗中，茶便成为坚贞不移和婚后多子的象征，婚娶聘物必定有茶。常州地区，订婚时，先备聘礼一部分，叫"头茶"，男女双方互赠礼品必有茶，女子受聘谓之"吃茶"或"受茶"。婚前三日行大定谓之"二茶"，扬州和镇江则叫过茶或下茶，俗称"一女不吃两家茶"。就是指定婚后，不好再接受别的男子的聘礼。自古结婚前扬州就有三道茶的习俗。第一道是高果，由果品或糕饼构成，在盘中堆放很高，一般主客不食用，用来撑场面，宋代以后把果品放茶汤中，可以食用；第二道食莲子汤、红枣汤、燕窝汤或桂圆汤等甜品，莲子是接连生子，红枣是早生贵子，燕窝是新婚燕尔，桂圆是团团圆圆之意；第三道是龙井、霍山黄芽等茶品。前两道茶别人可以尽兴品尝，但新郎只要点到为止即可。因为这两道茶有吉兆之意，如若新郎吃完，一来让人觉得其品相不雅，二来女方家会觉得家里的吉兆全都被下去了。第三道茶可以随意品尝，因"心地专一"之意。

　　送大盘时男家给女家送一纱罩方糕，糕面印有各种喜庆花纹。女方收下糕分赠亲友，等于邀请明年今日参加婚礼。女方也要回送一纱罩方糕，数量要略多些。徐州新沂一带，彩礼最重要的是一块猪肉，女家把这块猪肉煮熟，切下一半，请媒人带回男家，名为"生肉换熟肉"，象征联姻成功之喜。苏北大运河附近农村，送彩礼分两个大包袱，一包是衣帽、鞋袜、腰带和红绳、绿线等；另一包是盐、葱、筷子、花生、栗子、白果、红绿线、春麸子。盐是延年益寿；葱指下一代聪明；筷子又称顺子，指什么都顺利；花生指婚后花开生育，有男有女；白果指白头偕老；栗子指早生贵子；红绿线指月老牵线搭桥；麸子指婚后有福等。装包袱时要唱"包袱歌"，增添喜庆气氛。苏南送大帖，龙凤喜帖一式两份，男女家各执一份。订结婚日子前夕，男方备酒宴请媒人，并赠礼品，是为"谢媒"。铺床迎亲之前，为了预兆婚后早生男孩，有铺床、暖床等俗。一般是女家请多子女的夫妻，到男家去铺床，并请两位多子女亲友暖床。苏州由舅父母双双进行。舅家先备"铺床盘"，内装鸡、猪腿、鱼、糕点、红蛋、枣子、花生等具有吉祥祈子含义的食品，送到外甥家。徐州人铺床枕头里放筷子，喻"快生贵子"，套被时放枣、栗，喻"早立子"。套被一头不缝，喻"没完没了的吉利"。有的地方用一根红线缝到底，中间不能打结，称"一夫到头"，并考查新娘针线功夫。如办婚事，男方家于当年中秋节送的礼物中加送一对鹅或一对藕。

　　江苏运河沿岸旧时迎亲用船。即使男女两家毗邻，仍要把花轿抬上船，船到女方家，在河中打几个转，俗称"打圆势"。迎亲的船头放两只活公鸡和两条红鲤鱼，象征吉祥如意、年年有余。把新娘迎娶进门，婚礼程序正式开始，拜堂、撒帐、合卺、闹洞房等。

　　拜过天地入洞房后，要行"合卺"之礼，即共饮交杯酒，表示已结永好，同甘共苦。清人张梦元的《原起汇抄》对此解释为："用卺有二义：匏苦不可食，用之以饮，喻夫妇当同辛苦也；匏，八音之一，竽笙用之，喻音韵调和，即如琴瑟之好合也。"洞房内还有热闹的撒帐习俗，这在汉代便早已有之。在民间，将花生、栗子、大枣、桂圆、莲子等"子孙果"撒在婚床之上，寓意"早（大枣）

立（栗子）子""早（大枣）生（花生）贵（桂圆）子""连（莲子）生（花生）贵（桂圆）子"等，这些干果由儿童们争相抢食，越是热闹，就越是吉庆。

徐州邳县（今邳州市）《撒帐歌》：一撒荣华共富贵，二撒金玉闹满堂，三撒三元得子早，四撒四季平安康，五撒五子登科举，六撒六合同春光，七撒七子团圆庆，八撒八仙庆寿堂，九撒九条共仙女，十撒十路大吉祥。[1]

撒帐后祭祖，向祖先祝贺，谓之"开礼"，然后设宴待客。结婚酒席很隆重，在结婚的前一天，厨师就得来到男女方家中，备料顺菜，各种材料则由主人根据厨师开的菜单和料单，提前买好，整个婚礼有总管、司仪、厨师、帮手、服务员等。结婚酒席档次的高低一般视家庭情况而定。现在大部分在酒店办酒席，但农村地区依然喜欢在家里拉棚子办酒席。酒席中鸡和鱼是必不可少的。徐州地区菜肴一般是凉菜八样，大件四件，炒菜四件或六件，外加一甜汤一咸汤。其中炒菜中一般不可少的是拔丝，以示情谊绵长。凉菜一般为五荤三素，并且要有鸡和鱼，以示吉利和年年有余。在开酒席前，每桌上四碟或八碟馃子，以供客人先"点心点心"。厨师除了做菜以外，还要给新郎新娘下长寿面，面条一般不熟，每碗再放两只溏心荷包蛋，筷子用火烤后掀弯，使之食时不能像正常一样食用。面条好后，新郎新娘还要给厨师喜钱，每人一份用红纸包。临走时，主人还要给厨师喜酒、喜糖、喜烟等。

常州地区新妇要在公婆卧房见谒，叫作"蓬头茶"，然后依次在大厅中见过新郎尊长，叫作"分大小"。要依次将红蛋、干果装盖碗内，称之为"满茶"，然后和自己预先缝制的绣品、手巾一起，分送尊长和至亲，叫作"上贺"。结婚后第三天，新妇要谒见祖宗，称之为"庙见"，再拜灶神，叫作"拜灶"。然后在正堂设宴，称之为"坐茬宴"，小姑要敬酒，叫作"送钟筷"。然后新娘可以入厨。结婚三十天后为大满月，岳家要送各物至婿家，送鸡鸭鱼肉，叫作"朝担"，糕团熟食，则叫作"熟食担"。满月之后，新人双双至岳家，称之

---

1 金煦.江苏民俗[M].兰州：甘肃人民出版社，2003：230.

"回门"。

三、寿诞食俗

寿诞礼是为了庆贺生日而举行的人生礼仪，一般30岁以下称生日，40岁以上过生日才称做寿。古代人们原本不过生日，因为儒家的孝亲理论认为，生日应静思反省，感念父母生养自己的艰辛，而不应庆祝。后来，人们的观念有所转变，认为庆祝生日可以让父母高兴，也是孝敬父母的体现。唐代，民间已普遍以设酒席庆生日为乐事。到宋代，过生日"献物称寿"的送礼之风也开始兴起，生日馈赠礼仪沿袭至今。

老人的寿庆仪礼，在民间十分普遍，俗称"做寿"。寿庆一般重视逢十的"整寿"，从五十岁开始，五十岁为"大庆"，六十岁以上为"上寿"，又称为"甲子寿辰"，仪礼尤其隆重。无锡人庆寿一般不在生日，而在春节举行。父母虚龄满60岁时，子女要为父母庆寿，以后每10年庆寿一次。60寿庆称花甲初庆。70、80寿庆分别称七旬、八旬大庆，也称七秩、八秩荣庆。如父母或祖父母同龄，称双寿。亲友前来祝寿，贺礼一般不送钱，而是送寿幛、寿联或寿酒、糕点、干果、水果等。还有的送寿盒，寿盒中盛馒头、糕点、寿面、寿烛、寿桃等，称为寿盘。寿盘数一般要成双，以求吉祥。苏州人祝寿必订著名糕团店——黄天源所做的寿桃、寿糕。乡村则自家磨粉做糕、做寿团子，在中堂上堆得高高的，寓意高寿。亲戚、乡邻们都能得到一份，谓之"散福"，为寿者增寿添福。

寿面和寿桃是寿庆的食文化符号，寿面就是祝寿吃的面条，因为面条形状绵长，做寿吃面，取意延年益寿。寿面一般长一米，每束须百根以上，煮成捞面，在碗中盘成下大上小的塔形，上罩以红绿拉花，备以双份，祝寿时呈于寿案之上。

寿庆筵宴的菜品，在数字上讲究扣"九"、扣"八"，如"九九寿席""八仙菜"等；在菜名上，也讲究吉祥喜庆，如"三星聚会""八仙过海""白云青松""福如东海"等。在不同的地区，还有不同的寿庆食俗。

四、丧葬食俗

丧礼，民间俗称"送终""办丧事"，是古代凶礼之一，也是人生最终的一项礼仪活动。中国人历来强调事死如事生，所以对于去世的人的供奉以及生者在丧期的饮食都有严格规定，自古以来备受重视。民间对于寿终正寝的老人的去世，称为"白喜事"。一般送葬归来，居丧之家会宴请前来吊唁的客人和帮忙的朋友，一来是为了款待前来吊唁的客人，表达感谢；二来为尽孝，民间普遍认为，丧礼办得越隆重，越能显示子女的孝心；三来为了祈福，民间认为"吃遗饭"能托死者的福，子孙后代便能兴旺富裕。丧席的叫法各地不一，有叫"吃白喜酒"的，有叫"吃豆腐饭"。古代豆腐饭为素菜素宴，后来席间也有荤菜，丧葬的食俗在各个地方也有所不同。但因现代社会提倡丧事简办，所以很多旧俗已被废弃。

在我国从古至今各地的丧葬仪式中，均有为亡灵贡献饮食的习俗，《礼记·杂记》中载："啥巾以饭（含）。"在过去，淮扬一带人死后，遗体停放在堂屋中，头顶要放一碗"倒头饭"，每日一换。供桌上要有4个碟子，内放茶食、水果，还要放1杯米、1杯茶。出殡时，亲友要摆"路祭"。入土后，坟前要供4样菜：鱼、肉、蛋和蔬菜，以及白酒1杯。孝子要连续3天送饭菜到坟前设供，称为"送饭"。家中死了人，忌食面条；送葬回家跨过火，还要吃一点糕、糖茶、炒圆子等食物，以图吉利。逢"七"都要包饺子，头七包7只，以后每"七"减1只，到七七只包1只且每次包的饺子都要扔掉1只喂狗。

江苏很多地区办完丧事，从死亡之日起，每隔7天，祭祀一次亡灵，俗称做七，要做7个七，共计49天。家中设灵位焚香上供，也有请僧道放焰口做斋的。五七为整七，尤为重视，出嫁之女要置菜肴作家祭，有的地方人家要到东岳庙烧五七香。七七四十九天期满，称为断七，要到坟上祭亡灵。现农村有按此程序祭祀，城里人有所简化。

《礼记·问丧篇》："亲始死……水浆不入口，三日不举火，故邻里为之糜粥以饮食之。夫悲哀在中，故形变于外也；痛疾在心，故口不甘味，身不安美也。"守丧之人应怀悲戚之心，不忍进食，邻里赠粥成为一种风尚，"今之丧家，入殓后亲友赠粥以为唁，其犹古之遗风耶？"[1]

扬州的丧席一般有六道菜，即红烧肉、红烧鸡块、红烧鱼、炒豌豆苗、炒鸡蛋、炒大粉，称为"六大碗"。其中，肉、鸡、鱼代表三牲，作为祭品表示对逝者的尊敬；豌豆苗、鸡蛋和大粉是希望大家安稳和睦，消除隔阂。吃丧饭时不能喝酒。

常州人办丧事用菜，大多素菜，少不了豆腐，叫作豆腐饭，一般是吃白豆腐，大多数地方荤素兼用，甚至把丧饭办成与喜事同样规格的酒席。徐州的丧席中豆腐也是不可缺少的，可以饮酒，但不能用粉丝，也不能用面条菜。

第三节　岁时节日食俗

"夫礼之初，始诸饮食。"饮食不仅是满足口腹之欲的个人行为，也是礼仪规范的渊薮，礼制精神的实践。在以农耕文明为主的中国，传统的节日节令更是与"吃"分不开。饮食与节令本身就具有一种天然的联系，食物的生长有很强的季节性，每个节日都有代表食物，每种食物也都包含丰富的寓意。"十里不同风，百里不同俗。"各个地区每个节日的饮食习俗也不尽相同。所以岁时节日蕴藏了先民们对于大自然运行规律的科学认识和丰富多彩的饮食民俗事项，反映出非凡的生活智慧，寄寓了人们对美好生活的期盼。正如王仁湘先生所说："人们平日的饮食，多半为口腹之需；而岁时的享用，则主要为精神之需。节令饮食活动，是文化活动，也是社会活动。"[2]

1　徐谦芳.扬州风土记略[M].南京：江苏古籍出版社，1992：55.

2　王仁湘.饮食与中国文化[M].桂林：广西师范大学出版社，2022：116.

大运河以博大的包容性和开放性给沿岸城市带来了生机勃勃的民俗文化，在流传至今的节日习俗里，人们依然可以看到古代人民社会生活的精彩画面。如扬州习俗各大节日食品不一，"元旦、立春、上灯、元宵、冬至之汤团，落灯之面，端阳之粽，中秋之饼，重阳之糕，除夕之蜂糖糕，恒先祀鬼神，然后家人分食之。"[1]今天很多节日节令的初始含义已被淡化，大多食品也不用于祭祀，但是祈福祝愿作为几千年来沉淀于人们意识之中的表达，已经形成固定的思维模式，成为特殊的一种文化存在形式。食物的选择、食物的命名、食物的造型、食物的搭配，体现了运河流域人民对大自然的认知，蕴含着意味深长的独具匠心。饮食禁忌和饮食谚语等又体现了运河人的聪明智慧和生存之道。

一、春节

春节又称元旦、元日、元朔，俗称过年，起源于我国原始社会的腊祭。年的本意来源于农业，《说文解字》载，"年，谷熟也。"所以每逢腊尽春来，人们便杀猪宰羊，祭祀祖先和神灵，祈求来年风调雨顺，避免灾祸。秦汉以前中国人认为一年开始的时间各不相同，夏商周三代分别把阴历一月、阴历十月、阴历十一月作为岁首。秦统一后采用商代的历法，汉武帝时期又恢复夏历，并延续至今。把阴历的一月作为一年的开始。辛亥革命后改阴历为阳历，将阴历正月初一叫作春节。阳历的一月一日称作元旦。

但是传统意义上的春节从腊八开始一直持续到正月十五。正如民谚所说，"小孩小孩你别馋，过了腊八就是年；哩哩啦啦二十三，二十三糖瓜粘，二十四扫房日，二十五买豆腐，二十六买斤肉，二十七宰只鸡，二十八把面发，二十九蒸馒头，三十晚上熬一宿。"江苏运河沿岸的人们腊八过后便开始制作年货。日复一日，年复一年，人们把希望寄托在未来的年年岁岁，对春节有更多的企盼。一般新年后市集店铺关闭几日，各家都吃隔年余下的食物，所以过新年要预储熟

---

1 徐谦芳.扬州风土记略[M].南京：江苏古籍出版社，1992：71.

食，名曰"隔年陈"，腊肉咸鱼杂菜蔬，隔年酒食要多储。

过年前新沂、邳州一带流行炸萝卜丸子、炸鱼、炸山药、芝麻叶子、蒸馒头、黄团子（玉米面），包包子等。常州地区家家户户都要做元宵、团子、蒸馒头、蒸糕，如今常州一些农村人家，仍然保持着过年做"人口团子"的特有习俗。据说明朝时，汤和镇守常州，酗酒如命，乱杀无辜。于是他的副将便想到做染上点红色的人头形状的团子，冒充人头献上，蒙混过关。后来，"人口团子"寓意保护人口平安而得名，并演变成一种节日食俗。苏州人在年前"亲朋互以豚蹄、青鱼、果品之属相馈问，谓之送年盘。"[1]还有过年吃糖年糕和猪油年糕的习俗。糖年糕和猪油年糕既可用于祀神供先，也能馈赠亲朋，所以春节前一二十日，糕肆门市如云。扬州人取四月月间腌贮的马齿苋，岁暮制馅作馒，名"安乐菜"。

1. 腊八

农历十二月，民间俗称腊月。十二月初八，俗称腊八，这一天是我国相沿成俗的腊八节。《周礼·天官·腊人》有"腊人掌干物"之说，郑玄注："腊，小物全干。"即干物为腊，到了年终，祭献神灵用的蔬果谷物等已全部是干物。"腊月"一词的起源很早，《礼记·郊特牲》云："天子大腊八，伊耆氏始为腊。腊也者，索也。岁十二月，合聚万物而索飨之也。"腊月最早由腊祭而得，腊八就是祭祀主岁收丰俭的八谷星。所以从先秦起，腊八节便有祭祀祖先和神灵、祈求丰收和吉祥的习俗。后来因传说佛教创始人释迦牟尼饥饿时吃了牧女煮的果粥，于十二月初八在菩提树下悟道成佛，因此佛寺要在腊八日诵经、煮粥敬佛，所以腊八也是佛教徒的节日，又称"佛成道日"。

腊八粥一般用各种米、豆、果品等一起熬制而成。用料虽各地有别，但多选用大米、糯米、小米、菱角米、栗子、红枣、红豆、核桃仁、杏仁、瓜子、花

1　（清）顾禄.清嘉录；桐桥倚棹录[M].来新夏，王稼句，点校.北京：中华书局，2008：206.

生、榛子、松仁、桃仁、柿子、葡萄、白糖、红糖十八种食材混合制作而成。据说，腊八粥用的十八种食材，象征了佛家的十八罗汉。《本草纲目》记载，制腊八粥之红枣、白果、苡仁等20余种原料，皆属食疗药味，而腊八粥则当属药膳之组成。冬季食用，不仅能驱寒保暖，而且养人补体，延年益寿。另外，枣、栗分别是"早""力"的谐音，意味着早下力气，争取明年五谷丰登，腊八粥一般做得很稠，黏糊糊的，黏又是"连"的谐音，寓意连年丰收。

寺院有在这一天施腊八粥的习俗。煮腊八粥讲究多煮，称"越吃越多""富贵有余"。江南腊八传说有节粮的意思，徐州腊八谐音"拉巴"，有扶养、扶助、提携之意，《扬州风土记略》载，腊八之粥，以杂果及米糜之，和以饴，颇适口，仅人食之而不祀神也。所以腊八节与其他节日不同的一点是食物不祀神。

老苏州人的腊八粥分为荤腊八和素腊八，荤腊八的食材主要是咸肉、黄豆芽、芋芳、香肠、火腿、黑米、白菜、青菜，又称为咸腊八。素腊八里有赤豆、蜜枣等，也叫甜腊八。

2. 送灶

《邗江三百吟》中记载扬州旧俗："腊月廿三、廿四两日，用糯米粉为丸，如白果大，蒸熟祀灶，阖室分而食之。祭灶后，家家磨麦作糕馒，取其洁白者，互相馈赠"。

苏州无锡一带有送灶第二日吃"口数粥"的习俗，据说可以避瘟疫。在米中掺赤豆煮粥，阖家大小都要参加，包括家里所有的人"口"和猫狗的"口"，在这天都要吃到这种粥，故叫"口数粥"。吃口数粥的食俗盛行于宋代，范成大在《口数粥行》诗中描绘了这种食俗，"家家腊月二十五，淅米如珠和豆煮。大杓轑铛分口数，疫鬼闻香走无处。"扬州送灶之夕，则是煮一锅糯米饭，祭灶神后，全家每人吃一碗。淮安人送灶王爷上天言事，供"麦芽糖"和"草料"（稻草剪碎加黄豆），用麦芽糖粘着灶王爷的嘴，让他上天少说坏话，草料是供他的坐骑食用。

3. 立春

立春是四季的起点，春天的开端，二十四节气之首。在古代立春是最重要的节气，春节则是立春衍生出来的节日，立春基本在春节前后。汉代就有行春之制，立春前三日，天子开始斋戒，到了立春日，亲率三公九卿诸侯大夫，到东方八里之郊迎春，祈求丰收。开春时，太守巡行郡县，劝督农桑，一直延续到清末。打春制俗源于隋，宋代完备而盛行。打春即打春牛，亦称"鞭春牛""鞭土牛"，立春日将泥塑春牛打碎，这是农耕文明时代的遗风。在苏州，立春日，地方官则率领属僚迎春牛。太守在府堂鞭牛，谓之"打春"。农民竞相以麻、麦、米、豆抛打春牛，里胥以春毯相馈贻，预兆丰稔。百姓买芒神春牛亭子置堂中，说是有益于农事。蔡云《吴歈》云："春恰轮当六九头，新花巧样赠春毯。芒神脚色牢牢记，共诣黄堂看打牛。"

直到今天，民间遗留的立春日仅剩咬春的习俗，包春卷、吃五辛盘、春饼、画春蛋，摆春宴，寻找春的味道。徐州和扬州一带，生吃青萝卜，称之为"咬春"。咬春可以使人全年不生病，老人咬春可以起到固齿的作用。

淮安立春日取春牛，在门上用泥书写百事大吉，亲友以点心食品相馈赠。扬州人吃应时春饼，"调羹汤饼佐春卮，春到人间一卷之。二十四番风信过，纵教能画也非时。"

4. 除夕

除夕又称大年三十，是中国人最看重的节日，不论身处何方都要赶回家吃这顿团圆饭。年饭是一种象征，象征农家粮食"年年有余"；年饭还是一种寄托，寄寓着农家对来年庄稼丰收的祈盼。

各地除夕的菜肴也各有特色。扬州除夕不可或缺这几种物品，水芹菜、安豆头（豌豆）、豆腐、鱼。水芹寓意来年"路路通"，安豆祈求一年到头"平平安安"。无论是制作成豌豆粥，还是用豌豆头和糯米粉做成安豆饼，都是取安稳之意。豆腐期盼发财"陡富"。另外煮饭时煮出锅巴，像锅底一样圆圆饱饱一大块，称为圆饱（元宝）锅巴。煮好的饭盛在大盆里，高高堆起，上面压一张辟邪的红纸。另外还食用圆圆的芝麻糖糯米饼，名曰"子孙饼"，春节后市上三日不卖茶点熟食，家家有子孙饼吃。用胡萝卜丝，杂以笋、菜、金针、瓜姜之类炒之，名"十香菜"。作馅制点心，磨粉制糕，茶叶煮鸡蛋。盘盛杂果，名压岁果，置幼者枕旁。爇炭而红之，聚于盆，置庭中，名元宝火。还有打醋坛的习俗，烧红的炭块上浇点醋，本意为驱邪，免除一年的灾祸和霉运，实乃有杀菌消毒之效。除夕最后一个菜一定要有鱼，但是鱼不下箸，或留一二肴不食，曰留有余。"新正宴客，最后一盘为冻鲫鱼，客照例不动，以为吉庆有余，为主人祝福也。"[1] 清代时扬州人春节过后有"开生"之说，元旦后鱼肆生鱼少而贵，于是流行买一对对的鱼捧送，是为今年有余之兆。尤其是有女儿出嫁的人家，为表爱女之情，不惜千钱，买三五对鱼，用描金木盆挑送之，为女儿家今年有馀之兆，被称为"送元宝鱼"[2]。

对常州人来说，除夕的筵席中肉圆、蛋饺是必不可少的。肉圆象征团圆，蛋饺寓意招财进宝。菠菜因为梗长，所以叫作"长庚菜"；青菜色绿，所以又叫作"安乐菜"；黄豆芽因形状像如意，所以叫作"如意菜"；火锅会边吃边烧，热气腾腾象征家道兴旺发达；饭里须预埋荸荠，吃饭时用筷子挑出来，叫作"掘元宝"。

苏州人除夕备"万年粮"，取有余粮之意，白米放在新竹箩中待用，将红橘、乌菱、荸荠诸果及元宝糕放置其中，插松柏枝于其上，枝上挂铜钱、果子等物，寓意新年富裕平安。陈列大堂之上，新年始蒸而食之。除夜，长幼聚饮，祝颂而散，谓之分岁。苏州人在分岁宴上，也有一道安乐菜，"有菜名雪里青，以

1 徐谦芳.扬州风土记略[M].南京：江苏古籍出版社，1992：70.

2 （清）林苏门，董伟业，林溥.邗江三百吟；扬州竹枝词；扬州西山小志[M].扬州：广陵书社，2005：64.

风干茄底，缕切红萝卜丝，杂果蔬为羹，下箸必先此品。"[1]

5. 春节

农历的正月初一，又称元日、元旦，是我国最重要的传统节日。据《荆楚岁时记》记载，正月一日："长幼悉正衣冠，以次拜贺，进椒柏酒，饮桃汤。进屠苏酒，胶牙饧，下五辛盘。进敷于散，服却鬼丸。各进一鸡子。凡饮酒次第，从小起。"[2]在春节这一天，全家老少要穿戴端正，依次拜祭祖神，祝贺新春，敬奉椒柏酒，喝桃汤水，饮屠苏酒，吃胶牙饧，吃五辛菜、每人吃一个鸡蛋等。五辛盘，据周处《风土记》载："五辛，所以发五脏之气。即大蒜、小蒜、韭菜、芸薹、胡荽是也。""辛"与"新"谐音，用以迎春，博取口彩。喝酒的次序是从年纪最小的开始。春节食用的食物和饮品都有避邪和求取吉利之意。

江苏运河段的南北方城市春节所食用的主食有明显的差异，这也正体现了中国南北方过年食俗的差异性。大年初一早上徐州人和宿迁人吃饺子，饺子一般要在年三十晚上十二点以前包好，待到半夜子时或第二天一早食用，"子"为"子时"，"交"与"饺"谐音，吃饺子取"更岁交子"之意，意味着来年喜庆团圆、吉祥如意之意。另外会在饺子中包裹钱币，卜一岁之吉，新年伊始卜求吉祥和幸运。北方人过年吃饺子有很多传说，一说是为了纪念盘古开天辟地，结束混沌状态；二是取其与"浑囤"的谐音，意为"粮食满囤"。除了饺子外还食用油炸果、麻叶子等食品。

大年初一早上，扬州人和镇江人要吃汤圆，称圆子为"大元宝"。苏州人叫"吃团圆"，粉团子、馄饨、圆子与剥皮东山橘子一起煮的"橘乐圆子"（与"吉乐圆子"谐音）等，无不寓意着吉祥如意、财源滚滚、兴旺发达、年年有余

1　（清）袁学澜.吴门岁末杂咏[M]//吴门风土丛刊.吴稼句，点校.苏州：古吴轩出版社，2019：573.

2　（梁）宗懔，撰.（隋）杜公瞻，注.姜彦稚，辑校.荆楚岁时记[M].北京：中华书局，2018：2.

的美好祝愿。苏南人春节喜欢吃食年糕，是取其"年年高升"之意，起初是为年夜祭神、朝供祖先所用，后来才作为春节食品，寓意着年年要高升，寄予了人们美好的祝愿，有诗这样称颂年糕："年糕寓意稍云深，白色如银黄色金。年岁盼高时时利，虔诚默祝望财临。"常州武进地区中午吃隔年的赤豆饭或面条，在面条中加糖糕，取陈饭、甜蜜、长寿之意，初一晚上接灶，烧咸糊粥加接灶的豆制品和素圆子。

苏州有"年初一请吃橄榄茶"习俗。"新年中，各茶肆于茶壶中各置橄榄二枚，曰橄榄茶。"橄榄茶也称元宝茶，过年喝橄榄茶，也让油腻了胃口的人们，得到一点清香微苦的味道。喝元宝茶最有名的地方是三万昌，有"吃茶三万昌"之谚。设果盘，盘分若干格，装花生瓜子糖果来招待客人。镇江人全家起床后要喝一碗枣子茶，水中不放茶叶，但以红黑枣煨煮，枣谐音"早"，祈盼新年第一天记住早起的好处。

从大年初二开始，各地皆备酒菜，亲友间相互宴请，有的一直到元宵节才停下来，扬州人称之为"请春卮"。

6. 元宵节

农历正月十五是元宵节，是一年中第一个月圆之夜，又是三官中天官的生日，所以又称上元节。家家张灯结彩，明嘉靖《姑苏志》记载，正月"上元作灯市，采松竹叶结棚于通衢，下缀华灯……其悬剪纸人马，以火运之，曰走马灯"。太湖一带则盛行"元宵扎竹为灯笼"。上元灯节在扬州"远近村镇相传，入市观灯，街巷填溢，自相蹂践"，现在运河沿线地区都有元宵灯会。

我国有元宵节吃元宵的风俗。上灯圆子落灯面，正月十三上灯家家吃汤团，正月十八落灯，吃面条。吃圆子是阖家团圆，吃面条是顺顺利利，常来常往，所以打工的人一般是在元宵节后出门。元宵节这天用糯米手工制成汤团，配上豆沙、鲜肉等各类馅料。宋代诗人姜白石在《咏元宵》中曾写道："贵客钩帘看御街，市中珍品一时来。"这"市中珍品"就指元宵。还有这样一首诗《元宵煮浮圆子》曰："今夕知何夕，团圆事事同。汤官寻旧味，灶婢诧新功。星灿乌云里，珠浮浊水中。岁时编杂咏，附此说家风。"吃元宵象征团圆，一是因为它的形状是圆形，又因它漂在碗里，宛如一轮明月挂在星空。天上月儿圆，碗里汤圆圆，家里人团圆。

元宵节还有蒸面灯的习俗。"雪打灯，好年成，拉风箱，蒸面龙。"蒸面灯和面时，可以加点盐、花椒粉，也可做成各种形状，中间放油，面灯蒸好后要先敬天地祖宗，然后在面灯上插好灯芯，倒上豆油点燃，小朋友端着玩耍，油烧干后，面灯可以食用。徐州人将面灯放在不同的地方来表达美好的祝愿，比如将面灯放在鸡栅边，就祝愿家鸡不生病、多下蛋。正月十五这天徐州人还要蒸大包子。从正月十三起，家家户户就开始泡干菜，夏季晒干的萝卜缨子、马齿苋、苋菜、灰灰菜等掺上粉条和豆腐，配点猪肉、鸡蛋等，蒸出来的包子个大、皮薄、馅香。

二、清明节

冬至后第106天为清明，每年阳历4月5日左右，清明节前一日为寒食节，后来二节合而为一。清明节人们有扫墓祭祖和踏青插柳的习俗，清明节被称为民间第一大祭日。

传为纪念介子推，古时民间普遍有三日禁火之举，有的地区甚至长达十日。因禁火，古代人们在此期间只能吃冷食，所以青团、馓子等是清明节的代表性食物。青团是江南一带百姓用来祭祀祖先必备的食品，是用清明茶或艾叶和咸盐或石灰粉一起煮熟，去掉苦涩味后捣烂，配上糯米磨成的米粉拌匀，揉和，包馅制作而成。团子的馅心是用细腻的糖豆沙制成，包馅时另放一小块糖猪油。团坯制好后，将它们入笼蒸熟，出笼时另用熟菜油均匀地刷在团子的表面就制成了。团子油绿如玉，糯韧绵软，清香扑鼻，吃起来甜而不腻，肥而不腴。

徐达源《吴门竹枝词》云："相传百五禁厨烟，红藕青团各荐先。熟食安能通气臭，家家烧笋又烹鲜。"苏州人用青团和熟藕来祭祖，然后再烧笋烹鱼食用以区别于祭祀鬼神之食。"是日,儿童对鹊巢支灶,敲火煮饭,名曰野火米饭。"[1]清明又有吃野火米饭的习俗。常州人吃隔年大团子,谓"清明大团子,吃了不脚痛"。馅料常用马兰头或荠菜。常州人和苏州人还用柳芽调拌,煎摊面饼的习俗。

清明时节,江南正是采食螺蛳的最佳时令。因为此时螺蛳还未繁殖,最为丰满、肥美,故有"清明螺,抵只鹅""清明前的螺蛳赛人参"的说法。吃完螺蛳还把壳扔到房顶上,滚动的声音能吓跑老鼠,有利于清明后养蚕。清明节,苏州有以青团、红藕、酱汁肉祭祀祖先的习俗。

我国古代有"荐麦尝新"的习俗,春秋时,夏正四月麦熟,要先给国君尝新。麦收以后,扬州人将大麦磨粉做成小条,热蒸而冷食,称为"冷蒸"。淮安人于此略有不同,他们是将麦炒熟碾成粉,食时用沸水调和,谓之"炒面"。

徐州清明的特色食品是菜团子和蒸菜。清明时期,野生蔬菜正值鲜嫩时期,如荠菜、面条菜、扫帚菜、荠菜、榆钱等。徐州人多用来做蒸菜,或将野菜剁碎,与面和成青色菜团子,蒸、煮均宜。徐州人清明时最爱吃蒸榆钱,有俗谚说:"二月清明榆不老,三月清明老了榆。"徐州人认为立春早晚与榆钱子的老嫩有关系,如春节后立春前的榆钱比较鲜嫩,清明的榆钱就老得不能吃了。

三、端午节

端午是与运河关系最为密切的节日,端午节的来源说法不一,有说是南方吴越先民创立用于拜祭龙祖的节日,有说是纪念楚国诗人屈原的节日,也有说是纪念吴国大夫伍子胥的,还有一种说法是纪念孝女曹娥的。

端午又名端五,《太平御览》卷三十一引《风土记》:"仲夏端午,端,初也。"五月被认为是一年中最坏的一个月,有"毒五月"和"恶五月"之称。所

1　(清)袁学澜.吴门岁末杂咏[M]//吴门风土丛刊.吴稼句,点校.苏州:古吴轩出版社,2019:96.

以古人为避"五月（恶月）"之讳而称之为"善月"和"端月"。而五月五日更是阳气运行到顶端的端阳之时，正值春夏之交，气候潮湿多变，多毒恶病疫，被称为"五毒虫"的五种毒物毒蛇、蝎子、壁虎、蜈蚣、蟾蜍相继出没，同时也是瘟疫最流行的季节，因而要聚在一起消灾避毒，吃粽子、赛龙舟、挂艾菖、饮雄黄酒等。

扬州人认为"俗以五月为毒月，无婚嫁事。即日用物件，亦预于四月杪购足一月之用。甚矣其患也！五月端阳日，门首悬蒲，具炉盛苍术焚于室，辟蚊虫，除疫气……又锉蒲根和酒、艾、雄黄分饮之，以赏午；或以雄黄涂小儿之面。"[1]用雄黄酒在小儿额头上画个"王"字以老虎的形象来辟邪，一起饮用菖蒲、艾草、雄黄等中草药浸泡的酒也是人们求吉心理的写照。古时无锡民间自五月初一起，在家中挂一盏大老爷灯，灯的四面镂空如门，门内有睢阳神张义士及其仆从的画像，门上有联，用五色纸刻细花糊在上面，灯顶部有宝盖，灯内贮油，日夜不熄，一直点燃到五月底，以此灯来护家避邪。苏州端午节有在家里悬挂钟馗像的习俗，而且要挂整整一个月。家中桌上还要在花瓶中插蜀葵、石榴等物，号为"端午景"。

端午节吃粽子是中国南北各地共同的习俗。江苏的粽子形状多样，有角粽、锥粽、菱粽、筒粽、九子粽、小脚粽等。扬州的粽子包法很多，常见的是锥形或枕头形的，俗称小脚粽子。因粽子内装不同的馅心所以有不同的名称，包糯米的叫米粽，包米加赤豆的叫豆粽，加红枣的叫枣粽，因枣粽谐音"早中"，即早中状元，因而吃枣粽的最多。清代扬州的火腿粽子很有名，《邗江三百吟》卷九中介绍了火腿粽子的包裹方法："粽用糯米外加青箬包裹，北省以果栗和米煮熟，冷食之。扬州则以火腿切碎和米裹之，一经煮化，沉浸秾郁矣。"还有一种素粽

1　徐谦芳. 扬州风土记略[M]. 南京：江苏古籍出版社，1992：74.

子，"别有素者，则预于四月间，制玫瑰花糖蘸食，颜色鲜明可爱。"[1]煮粽子的锅里同时煮鸡蛋或咸鸭蛋，吃了夏天不长疮，把蛋放在下午晒了再吃，据说整个夏天不头痛。苏南有谚语："端午不吃粽，老来无人送。"端阳次日，扬州有女儿回家的习俗，名曰"吃馊粽"。无锡一地端午节前，女婿还要给老丈人送咸鸭蛋。端午节当天午饭十分丰盛，要宰杀新鹅，准备佳肴，名为"赏午"。端午节无锡民间家家户户要裹大量的粽子，一次性煮熟。

北方过端午节似乎比较简单，而南方不仅有各色粽子，而且还有纷繁复杂的菜肴。扬州人的端午习俗最重，其特色之处是扬州的端午节重在尝午。是日晌午，家家设宴，户户摆酒。这一天的午宴，扬州人要吃"十二红"，"十二红"并无一定的名目，凑齐十二之数就可，但其中的黄鱼、苋菜、虾、杨花萝卜是必备的，烧黄鱼和苋菜时大蒜必不可少。所说的"十二红"，一是取本品"红色"，如樱桃、番茄、杨花萝卜、虾、苋菜；二是取"红烧"之色，通常为"四碗八碟"。所谓"四碗"即红烧黄鱼、红烧扒蹄、红烧肉、红烧鸡；"八碟"分"四冷""四热"。"四冷"为咸蛋、香肠、杨花萝卜、熏鱼；"四热"为炒苋菜、炒猪肝、炒虾子、炒长鱼。

端午节划龙舟也是节日的重要习俗，扬州人在划龙舟时还增加了"抢鸭子"的游戏环节，凸显了水乡的特色，"富家预买鸭数十百只，蓄于笼中，俟龙舟相近，开笼抛入水中，驾龙舟者赴水争抢，以博一哂。"[2]

四、中秋节

根据我国的历法，农历八月在秋季中间，为秋季的第二个月，称为"仲秋"，而八月十五又在"仲秋"之中，所以称中秋。因中秋节主要活动围绕

---

1 （清）林苏门，董伟业，林溥. 邗江三百吟；扬州竹枝词；扬州西山小志[M]. 扬州：广陵书社，2005：37.

2 （清）林苏门，董伟业，林溥. 邗江三百吟；扬州竹枝词；扬州西山小志[M]. 扬州：广陵书社，2005：44.

"月"进行的，所以又俗称"月节""月夕"。中秋节又称团圆节。

苏州人俗称中秋节为八月半，旧时，苏州过中秋节有不少民俗活动，如斋月宫、走月亮等。相传元末张士诚高举义旗，老百姓纷纷响应，一路所向披靡，打到苏州时，正值农历八月中旬。一位聪明的读书人想出了一个办法，在赠送给亲友的每只月饼上都放一张小纸片，上面写上"迎张"两字，相约迎接张士诚义军。苏州不少人家都照这个办法做，相约响应张士诚起义军。后来相沿成俗，流传至今。苏式月饼色泽油润，皮层香酥，酥层清晰，馅心味美，工艺独到。月饼的品种很多，有荤有素，有甜有咸。咸月饼有鲜肉、火腿、猪油、虾仁等，甜月饼有百果、豆沙、玫瑰、椒盐等，还有薄荷、枣泥、干菜、金腿、芝麻等。此外，苏州人在中秋前后还爱吃桂花糖芋艿。芋艿旁生于芋头之上，李时珍在《本草纲目》中记载："其细者如卵，生于魁旁，食之尤美。"中秋前后，正是早桂盛开的时节，苏州人将桂花加糖和芋艿同煮，就成了中秋节必不可少的节令美食——桂花糖芋艿。扬州人中秋祀月，"祀以斗香、糖饼，盖取人寿月圆之义。"

在举行祭月仪式时，祭桌上摆放月饼、糖芋艿、藕、水红菱、时令水果，妇女先拜，儿童次拜，男子不参加，谚云：男不拜月，女不祭灶，号称"斋月宫"。其后，妇女们穿上盛装相约到街上走走，被称为"走月亮"。在"走月亮"期间，还有一个重要而隐秘的活动，就是到田里偷摘南瓜，叫作"摸秋"。"南""男"同音，南瓜又多子，且瓜蔓绵长不断，有"瓜瓞绵绵"宜男之兆，摸到南瓜带回家藏于绣被之中，此为祈男之举。而这一夜偷瓜，瓜主不会嗔怪。后来就演变为摘了南瓜互相赠送了，"偷得番瓜藏绣被，更无情绪倚栏杆"描写的就是这一情景，直到清代这一风俗依然盛行。有的老人说是因为瓜中多"籽"，与"子"同音，有的地方在送瓜的时候还会包红绸、放鞭炮，有的地方还会给瓜穿上娃娃的衣服，整个"偷瓜"的过程可以说是非常欢乐喜庆。

五、重阳节

农历九月九日重阳节，又称重九、茱萸节、菊花节、老人节。《易经》中把"六"定为阴数，把"九"定为阳数，九月九日，日月并阳，两九相重，因此叫重阳，也叫重九。重阳节早在战国时期就已经形成，到了唐代，重阳被正式定为民间的节日，此后经历朝历代沿袭至今。重阳又称"踏秋"，与三月三日"踏春"相似。

据周处《风土记》载："九月九日……俗于此日，折茱萸以插头，言避恶气而御初寒。"重阳相会，佩戴茱萸、登山、饮菊花酒，所以又称为"登高会""菊花会"。重阳节，苏州、扬州等地有吃重阳糕的习俗。"糕"与"高"谐音，既有"登高"的意思，又有祝愿"步步登高""高高兴兴"的寓意。苏州人以米粉蒸糕，在糕面上涂浆水染色，用红曲粉调制染成红色，用大麦青汁制成绿糕，用南瓜泥做成黄糕，还有将糕堆成九层宝塔形，每层颜色各异，顶上置两只羊的装饰品，寓意"九九重阳"。不管形制如何，糕上必须插以一面三角形的小旗帜，称为"重阳旗"。扬州人也不例外，"以五色纸剪成旗式，粘竹苇上鬻于市。家家叠数钱，买一大束，遍插门头，此制未知所仿。"重阳节插重阳旗的习俗起源自哪里已不得而知，如今插重阳旗的做法也已经消失，但吃重阳糕的习俗却代代相传，这也是中国传统"孝"文化的最好体现。

六、冬至

冬至，民间有冬至大如年的说法，冬至又称"压岁"。三国曹植《冬至献袜颂表》："亚岁迎祥，履长纳庆。"冬至日儿媳叩拜公婆，敬献新鞋新袜，以表孝心，因此又被称为"履长节"，保佑老人长寿安康。明清以来，各地都有"设牲醴食馐荐之先祖"的习俗。

冬至夜全家团聚，饮酒吃饭，称为"亚岁冬至宴"，菜肴特别丰盛，家人出门在外者也要给他们放一副碗筷。俗谚有"有钱吃一夜，无钱冻一夜"的说法。

扬州有谚语"冬至大如年，家家吃汤团，先生不放假，学生不把钱。"冬至有吃豆腐的食俗，"若要富，冬至吃碗热豆腐。"扬州人还喜欢吃夏天摘下的番瓜，谓受暑气之果可御冬寒。

淮安人称冬至"过小年"，多吃猪大肠烧豆腐，取"长富"之意。祭祀祖先，祭品除菜肴酒饭外，并以细肉馅包饺子奉献，此即"冬至馄饨夏至面"的遗风。过了冬至，白昼逐渐变长，故有"过了冬，长一葱"的谚语。徐州冬至吃馄饨，叫"冻疙瘩"，"吃了冻疙瘩，不生冻疮疤"。

常州冬至也饶有特色，冬至夜宴席中必须有胡葱豆腐，谚云："若要富，冬至隔夜吃碗胡葱滚豆腐。"冬至早上要吃小颗粒糖圆，晚上要吃面。

苏州人认为冬至是感恩节，相传与泰伯仲雍奔吴有关，故极受重视。苏州冬至节有送冬至盘、拜冬、祭祖、团圆夜饭、饮冬酿酒、吃冬至团等民俗。其中，冬至团又被称为"稻窠团"，糕团隐含着"高高兴兴"与"团团圆圆"的吉祥寓意。在冬至节前，家家户户都要磨粉做团子，以糖、肉、菜、豆沙、萝卜丝等为馅，既祭神祀先，又馈赠亲友。"比户磨粉为团，以糖、肉、菜、果、豇豆沙、萝卜丝等为馅，为祀先祭灶之品，并以馈贻。"

第四章

江苏大运河地区
名特产文化

江苏大运河地区的饮食，其原料基础是以粮食作物和蔬果为主体的农产品，饮食原材料多取之于河湖的水产食料，形成了以植物性原料为主、动物性原料为辅的膳食结构。一条南北大运河把江苏南、北两地紧紧相连，长江、淮河、太湖、洪泽湖、高邮湖、骆马湖等通过大运河水系串联。这里土地肥沃，气候温润，农、牧、副、渔齐全，大运河血脉滋润着周边城市与乡镇，水稻丰产、小麦丰登，蔬菜、瓜果名产居多，蚕、茶及水产品极为丰富。就其经济价值、引种繁育和人工栽培技术等来看，千百年来许多原材料一直在大运河之地种植、繁育和享用，绝大多数已成为国家级、省级地标农产品，这里主要选取一些代表性的品种作一简要介绍。

第一节 苏北运河地区名特产

一、动物类特产原料

1. 洪泽湖、高邮湖大闸蟹

洪泽湖大闸蟹具有青背、白肚、金爪、黄毛、爪长、体壮的特征，即背甲多呈青灰色，有光泽，头胸甲疣状突起明显，"H"字形花纹清晰，腹甲乳白色，透射微红；步足上绒毛多呈明亮的黄色，第二步足趾节长度是末端第二节的1.2～1.25倍。蒸熟后蟹黄鲜美，肉质嫩滑，回味甘甜，味香浓郁。

高邮湖大闸蟹是扬州高邮市的特产。高邮湖湿地拥有丰富的生物资源，高邮湖水域为浅水型湖泊，是江苏省第三大湖。高邮湖水域宽阔、水质优良，生态环境得天独厚，水生物产丰富，尤以湖蟹闻名遐迩。

洪泽湖、高邮湖水域广、水源活、水质优，为螃蟹生长育肥提供了理想场所。好湖好水养好蟹，优秀品质源于自然生态的生长环境、天然野生的食物链条和严格规范的养殖标准。

2. 洪泽湖、骆马湖银鱼

银鱼又名银条鱼、冰鱼，玻璃鱼，为名贵水产品，春夏两季时肉质最肥美。洪泽湖、骆马湖湖区水草丛生，天然饵料丰富，所产银鱼以大银鱼占绝对优势种群，其经济价值高，最具发展前景，又因其产卵期内发出黄瓜清香味，当地渔民又称其为黄瓜鱼。大银鱼头部扁平，呈三角形，上颌骨有一列细齿，体形细长，通体透明，躯体腹部两侧有一行黑色斑点。主要摄食浮游生物，如轮虫、无节幼体和绿藻、隐藻等。

洪泽湖银鱼，形似玉簪，色如象牙，软骨无鳞，肉质细嫩，味道鲜美，一向作为整体性食物（内脏、头、翅等均不去掉）食用。宿迁骆马湖银鱼，身材细小，通体透明，味道无比鲜美。银鱼营养价值极高，含有蛋白质、脂肪、铁、核黄素、钙、磷等多种营养成分。银鱼具有药用价值，具有补肾增阳、滋阴润燥、祛虚活血、益脾润肺等功效。

3. 洪泽湖河蚬

洪泽湖河蚬，肉味鲜美，营养丰富。洪泽湖广阔的水域，适宜的水深，优良的水质，适合的底质和丰富的天然饵料资源，为河蚬资源提供了得天独厚的自然条件，也是我国巨大的淡水贝类宝库。

河蚬，主要栖息于淡水的湖泊、沟渠、池塘及咸淡水交汇的江河中。近年来，洪泽湖河蚬资源总量超过10万吨，品质优良、口味鲜美的洪泽湖河蚬已经成为韩国、日本河蚬市场的主力军。

洪泽湖河蚬地域保护范围包括淮安市洪泽县三河镇、老子山镇、高良涧镇、淮阴区韩桥乡，宿迁市泗洪县龙集镇、半城镇、临淮镇、泗阳县高渡镇、裴圩镇9个乡镇向洪泽湖心延伸水域，面积49000公顷。河蚬可以作为中药的药材，有开胃、通乳、明目、利尿、祛湿毒、治肝病、麻疹退热、止咳化痰、解酒等功效。

4. 淮阴白鱼

淮阴白鱼，历史悠久，《尚书·禹贡》有"淮夷蠙珠暨鱼"的说法。夏商周三代已将珍贵的淮白鱼作为贡品。唐宋间，用桶装白鱼递运京师即成了"定例"。白鱼，身长体白，一般活动在水的上层，游速极快，又喜翻腾跳跃，因而俗称"浪里白条"。

"翘嘴红白"是淮白鱼的精品，最大个体长1米以上，重9公斤，是一种以食小鱼虾为主的优质大型经济鱼类之一。白鱼肉白细嫩、肥美、营养价值高，为筵席佳品。古时许多文人墨客旅经洪泽湖区，饮美酒、品淮白，常赋诗赞咏。宋代诗人苏东坡有诗云："洪泽三十里，安流去如飞。……明日淮阴市，白鱼能许肥？"南宋诗人杨万里云："淮白须将淮水煮，江南水煮正相违。……饕人且莫供羊酪，更买银刀二尺围。"其中，淮白、银刀都是指淮阴白鱼。

《本草纲目》将白鱼列为药用滋补品，为鱼中上品。洪泽湖渔民有"寒刀夏鲤春白鱼"的食俗，经常以白鱼待客或作为礼品馈赠亲友。以白鱼制作的佳肴更是鲜美异常。清蒸白鱼，肉质细嫩，清鲜味美；红烧白鱼，软嫩鲜爽，咸甜可口。

5. 淮安黄鳝

黄鳝，又名鳝鱼、长鱼，为淮安地区特色原材料。淮安河泊众多，四季都可捕捉到黄鳝，在"淮帮菜"中，黄鳝有多种吃法，可以制成上百种佳肴。清代《清稗类钞》中详细记载了淮安的"全鳝席"，那时已闻名遐迩、驰名国内。淮安黄鳝肉质细嫩，口感滑润，鲜爽味美。

淮安人烹制黄鳝功夫独到、令人叫绝。如软兜长鱼、炒鳝糊、大烧马鞍桥、烩脐门、炝虎尾等，均是特色美味。软兜长鱼，只取黄鳝背脊肉，经荤汤略氽，再以适当的火候煸炒，配上调料，趁热食用，爽嫩味美，口味绝佳。大烧马鞍桥，取鲜活肥大的鳝鱼剖腹后切成数段，加热后即收缩成马鞍形，烹制后嫩韧结合，甜咸适口，鲜爽无比。

6. 盱眙龙虾

盱眙龙虾，又称克氏螯虾，学名克氏原螯虾。原产于美国，20世纪30年代传至我国的南京一带，再进入盱眙的陡湖、洪泽湖，进而进入天泉湖、猫耳湖、天鹅湖、八仙湖等河湖水塘，在盱眙境内生长、繁育、壮大，成为盱眙一道亮丽的风景线。盱眙龙虾，以陡湖、天泉湖、猫耳湖、天鹅湖、八仙湖的五湖龙虾最为有名，每年5～9月份是旺季，年产量可达5000吨。

盱眙龙虾，肉质细嫩，味道独特，作为一种大众化、平民化的食品，余香不绝，回味无穷。烹制盱眙龙虾，最著名最有影响力的是手抓十三香龙虾，具有麻、辣、鲜、美、香、甜、嫩的特色。

随着十三香龙虾的闻名，盱眙县政府于2000年7月举办了首届中国盱眙龙虾节，将这道独特的饮食风味冠以标志性的地理光环，发扬光大。

7. 高邮鸭蛋

高邮鸭产蛋多，尤以善产双黄蛋而驰名中外。其蛋白鲜、细、嫩，蛋黄红、沙、油。高邮咸蛋的特点是质细而油多，蛋白柔嫩，为别处所不及。清代袁枚的《随园食单·小菜单》有"腌蛋"一条："腌蛋以高邮为佳，颜色细而油多。"高邮地区多河沟港汊，湖泊荡滩，富集着许多优质水面资源。在湖荡河沟及草滩中，水面浮游的、水下栖身的各种小动物和水生植物，为牧鸭提供了丰富的饲料。如鱼、虾、螺丝、蚌、蚬、水藻等水生动植物资源，是高邮鸭天然的饲养场。高邮鸭长期生活在这种环境条件里，自然就育出了优质的高邮鸭和双黄蛋。

1993年高邮鸭蛋获意大利维纳斯第43届农博会金奖，1995年高邮双黄蛋获第二届全国农业博览会金奖，1993年、1995年两次获国家商业部优质产品称号，2002年被农业部列入《国家畜禽品种资源保护名录》，同年10月，高邮鸭蛋又被中华人民共和国国家质量监督检验检疫总局批准为"地理标志产品"，2008年"高邮鸭"又获得了中华人民共和国国家工商行政管理总局颁发的"证明商标"。

8. 淮阴绿头鸭

绿头鸭是淮阴地方特产，也是中国重要的经济水禽，肉味鲜美，无腥味，营养丰富，脂肪少，蛋白质含量高，在国内外市场上非常畅销。

绿头鸭有一种特殊的野味香，被视为美味上品。据《本草纲目》记载，其肉甘凉、无毒、补中益气、平胃消食，除十二种虫。身上有诸小热疮，年久不愈者，但多食之，即愈，治热毒风及恶疮疔，杀腹脏一切虫，治水肿。血主治解挑生蛊毒，热饭探吐。绿头鸭的营养成分比家鸭高，其肉中水分含量比家鸭低得多，粗蛋白含量则高于家鸭。淮阴绿头鸭被认证为地理标志证明商标。

二、植物类特产原料

1. 丰县牛蒡

牛蒡，又名牛菜、大力子、东洋萝卜、东洋参等，作为蔬菜食用，自古有之。丰县于20世纪80年代末引进食用牛蒡栽培，在黄河冲积平原上孕育了牛蒡的天然种植品种。在这片营养土壤中，丰县牛蒡品质好，具有较高的营养价值，特别是含有膳食纤维、维生素、类胡萝卜素及人体必需的各种氨基酸。丰县牛蒡获批国家地理标志证明商标。

牛蒡的纤维可以促进大肠蠕动，帮助排便，降低体内胆固醇，减少毒素、废物在体内积存，达到预防中风和部分肿瘤的功效。中医认为有疏风散热、宣肺透疹、解毒利咽等功效。《本草经疏》称其为"散风除热解毒三要药"。《本草纲目》称其"通十二经脉，洗五脏恶气""久服轻身耐老"。我国《现代中药学大辞典》《中药大辞典》等药典中把牛蒡的药理作用概括为：有促进生长作用；有抑制肿瘤生长的作用；有抗菌和抗真菌作用。

2. 邳州白皮大蒜

邳州白皮大蒜以皮白、个大而闻名遐迩，历经千年培育，素有"中国白蒜"之称。该品蒜头大、皮色白、肉质脆、辣味适中、蒜瓣少、形状整齐、耐储运、商品性佳等特点，被誉为白蒜中的上品，深受国内外客商青睐。"宿羊山白蒜""车夫山大蒜""黎明牌大蒜"等优质品牌更是享誉国内外，其中"黎明大蒜"先后被评为中国名牌农产品、江苏省名牌产品。

邳州白皮大蒜为食药兼用佳品，含有丰富的维生素、氨基酸、蛋白质、大蒜素和碳水化合物，具有较高的药用和营养价值，集调味和保健于一体。

3．邳州银杏

银杏，又称白果。邳州银杏，是江苏地方特产。邳州城乡种植大量的银杏树，树体高大，树干通直，姿态优美，春夏翠绿，深秋金黄，被列为中国四大长寿观赏树种（松、柏、槐、银杏）。银杏是中国特有而丰富的经济植物资源。野生状态的银杏存于江苏徐州北部邳州市、山东南部临沂郯城县地区和浙江西部山区。邳州市四户镇有着规模很大的银杏林，在白马寺村内有一棵千年历史的银杏树，为北魏正光年间所植，四户镇每年要产出上千万吨的银杏叶和银杏果。

邳州银杏主要分布于沂武河冲积平原，土层深厚，土质属棕潮土亚类，多为沙壤土，质地肥沃，呈中性或微碱性，地下排水性好，渗水性强，保水保肥，为独有的上乘土质。邳州特殊的地理环境为邳州银杏种植创造了得天独厚的条件，造就了邳州银杏品质上乘、营养丰富、风味独特的鲜明特点。邳州银杏在2010年批准为中国国家地理标志产品。

就食用方式来看，银杏主要有炒食、烤食、煮食、配菜、糕点、蜜饯、罐头、饮料和酒类。银杏果含有氢氰酸、组氨酸、蛋白质等。中医学上以银杏种子和叶可以入药，性平、味苦涩，有小毒。

4．沛县大米

沛县大米是江苏省徐州市沛县的特产，因其无污染、无公害、颗粒晶莹、软筋香甜等特点而闻名，达到国家一级米标准，畅销全国，获国家地理标志证明商标。

沛县杨屯镇在国家商品粮基地——微山湖西畔，大米采用微山湖生态水浇灌育成。此地土壤肥沃，河流网络纵贯横通，盛产优质粳稻，被誉为"鱼米之乡"，所产米质具有"软、香、爽"的独特特点。

5．铜山沙塘韭黄

徐州铜山区大彭镇沙塘韭黄，是徐州特色农产品和全国农产品地理标志产品。黄河故道特有的沙土地催生了极富特色的农产品，沙塘韭黄就是其中之一。沙塘韭黄色淡黄，叶似金条，茎如白玉，以清鲜味美、芳香可口而闻名遐迩，是为上品。叶片条形，呈扁平叶，色泽呈金黄色，均匀鲜亮。一茬和二茬韭黄叶片直立性较好，叶宽较耐存放。叶鞘闭合呈环状，互相包被，色泽淡黄偏白，叶条厚实、挺拔、匀称，手感滑润。气味辛香醇厚，入口回甘。

铜山沙塘韭黄，色、香、味三绝。北宋苏东坡在徐州任知州时曾赞誉过"渐觉东风料峭寒，青蒿黄韭试春盘。"的诗句。目前，铜山区大彭镇韭黄基地有育苗、种植、韭窖等共400余亩，连同附近群众种植片区，是全国名副其实的韭黄之乡，也是中国最大的窖韭黄生产基地，所产约占全国地窖韭黄的80%以上。

6．八集小花生

八集小花生是宿迁市泗阳县特产，全国农产品地理标志保护产品，有着悠久的历史和浓郁的地方特色。八集乡土地大都属于砂质土壤，日夜温差大，生长出的花生壳薄，肉嫩，果仁饱满，果型均匀，油量高，含油量高达40%～43%，富含钙、铁、镁、锌等微量元素。经过炒制后的八集小花生香甜可口，具有白、香、甜、脆、入口无渣、食之不腻的特点，堪称馈赠亲友的上品。

八集小花生种植基地分布在特定的自然环境，位于北温带南缘，近海无山，地势低平，属亚热带季风过渡性气候区。冬季干冷，夏季湿热，春季温暖，秋季清凉，四季分明，光照充足，雨量丰沛，无霜期较长。其年均气温14.2℃左右，年均降水量906.2毫米。洪涝、早霜等自然灾害较少，威胁花生生产的病虫害较轻，这样的气候适宜花生种植。

7．宿迁丁嘴金菜

丁嘴金菜即黄花菜，也称金针菜，在宿豫区有着数百年的种植历史。黄花菜名气最大的是产于丁嘴乡的"丁庄大菜"，条长粗壮、色泽黄亮、花大肉厚、嘴乌体亮，肉厚味美，健体安神，营养丰富，备受消费者青睐。"丁庄大菜"先后参展于南洋劝业会荣获金奖。"丁嘴金菜"在加工过程中，严格按照无公害农产品操作规程生产。2015年10月，"丁嘴金菜"被国家农业部成功获批农产品地理标志，2017年，丁嘴金菜获得国家工商总局地理标志商标认证，获得农业部评选的全国"名特优新"农产品。

金针菜的品种有大乌嘴、大枚椒、小黄壳等，以丁嘴产的大乌嘴最为出名。金针菜可以做汤，也可以和其他肉类一起炒制，更具有一定的药用价值，如清热解毒、和温祛火、生津安眠。

8. 淮安蒲菜

蒲菜，又名香蒲，俗名"蒲儿菜"，是淮安特有的传统名产。因为它是香蒲根部的茎芽，所以又名蒲芽、蒲笋。《西游记》称它为蒲根菜，在古书上则称之为蒲、深蒲或蒲蒻。蒲，是一种野生的水生植物。初生的蒲心蒲茎很嫩，可以食用。蒲菜清香甘甜，酥脆可口，似有嫩笋之味。蒲菜如一根纤细的玉管，把这洁白肥嫩的蒲根茎，放入鸡汤或肉汤内，外加配料烩制，菜味鲜爽，营养丰富，为淮安佳肴。

淮安水乡泽国，盛产芦蒲，其味美的原因主要是水土保持良好，更适合蒲菜的发育。淮安蒲菜以万柳池、勺湖、月湖、夹城、新城所产的最佳，其中尤以万柳池天妃宫一带蒲菜和夹城池河蒲菜最为著名。因为这里池浅淤深，水质优良，所产蒲菜茎粗白长，壮而不老，为蒲菜上品。

9. 淮安大米

淮安是优质稻米的主要产区，也是中国稻博会的发源地，在淮安举办的第一至第三届稻博会共评出30个"十大金奖"优质稻米产品，淮安淮上珠、九牛、凌优、金叶等品牌米占有12个席次，"淮安大米"叫响全国。

2007年8月"淮安大米"被国家工商总局商标局获准注册地理标志证明商标，从此，"淮安大米"品牌知名度的不断提升，品牌效益不断显现，淮安稻米产业发展步伐明显加快。2010年全市水稻种植面积达430万亩，总产244万吨，引进推广一批优质、高产、多抗、符合市场需求的水稻新品种，形成了一整套高产优质无公害、绿色稻米栽培技术标准体系，稻米产业初步形成大米加工、秸秆加工、米糠油加工、米食品加工相互配套的稻产品全过程加工产业链条。淮安市现有稻米规模生产企业35家，年加工达5万吨的大型企业有15家，加工工艺先进，技术力量雄厚，加工水平达到国际或国内先进水平。

10. 宝应荷藕

宝应荷藕，又名宝应莲藕，江苏省宝应县特产。产品色泽鲜艳，表皮光滑，体白个大，产量高，品质优。宝应县地处江苏中部里下河腹地，千年古运河穿境而过，水面滩地面积约73.4万亩。

宝应荷藕，早在明代就为朝廷贡品。这里荷荡与芦荡相伴，沼泽土、芦苇、蒲柴造出了一种土壤——蕻质土壤。蕻，千年草根和多年的泥沙交织在一起的土壤。蕻质土壤肥沃，草根年复一年生长，泥土松软，荷藕与芦苇蒲柴间植，荷藕生长的空间大，因是沼泽土，荷藕长得又白、又大、又脆、又嫩、又甜。1998年，宝应以其优美的自然环境和独特的荷藕文化被命名为首批"中国荷藕之乡"。2004年7月，"宝应荷藕"正式成为国家地理标志产品。

宝应荷藕以红莲为主，悠久的种植历史使宝应形成了以顶尖"红芽"为特征的独特品种，号称宝应"美人红""大紫红""小暗红"（小雁红）三大红莲为当家品种。"美人红"藕香色白，"大紫红"个大孔宽，"小暗红"粉足生淀。荷藕生长一般于每年4月下旬下藕秧，6月至7月为花莲期，始采莲，7月下旬至次年4月上旬为采藕期。不同季节采收的藕品质风味不一，花香藕清甜爽脆，嫩如鸭梨；中秋藕上市藕始有粉，宜制作各类藕菜。

荷藕不仅有很高的观赏价值、食用价值，而且是很好的养生保健食品，宝应荷藕营养丰富，含有大量的淀粉、脂肪、蛋白质和类胡萝卜素、铁、磷等营养物质，被列为保健理想食品。

11. 邵伯菱

邵伯菱为扬州市特产，中国国家地理标志产品。古代邵伯是苏北运河段上的重镇，秋季时乘客经过此地必争相购菱，在船上剥菱消遣。清末民初，有"八鲜行"10多家，从事邵伯菱销售。邵伯菱有四个角，上下两角稍长，尖而翘，左右两角卷曲抱肋，形同羊角。故邵伯菱俗称"羊角青"。与其他菱比较，邵伯菱皮壳较薄，出水鲜菱呈嫩绿色，煮熟后变成橙黄色。嫩菱是上好的水果，其特点是鲜、甜、脆、嫩，与生梨、苹果相比，则别具风味；可以祛寒去火，生津解渴；煮熟后的老菱，趁热吃，香喷喷、甜丝丝，又酥又粉。剥出的生菱米，形似元宝，与鸡鸭红烧，爽而不腻。

邵伯菱历史悠久，遐迩闻名，传说当年乾隆皇帝下江南，路经邵伯，吃了邵伯菱，赞不绝口。以后，每年中秋之前，总要挑选上好的菱角，作为贡品，星夜送往北京，供宫中享用。目前邵伯菱种植区域几乎覆盖了江都区北部7个乡镇。邵伯菱的淀粉含量为21.9%，比一般菱高1个百分点；其具有清热解毒的作用，常吃对身体有益。

骆马湖菱角米也是苏北地方特产。菱角能补脾胃、强股膝、健力益气，菱粉粥有益胃肠，可解内热。古人认为多吃可以补五脏，除百病，还可轻身，并有消毒解热、利尿通乳、止消渴、解酒毒之功效。

12. 核桃乌青菜

核桃乌青菜，又称乌菜、黑菜，因颜色深绿近黑色、叶面皱褶似核桃而得名，属宝应地域性特色农产品。秋冬季节，当地农民有种植核桃乌的习惯，全县核桃乌常年种植面积5万亩。近年来核桃乌青菜受到越来越多外地消费者青睐。宝应核桃乌青菜已成为国家地理标志产品。

宝应核桃乌青菜，株型半塌地，叶柄青绿、半圆形，叶片近圆形、全缘、墨绿、有光泽，叶面褶皱，叶片数8~10张，叶丛开展度12~15厘米，株高10~12厘米，口感柔软、清香微甜。核桃乌青菜富含大量维生素C、钙，每100克鲜叶中维生素C及钙含量分别高于2毫克和75毫克。冬季经霜打后食用品质最佳，味道非常鲜美；能清热利尿、养胃解毒，具有降血脂、降血压等保健功能。

13. 宝应慈姑

宝应慈姑主栽品种为宝应紫圆，在宝应已有百余年种植史。古代县志中有荸菇，即慈姑，味甘而带苦。

宝应乃中国慈姑之乡。据《宝应县志》记载，宝应慈姑主产区屈舍村种植慈姑历史悠久，全村900户农民都有种植慈姑的传统。最盛时期，屈舍村种植的慈姑面积占全县50%以上，绝大多数农户靠长慈姑走上发家致富的道路。

慈姑，《本草纲目》称其"达肾气、健脾胃、止泻痢、化痰、润皮毛"，中医认为慈姑性味甘平，生津润肺，补中益气，对劳伤、咳喘等病有独特疗效。它主要成分是淀粉、蛋白质和多种维生素，富含铁、钙、锌、磷等多种元素，对人体机能有调节促进作用，具有较好的药用价值。

14. 淮阴淮山药

淮山药指的是目前江苏、安徽等地所产的山药，它的茎通常带紫红色，含淀粉和蛋白质，可食用。淮阴区码头镇是淮山药的原产地，具有悠久的种植历史，本镇地处废黄河滩涂，土壤以沙质土为主，适宜于淮山药的种植。这里气候条件优越，温光资源丰富，水、土无污染，主要集中在太山、新河、玉坝、旧县等村，产自这里的淮山药，根茎粗短，根毛多，品质好，肉质洁白细嫩，淀粉含量高，甜绵可口等特点，是时令进补佳品。

在《本草纲目》中，称淮山药为"楚地仙物"，经常食用有健脾胃、止泻痛、化痰涩、润皮毛、降血压、血糖、抗肿瘤及延缓衰老等药用功效，也是蒸、煮、烧、炒的美味佳蔬。淮山药获批为淮阴区地理标志证明商标。

15. 仪征紫菜薹

仪征紫菜薹，花薹皮色为紫色，细长，主薹长15cm左右。薹叶披针形，叶脉紫色，叶面绿色，叶翼明显；总状花序，花蕾绿色，花柄紫色。煮熟后薹色青绿，爆炒后薹色深紫，口感柔嫩无渣，味甘清香。

仪征地势总体呈北高南低之势，地貌多样，南部为长江冲积平原，北部、中部为缓岗丘陵区，土壤深厚肥沃。仪征紫菜薹传统生长区域位于仪征十二圩（经济开发区）、真州镇一带。

古运河从仪征入江，由长江带来的大量泥沙在这里堆积，使得十二圩、真州镇土壤呈偏碱性、富含微量元素的灰潮土。"仪征紫菜薹"的紫是来源于花青素，花青素在偏碱性中的表达为紫色。此外，仪征依山枕水的环境致使十二圩的风偏大、气温偏低，温度低有利于花青素稳定紫菜薹。传统种植区位于江边，由于连年涨滩，旧港以南逐渐出现了若干沙洲，起先都是长满芦苇的荒滩，后来陆续有人来围垦造地，围一道就是一圩。小面积的田地也使得紫菜薹传统种植以中小面积、小农户为主。仪征紫菜薹含有钙、磷、铁、类胡萝卜素、维生素C等营养素。

三、其他特产类原料

1. 五香大头菜

五香大头菜是宿迁传统名产，也是宿迁市政府重点保护产品，于1927年获巴拿马国际博览会金奖。五香大头菜起源于明朝初期，又称正德香菜或乾隆香菜。腌制加工五香大头菜是一项纯手工制作的传统工艺，从大头菜采收、削根、清洗、晾晒、破片、腌制、封瓷到成熟出售，整个流程大约需要半年时间。晒干的大头菜与炒熟的精盐、五香（花椒、胡椒、八角、桂皮、茴香）粉、醋等掺拌均匀，装入坛内，封存七天即可食用。其色泽鲜黄、香味纯正、口嚼无渣、脆嫩爽口、辛辣味浓，五味兼备，尤以宿城区耿车镇大同村制作的最有特色，用以佐餐增进食欲。

2. 淮阴赵集粉丝

赵集粉丝系选用无公害红薯基地淮阴区赵集镇、韩桥镇特产的优质红薯淀粉为原料，采用传统方法与现代科技相结合，经过高温熟化、低温冷冻等工艺精制而成，具有晶莹碧透、色泽玉润、细绵爽口、久煮不糊、口感细腻、柔韧爽消等特点，并有降血压、降血脂的功效，深受广大消费者的青睐，先后荣获"淮阴名牌农产品""江苏省名牌农产品"等称号。

3. 扬州酱菜

扬州酱菜相传源于汉代，唐代时已遐迩闻名。鉴真曾将制作方法东传日本，日本人依法制作，果觉齿颊生香，奉鉴真为始祖。清代时，扬州酱菜被列为宫廷御膳小菜，曾获国际博览会奖章和西湖博览会金奖。扬州三和、四美、五福是老牌酱坊，历史已逾百年。

1949年以前，扬州有酱坊70余家，多为前店后作，每家都有高招，尤以四美、三和、五福为大，"四美"是清初一秀才借用《滕王阁序》中"四美具，二难并"之句起名，真正含义为"鲜、甜、脆、嫩"；"三和"是酱园主人自起，含义为"色、香、味"皆佳。酱菜既保持瓜果蔬菜清香味，又有浓郁的酱香味，具有酱香浓郁、甜咸适中、色泽明亮、块型美观、鲜甜脆嫩的鲜明特点。主要品种有：乳黄瓜、宝塔菜、嫩牙姜、甜酱瓜、香心菜、螺丝菜、萝卜头、什锦菜、宫廷龙须等，名扬四海，畅销国内外。

4. 高邮界首茶干

界首茶干是高邮市界首镇的传统小吃，呈扁圆形，色泽酱红，肉细嫩黄，颇似鸡脯，清香可口，味美香醇。其制作技艺在2009年6月被列为第二批江苏省省级非物质文化遗产名录。2014年被列为国家地理标志产品。

清代时，界首茶干已作为贡品。在1911年、1927年参加西湖博览会中两次获得金奖。制作界首茶干时，里面加入了茴香、丁香、桂皮等香料，其中还特别添加了莳萝等中药材，茶干中有异香，为别处所无。用特制的铜勺在大缸里舀出

"豆腐脑"，填入小蒲包，整整齐齐地放在木板上，一层层叠好，加力压制，挤出水分，再将蒲包剥去，其后进行提白去味、熬煮入味。一块小小的茶干，要经过20道工序。莳萝的加入，使界首茶干在美味中蕴涵了食疗的功能，具有健胃、祛风功效。

5. 涟水千张

千张，又名"百叶"，其外观白如玉、薄如纸、韧如布，其口感如香菇，是涟水的地方特产，主要分布于涟水县南集、徐集、黄营一带。自西汉淮南王刘安发明豆腐以后，千张的制作方法就流传到苏北一带。涟水千张选用当地生产的黄豆（淮豆1号）加工而成。淮豆1号由江苏省徐淮地区淮阴农业科学研究所培育，非常适宜在涟水这样的碱性土壤中生长。它出苗势强、生长稳健、叶片较大，卵圆形，抗病毒，抗倒伏。播种至采收在90～100天，单株结荚30～32个，每荚长豆3～4粒，百粒鲜重50～55克。

淮豆1号磨成浆后，上锅煮沸，点上卤，用纱布压制。点卤是千张制作过程中的关键环节，直接影响着千张的质量和口感。涟水千张使用的卤是由当地盐碱地上冒出的硝提炼成的卤，制作出来的成品成色鲜、细腻、韧性强、口感佳，为远近闻名的豆制品一绝。

6. 秦邮董糖

秦邮董糖是扬州高邮的传统名特产品，已有三百多年历史。原名"酥糖"，之所以称董糖，有两种说法。一说以此糖为董姓师傅所制而得名，另一说此糖为明末清初秦淮名妓董小宛所创，故名。乾隆刊本《高邮州志·卷之四》在"货属·董糖"条下注有"以董姓所置（制）得名"，而高邮古称秦邮，因此被世人称为"秦邮董糖"。

董糖用糯米粉、芝麻、白糖、麦芽等原料经手工精制而成，每块长约3厘米，宽、厚各约1.5厘米，用包装纸包裹。每块有48层软片组成，色泽呈深麦黄色，厚薄均匀，层次分明，入口酥软香甜，口味纯正，是元旦、春节等冬春节日首选的礼品。该产品有一定的季节性，不适合在气温高的地区或季节储运。

7. 扬州牛皮糖

牛皮糖号称"扬州一绝"，其口味香甜，外层芝麻包裹均匀，切面棕色光亮，呈半透明状，富有弹性，味香，细嚼不粘牙，老少皆宜，在海内外享有盛誉，早在清朝乾、嘉年间就已面市扬州。而如今，扬州食品生产厂家的科技人员和制糖技师们对前人的制糖工艺进行挖掘整理，并在原有特色的基础上加以创新，以白砂糖、白芝麻、淀粉、花生等为原料，开发出了花生味、松子味、核桃味、桂花味、草莓味、山楂味、香橙味、提子味、金橘味、哈密瓜味等多种口味。并使口感达到了弹性、韧性、柔软性为一体的最佳状态。

8. 桂花酥糖

桂花酥糖是江苏徐州的特色传统名品，是一种传统的春节应时食品，深受广大消费者喜爱，是居家、旅游、休闲、馈赠亲朋之佳品。桂花酥糖主要是由芝麻、精面粉、蜂蜜、麦芽糖、白砂糖、桂花等精制而成，可直接食用，沸水冲饮味道最佳，因其香味馥郁、营养滋润，深受中老年人喜爱。

第二节 苏南运河地区名特产

一、动物类特产原料

1. 阳澄湖大闸蟹

阳澄湖大闸蟹，是江苏省苏州市特产，也是中国国家地理标志产品，因产于苏州阳澄湖而得名，又名金爪蟹。蟹身不沾泥，俗称清水大闸蟹。体大膘肥，青壳白肚，金爪黄毛，肉质细腻，营养丰富。农历九月的雌蟹、十月的雄蟹，性腺发育最佳，也就是常说的蟹黄和蟹膏，煮熟凝结，雌者成金黄色，雄者如白玉状，滋味鲜美。

阳澄湖湖岸曲折多褶，岸滩延伸宽阔，湖底平坦质硬，水源稳定充沛，水质清新良好，饵料生物丰富。在独特的自然生态环境长期综合影响下，孕育出享有"蟹中之王"美称的阳澄湖清水大闸蟹，先后获得了绿色食品、江苏名特优新农产品博览会最佳产品奖、全国水产业质量放心国家标准产品等荣誉称号。2005年，国家质检总局批准对"阳澄湖大闸蟹"实施原产地产品保护。2019年，阳澄湖大闸蟹入选"中国农产品百强标志性品牌"。2020年，阳澄湖大闸蟹入选中欧地理标志第二批保护名单。

2. 太湖白鱼

白鱼，学名翘嘴红鲌，因"头尾俱向上"而得名，又称翘白、翘嘴、白条等，为太湖地区优质经济鱼类。白鱼多在太湖敞开水域中生长，以小鱼小虾为食，是太湖自繁殖鱼类。一年四季均可捕获，六、七月产卵期捕捞产量最高，以插秧季节的品质为佳。

据传隋朝时，白鱼已作为贡品上贡朝廷。而在唐朝，太湖白鱼就已十分出名，被称作"无锡第一鱼"。宋时叶梦得的《避暑录话》称"太湖白鱼冠天下"。其体狭长侧扁，细骨细鳞，银光闪烁，又称"太湖银刀"；其肉细嫩，鳞下多脂肪，酷似鲥鱼，滋味鲜美，鲜食或腌制皆可。最能体现其鲜美滋味的烹调方法首当清蒸，堪称"太湖船菜"的当家菜；也可红烧、煎制，广为大众所喜爱。近年来，酱椒太湖白鱼、干炸太湖白鱼成了食客们的新选择。

3. 太湖银鱼

银鱼，色泽如银，故名。民间俗称"冰鱼""玻璃鱼"，也叫"面条鱼"，是太湖名贵特产，为鱼中珍品，在国际市场上久负盛名。

春秋时期，太湖就盛产银鱼。清康熙年间，银鱼被列为贡品。银鱼形似玉簪，软骨无鳞，无刺无鳔无腥味，细嫩透明，味道鲜美。其营养丰富，富含蛋白质、脂肪、铁、核黄素、钙、磷等，素有"鱼类皇后"之美誉。

银鱼每年捕捞季有两期，即5月中旬至6月中旬和9月中旬至10月中旬，以春夏之交为捕捞旺季。银鱼适用于炒、炸、蒸、汤羹，银鱼炒蛋、香炸银鱼球、银鱼羹、干炸银鱼、芙蓉银鱼、银鱼馄饨等都是别具风味的湖鲜美食。而新鲜银鱼制成银鱼干、煮汤、打卤，清香适口，宽中健胃；还能制成罐头，用作多种菜肴的辅料。

4. 太湖白虾

太湖白虾又名秀丽长臂白虾，俗称"水晶虾"，是太湖主要的经济虾类。《太湖备考》记载："色白而壳软薄，梅雨后有子有膏更美。"每年5月到7月下旬，是白虾产卵旺季，也是捕捞旺季，此时腹中虾子饱满，渔民称"蚕子虾"。在国际市场上，太湖白虾被奉为水产珍品，供不应求。

白虾壳薄，鲜活时通体透明、晶莹如玉，略显棕色斑纹，失活后变白色，因此得名，大多生长在水草繁茂、风平浪静的开阔浅滩处。白虾肉质细嫩鲜美，营养价值甚高，是人们喜爱的水产品。其吃法多样，各有特色，鲜食可采用盐水、油爆、虾片、虾仁、虾卷等做法，如虾仁炒蛋、虾仁羹汤、石榴虾仁、碧螺虾仁、三虾豆腐、虾肉馄饨、荠菜虾饼等，均为地方名菜。用鲜活白虾制作"醉虾"，细嫩异常，鲜美无比。

5. 太湖梅鲚

太湖梅鲚，又名湖鲚，俗称毛叶鱼，"太湖三宝"之一。清光绪《黎里续志》记载："梅鲚鱼，……形似江鲚，而味尤甘美，因黄梅时盛有，故名。"明代洪武年间，每年岁贡梅鲚鱼万斤，故梅鲚鱼在当时又被称为贡鱼。其体侧扁，形似竹叶，银白色，尾部分叉，尖细窄长，犹如凤尾，故又称凤尾鱼。与刀鱼同属于刀鱼科。

梅鲚肉质细嫩，味极鲜美，营养丰富，特别是嫩骨和卵中含有大量的钙质，尤其适合青少年食用。梅鲚被视为席上珍品，鲜食可清蒸、红烧、糖醋等，最佳的吃法是油炸，酥脆清香，回味无穷。太湖渔民通常把它制成梅鲚干，用来烧咸菜、烧豆腐等，则是太湖一带的民间美味；或加工成软包装或罐头装，则成为旅游休闲食品。

梅鲚每年三四月间产卵，六月子鱼始见，八至十月是梅鲚汛期，故民间有"七月七，梅鲚齐"的谚语，捕捞期直到次年的二月中旬。

6. 长江鮰鱼

鮰鱼，长江三鲜之一，是我国特有的名贵淡水经济鱼类，为辐鳍鱼纲鲶形目鮠科，又名江团鱼、肥沱、白哑肥、梅鼠等，是中国的特有物种。因其吻部较一般鮠属鱼类长，故又被称为长吻鮠。其常栖息于水深且石块多的河湾水域里生活以及白天多潜伏于水底或石缝内，夜间外出寻食。

鮰鱼肉质鲜美细嫩，营养丰富，历来被作为朝廷贡品。20世纪70年代以前，鮰鱼全部依靠江河捕捞，由于长期的过度捕捞，鮰鱼生态资源已严重枯竭，目前绝大多数通过池塘、网箱、工厂化进行人工养殖。成熟鮰鱼体重一般在1.5～2.5千克，春秋季节长江江口鮰鱼身体肥壮，肉质鲜嫩，是最佳的品尝时节。

鮰鱼富含对心血管系统有保护作用的镁元素，能够预防高血压、心肌梗死等疾病；富含丰富的维生素A、铁、钙、磷等，经常食用鮰鱼具有养肝补血、润肤养发的功效；富含完全蛋白质，很容易被人体消化吸收。

7. 黄天荡大闸蟹

黄天荡大闸蟹，是常州武进区郑陆镇黄天荡村地方特产。黄天荡水系纵横交错，四季分明，拥有芦苇荡低洼水域百余公顷，是适宜螃蟹养殖的特殊环境。养殖基地水质清澈见底，水草丰茂，硬结的底泥又给大闸蟹提供了良好的运动场地，使它们锻炼得足螯坚实有力，肉质更富弹性。黄天荡大闸蟹具有四大显著特色，一是青背，蟹壳成青灰色，平滑光泽；二是白肚，肚底甲壳晶莹洁白，没有色斑；三是黄毛，蟹腿的毛长而黄，根根挺拔；四是金爪，蟹爪金黄，坚挺有力。大闸蟹入口鲜甜，膏黄饱满，细嫩弹牙。

黄天荡大闸蟹在常武地区有较高的知名度，产品主要销往常州、上海、南京、广州等地，并于2005年获得了无公害农产品证书，于2007年获得了绿色食品证书。

8. 洮湖绒蟹

金坛洮湖，又名长荡湖，是江苏十大淡水湖之一。洮湖盛产绒蟹，1995年被命名为"中华绒蟹之乡"。绒蟹养殖是洮湖水域最具有区域特色的农业支柱型产业，形成于20世纪80年代后期，经过30多年的发展，洮湖已成为名副其实的绒蟹养殖基地。

洮湖占地12多万亩，养育着丰富的水生资源。进入21世纪后，通过生态健康养殖模式的推广，绒蟹的品质有了全面提升，蟹农的经济效益也有了较大的提升。2003年金坛再次被命名为"中华绒蟹之乡"，绒蟹身价倍增。洮湖独特的地理生态条件，造就了绒蟹独一无二的品质：蟹壳薄、含肉率高，吃起来香甜味美。

9. 东山湖羊

湖羊是苏州吴中区特产，东山是湖羊的发源地之一，已有800多年的养殖历史。相传南宋迁都临安期间，北方居民携大白羊到江南饲养，经长期驯化、选育，在东山一带逐渐孕育成"东山湖羊"这一稀有品种，是我国一级保护地方畜禽品种。

东山湖羊具有宜圈养、耐湿热、成熟早、繁殖率高等特性。它生长快，三月龄断奶体重公羔25千克以上，母羔22千克以上。东山湖羊肉质细嫩、膻味少、肥瘦相间，营养价值高，可白煨也可红烧。白煨羊肉，东山人俗称白切羊肉，是本地人冬季进补的传统美食；红烧羊肉是东山人的传统菜，冬天办喜事或吃年饭必不可少。

1983年，东山被评为"江苏省湖羊资源保护区"。2008年，东山升格为"国家级湖羊保护区"。2014年，"东山湖羊"获得国家地理标志商标。2022年成功入选为全国特色农副产品名录。

10. 溧阳鸡

溧阳鸡是江苏省的著名鸡种，属肉用型地方家禽品种，体型大，适应性强，觅食力强，当地亦以三黄鸡或九斤黄称之，肉质细嫩，汁鲜浓郁，含有丰富的氨基酸、微量元素和维生素等。

溧阳鸡产区多为丘陵山区，植被繁茂，活食昆虫资源丰富，而农村鸡群多采取田野放养，奔跑觅食，肌腱得到锻炼，形成溧阳鸡脚粗长、胸宽、肌肉丰满、宜放牧饲养、肉质鲜美的特性。

溧阳鸡体躯呈方形，羽毛以及喙和脚的颜色多呈黄色。但麻黄、麻栗色者亦甚多。公鸡单冠直立，冠齿一般为5个，齿刻深。母鸡单冠有直立与倒冠之分，虹彩呈橘红色。

二、植物类特产原料

1. 太湖莼菜

太湖莼菜，又名水葵，俗称"马蹄草"，属睡莲科，多年生野生浮叶植物，叶子为椭圆形，浮于水面，嫩茎和嫩叶外附透明胶状黏液，为苏州地方特产，也是国家地理标志保护产品。

太湖莼菜卷叶碧绿色，色泽优美，胶质丰富，滑而不腻，清滑爽口，鲜味独特，有一种沁人心肺的清香。可以用来荤炒、素食、氽汤或做馅，特别适宜于调羹，太湖莼菜汤、芙蓉莼菜，是苏锡菜中的名菜。

明末清初，太湖沿岸的居民已经会人工培植莼菜。以每年清明采摘嫩叶供应市场，被称为"春莼菜"，而立夏之后到霜降大量上市的被称为"秋莼菜"。太湖莼菜除当季鲜品外，还有瓶装或罐装应市，不仅畅销国内市场，还荣获外贸优质产品称号而远销国外。

莼菜营养价值很高，可煮、可炒，尤以与鱼或肉做汤，鲜嫩可口，质黏甘甜，色、香、味俱佳。初夏，洞庭东山周围近万亩湖面上，覆盖着一片绿油油的莼菜，美丽动人。

2. 常州乌塌菜

乌塌菜，又名塌菜、塌棵菜、塌地松、黑菜等，是常州天宁区的名优特产。其叶片形如金钱，植株葱绿而富有生气，因而称之"金钱菜"。

乌塌菜为十字花科芸薹属芸薹种白菜亚种的一个变种，二年生草本，植株展开度大，莲座叶塌地或半塌地生长。叶圆形、椭圆形或倒卵圆形；浓绿色至墨绿色。乌塌菜一般分为两大类型：一是塌地型，植株扁平；叶片椭圆或倒卵形，墨绿色，叶面皱缩，有光泽，四周向外翻卷；叶柄浅绿色，扁平；单棵重400克左右。二是半塌地型，叶丛半直立，叶片圆形，墨绿色；叶面皱褶、叶脉稀而细；叶柄扁平微凹，光滑，白色。

乌塌菜主要以叶片供食，可炒食、作汤、凉拌，色美味鲜，营养丰富，尤以常州天宁寺素斋膳堂烹制此品风格独到。

3. 扬中秧草

扬中秧草，是江苏镇江扬中市的特产。秧草，学名黄花苜蓿，俗称金花菜、三叶草、草头，原产印度，相传汉代张骞出使西域将其带回长安试种，是古老野生蔬菜之一，在扬中已有200多年的种植历史。

秧草，根状茎短而横走，须根黄褐色，茎丛生，是民间自然野生蔬菜，无虫害。现在这种野菜渐渐地成为"园蔬"。扬中乡村里家家户户都种秧草，一茬茬地吃，吃到最后还是吃不了，就晒干、切碎，用坛子把它一层层地叠起来，以供食用。

当地有秧草烧带鱼、秧草烧鳜鱼、秧草烧河蚌等名肴，秧草虽是配菜，但味道却是鲜美绝伦。秧草含有多种维生素、氨基酸、膳食纤维、无机盐和微量元素，其中维生素K、类胡萝卜素、铁含量甚丰，具有较好的药用价值，能降血脂、抗凝血、防出血、清内热，还对肿瘤有抑制作用；它含有的植物皂素能和人体内的胆固醇结合，可促进排泄，从而大大降低胆固醇含量，也是糖尿病、心脏病患者的佳蔬。

4. 马山香梗芋头

马山芋头，为无锡市滨湖区传统名土特产，产于马山地区和太湖沿岸一带。史料记载，马山芋头有千余年栽培史。民间相传，晋代道教鼻祖葛洪，久居马山西村云居道院13余年，与弟子经常食用亲手种植的香梗芋。清代诗人陈玉基在《竹枝词》中留下"马迹芋头大如盂，肌理细腻风味殊"的诗句。清代，马山芋头还被列为贡品。

马山香梗芋相较普通芋头，口感更加软糯、细腻、结实、香甜，且在外观上，与普通芋头也略有不同，梗红绿叶、形大黄皮、纹路清晰，顶部还有一个粉红色芯芽。上品马山香梗芋切开后肉质细白，具有清热化痰、消肿止痛、润肠通便等药用价值，深受人们喜爱。

马山芋头以产量高、品质好、软糯细腻、香甜适口而享有盛名。2016年马山芋头获得了国家农产品地理标志证书，2018年更是获评最受市民欢迎的"无锡优质农产品"称号。

5. 苏州西山板栗

西山板栗产于苏州市吴中区金庭镇，是江苏省苏州市吴中区的地方特产，为国家地理标志保护产品，也是苏州著名的特产干果之一。

西山板栗种植历史悠久，早在唐代就已经种植，有九家种、油毛栗等品种。"九家种"是西山最主要的品种，占总数的60%以上，其球苞小而薄，果形椭圆，果肩浑圆，果顶平，基部钝圆，外果皮暗赤褐色；肉质细腻，糯性强，品质优良，最宜熟食。

西山板栗先后获得国家级无公害农产品认证和第三届江苏省特优农产品博览会最佳产品奖等荣誉。"太湖绿"板栗是由苏州西山国家现代农业示范园区于2001年经国家商标局注册批准的商标，并于2003年、2006年连续两次被工商局评为江苏省著名商标。"太湖绿"板栗通过国家级无公害农产品认证，先后被评为苏州名牌产品，获得第三届江苏省特优农产品博览会最佳产品奖。

6. 苏州鸡头米

苏州鸡头米，"芡实"的别称，又称苏芡，"江南水八仙"之一，是享誉太湖地区的苏州特产，也是国家地理标志农产品。作为睡莲科水生草本植物芡的种仁，鸡头米因口感软糯香嫩，营养价值高而闻名。新鲜果肉呈嫩黄色，干果实呈米白色，口感软糯香嫩。由于果实上花萼退化的部分形如鸡喙，由此得名"鸡头米"。

苏州郊区种植鸡头米历史悠久，以娄葑、跨塘、车坊为多，也称"南芡"。因苏州洼田水塘处处皆是，鸡头米也处处皆有，其中，以葑门南荡所产最为上乘，也称"南荡鸡头米"，其果实硕大、饱满圆润、肉色玉白，颗粒如珠，香甜软糯，素有"芡中状元"和"水中桂圆"的美誉，是传统的中药材和珍贵的天然补品。据《本草纲目》记载，芡实有益肾固精、祛湿补脾的功效。新鲜鸡头米吃法多样，以糖水煮、清炒等多见，最经典就是糖水桂花鸡头米、鸡头米百合莲子羹，还有苏帮名菜"荷塘小炒"（与藕、荸荠等同炒）、鸡头米炒虾仁、芡实糕等。

"最是江南秋八月，鸡头米赛蚌珠圆"。鸡头米通常在8月中旬左右开始上市，10月上旬结束。为了保证最佳口感，出水的鸡头，必须要在出水后24小时内处理好。南荡地区还保留着手工剥鸡头米的传统，无论是口感还是营养，手剥鲜鸡头米是上佳之选。

7. 吴江香青菜

香青菜，苏州市吴江区名优蔬菜之一，是全国农产品地理标志产品。香青菜在吴江已有100多年的栽培历史，既是中国独有的青菜品种，也是吴江农家种植的传统蔬菜。种植区域主要分布吴江区京杭大运河西侧的七都镇、震泽镇、横扇镇、桃源镇、平望镇、盛泽镇和松陵镇，生产面积1千公顷，年产量2万吨。

香青菜，叶菜类十字花科芸薹属蔬菜，植株半直立，株型半披张、松散，株高25～35厘米，开展度35～40厘米，叶片椭圆形，叶面起皱扭曲、波状不平，叶脉明显，叶柄绿白色，扁平，单株质量400克左右。其口感清鲜味美，芳香可口，营养丰富，风味独具，深受广大消费者的青睐。吴江香青菜主要品种有绣花筋、黄叶香青菜、黑叶香青菜。香青菜一般有三种做法：清炒、红煸、菜饭。

小叶香青菜基本常年上市，大叶香青菜主要在12月至翌年4月上市。吴江香青菜主要销售供应吴江本地、苏州市、上海市的各大宾馆、饭店以及农贸市场。2002年，吴江香青菜通过无公害农产品认定，2009年通过国家地理标志认证。

8. 金坛建昌红香芋

红香芋，俗称芋头、芋艿，红香天南星科，因其微露红皮，口味香甜，而称为"红香芋"。它是经过野生芋长期的自然选择和人工选育而形成的一个优良品种，在金坛市建昌的种植已有400多年的历史。金坛红香芋种植区的土质，和温湿的气候，密布的水网，造成了红香芋和其他地方的芋头颜色和口味不同。一般用来食用的红香芋是长在母芋周围的子芋或孙芋。母芋因为硬度较高，一般加工成芋粉再食用，也可以切片炒菜吃。

建昌红香芋，皮红肉白，口味独特，营养价值高，同时还有一定的药用价值，据《本草纲目》载："芋宽肠胃，消痢疾，补脾胃"，对缓解高血压、高血脂、糖尿病有一定的功效。1998年、2001年分别获得常州市名优特新农副业产品，2002年被认定为江苏省无公害产品。

9. 溧阳白芹

溧阳白芹，有别于其他各地的水芹和旱芹，系水芹旱育软化栽培而成，因其产品外观洁白如玉，称之为白芹。溧阳白芹茎基部粗壮，质脆嫩，茎白，叶清香，水分多，为芹菜中佼佼者。人们以它白嫩的茎、叶为食，既可荤炒，又可素拌，色、香、味、形俱全，口感香甜脆嫩，外观晶莹素雅，是冬春之际餐桌上的时鲜菜，被誉为江南美食佳肴中的一绝。

溧阳人栽培芹菜的历史悠久，早在800年前的南宋时期，唐家村、钱家村一带就开始栽培。溧阳白芹产量高，供应期长，为冬春市场供应的重要蔬菜品种。

近销于沪宁一带以及安徽的郎溪广德地区，远销至深圳、广州、香港、澳门等地。目前，重点产地有溧城镇的钱家、唐家和清安等地，总面积近4000亩。

溧阳水芹富含多种维生素和无机盐，其中以钾、钙、磷、铁的含量较高。具有一定的药用价值，有清热解毒、润肺利湿、降低血压的功效。

10. 宜兴、溧阳毛笋

宜兴、溧阳有着丰富的毛竹资源，是江苏省的竹材生产基地，也是毛笋的重要产区。毛笋为禾木科植物毛竹等多种竹的幼苗，去竹箨留可食部分，具有笋壳薄、色泽白亮、肉头厚、节间短、鲜嫩可口的特色。

毛笋除鲜食外，还可晒成笋干，制成筒笋、罐头等。宜兴、溧阳两地的竹海，春笋漫山遍野，蔚为壮观。春笋个头大，产量高；而冬笋是食用的佳品，其肉质鲜美，做出的笋干被誉为"玉兰片"，是菜肴中的极品，尤其是与咸肉一起蒸，奇香无比。

三、其他特产类原料

1. 镇江香醋

镇江香醋是江苏镇江市的传统调味品，以特有的微酸味和果香味而闻名。镇江香醋创建于1840年，1909年开始少量出口，在海内外享有盛誉。它以优质糯米及黄酒糟为主要原料，具有色、香、酸、醇、浓五大特点。色浓味鲜，香而微甜，酸而不涩，存放愈久，味道愈香。用它做调料，可提味增香、去腥解腻，并具有开胃口、助消化的作用。

镇江香醋的酿造工艺非常讲究，其制作流程包括制曲、发酵、酯化、陈酿等多个环节。其中，制曲是关键的一步，需要用大米、小麦等粮食制作成曲粉，然后与蒸熟的谷物混合放入大缸中，在64℃左右的环境下进行3~4周的自然发酵，接着加入米醋、闪蒸水等原料，再置于陈酿室内，以木柴为燃料，慢慢地进行长时间的陈酿，经过1~3年的时间，成品的酸度控制在4~5度之间，使其稠、醇、浓、甜、酸、香。

镇江香醋对中国菜肴的影响极大，是很多中国传统名菜的必备调料。它既可作为调味品加入菜肴中，也可直接作为蘸料食用，具有促进食欲、养生保健的作用。

2. 镇江小磨麻油

镇江小磨麻油以其清澈透明、质纯色美的特点而闻名。该产品选料精，注重工艺，采用传统石磨研磨，经过去杂、水洗、蒸炒、磨浆、沉淀、过滤等多道流程加工，所出麻油在相关麻油质量评比中多次名列榜首。1985年3月，镇江小磨麻油荣获国际美食学会和国际旅游观光委员会的金质奖章，远销英、美等二十多个国家和地区，深受国内外用户的欢迎。

镇江小磨麻油可以用于烹饪中的调味料，也可以直接拌入凉菜，增添风味。它的清香扑鼻，口味丰满，为食物带来了独特的风味和口感。同时，镇江小磨麻油还有着很高的营养价值，富含人体所需的脂肪酸、维生素E等，对于维持人体健康大有裨益。

3. 沙裕昌变蛋

变蛋，也叫皮蛋、松花蛋。沙裕昌变蛋为老字号"沙裕昌变蛋坊"所产，是常州市武进区传统特产。

据史料记载，沙裕昌变蛋坊为"清国初所设"，距今已有300多年的历史。沙裕昌变蛋采用沙家传承的灰包蛋传统工艺，绝不含铅等有害物质，通体色泽金黄、晶莹剔透，银白色的松花似雪花散落，蛋心呈半固体溏心，稀而不流。食之口感浓郁，回味无穷。

为了将变蛋古法技艺传承下去，传承人苦心研究，经过反复实验，终于研究出独特的制作技艺，制作出口味纯正、绿色健康的"黄金变蛋"。2018年6月，"沙裕昌"商标被常州市商务局认定为第三批常州老字号。从2019年开始，"沙裕昌"搭上了电商快车，现已在多个电商平台上线。

4. 横山桥百叶

横山桥百叶是江苏常州之特产。据史料考证，横山桥百叶早在明清时期就已闻名遐迩，至今已有300多年历史。独特的传统手工制作工艺，独具特色的"点花"技术，以及煮浆火力、闷缸用时、压榨力度，赋予了横山桥百叶白、香、嫩、滑爽且有弹性、韧性的特点，口味独特，驰名大江南北。

横山桥百叶在长三角一带已享有盛誉，需求量越来越大。如今横山桥百叶自成一派的制作技艺已成为江苏省非物质文化遗产项目，入选江苏省地标美食记忆名录。该百叶柔嫩味美，鲜纯爽口，特色鲜明，营养丰富，可以用来和韭菜、豆芽、菠菜、水芹等炒制，清爽可口；还可以与排骨、鸡、鸭、蹄髈等一起炖煲或红烧，滋味渗入，鲜香无比。利用横山桥百叶制作的"红汤百叶"已成为常州特色名菜。

5. 清水油面筋

清水油面筋是无锡市传统特产，于2016年1月其制作技艺被列为"江苏省省级非物质文化遗产名录项目"。

油面筋最早出现于清代咸丰年间，至今已有200多年历史，无锡第一家挂出"清水油面筋"招牌的是笆斗弄的马成茂面筋店。据传，尼姑庵里的一位师太煎面筋时突发奇想，改用油炸方法而制作面筋制品，因此起名"油面筋"。现在的制法是用小麦面粉经过水洗、沉淀，成为小麦淀粉，副产品就是水面筋，把水面筋揉成小球，放在油锅里炸，使其迅速膨胀变大，便得到极具特色的油面筋。

清水油面筋色泽金黄、皮薄松脆、表面隐见密纹，不沾油、分量轻，内里布满筋络，呈蜂房网状结构。目前，清水油面筋是无锡老百姓家中常见的一种食材，其吃法多样，既可加在各种素食中，也常与各种肉类配伍，炒、烧、煮汤、火锅均可。无锡民间有个习俗，每逢传统节日合家团聚时，饭桌上少不了一碗肉酿油面筋，以示家庭团圆，增加欢乐和谐的气氛。

6. 苏州卤汁豆腐干

卤汁豆腐干，原名甜豆腐干，又名卤汁素鸡，是苏州著名的传统特产。其独特的风味延续了近百年历史。该产品选用优质大豆为主要原料，配以优质辅料，使用传统技法和先进工艺，经备料、除杂、浸泡、磨浆、甩浆、煮浆、凝固、压榨、成形、油炸、卤煮、冷却而成。成品含有大量的大豆蛋白和氨基酸成分；色泽乌亮、质地细腻、卤汁丰富、鲜甜软糯、味美绵长、风味独特、营养丰富，老少皆宜。

卤汁豆腐干兼具姑苏卤菜和蜜饯两大风味特色，是馈赠亲友和旅游携食的理想佳品。既可作为茶食、休闲小吃，又可用作筵席上的冷盘。当鲜美香浓的汁液从卤汁豆腐干的空隙中渗出，流淌出无比独特的美味。如今，"津津牌"卤汁豆腐干被认定为正宗苏州卤汁豆腐干的代表，连续多次为江苏省著名商标，第二批全国中华老字号，国家原产地标记产品，其制作技艺为江苏省非物质文化遗产名录项目。

7. 常州萝卜干

常州萝卜干，是当地独具地方风味的传统土特产，也是全国著名的萝卜干之一。数百年来，以其独特的风味享誉海内外。

据史料记载，常州萝卜种植和萝卜干腌制技艺始于宋代。其后经过不断优化，在民国时期，常州萝卜干已享有盛名。正宗常州萝卜干，须采用常州西门外的新闸红皮萝卜。其形呈鸭蛋状，皮厚而爽脆，肉白而细密，味甜而甘润，是制作常州萝卜干不可替代的食材。其制作工艺讲究，主要体现在配料选用、腌制工序及时间安排等方面。制作工序为选料、切片、闷腌、上料、翻身、装坛等。萝卜干成品色泽黄里透红，咸中微甜，香脆可口。

常州萝卜干之所以能成为一方特产，在于独特的原料和独特的腌制工艺。它曾先后荣获"江苏省传统优良食品""江苏省著名商标和部省优质产品奖"。2009年，常州萝卜干腌制技艺入选江苏省非物质文化遗产名录。该产品不仅是人们佐餐小菜，还常用来制作萝卜干炒毛豆、萝卜干炒饭。

8. 吴中甪直萝卜干

甪直萝卜干，苏州吴中区甪直镇独具风味的名优产品，始创于清朝道光年间，迄今已有150余年的历史。开始名称叫"鸭头颈酱萝卜"，又称"源丰萝卜"，后改称"甪直萝卜"。

甪直镇，位于苏州古城东南部，为中国历史文化名镇。甪直萝卜，为道光年间徽州人张青来开办的"张源丰"南酱店所创。甪直萝卜的腌制采用传统手工制作工艺，周期长达10个月，原料要求高，加工复杂。其工艺流程独特：选料整理、下缸腌制、翻缸复腌、失水、酱腌、日晒、香腌，一星期后开缸即是成品。

长期以来，甪直萝卜形成了鲜、醇、香、嫩等特点，其色泽红亮、晶莹透明、条干均匀，嚼之无渣无丝、酥而不烂、脆而不硬、咸中透甜、酱香馥郁、回味无穷。用刀切细，一片片萝卜干像琥珀一样半透明，能透过阳光，或与粥同食，或下饭生津，或混入时蔬一炒，提味生香。

甪直萝卜曾被评为苏州市名特食品、苏州知名商标，荣获"中华老字号"称号；甪直萝卜制作技艺入选江苏省省级非物质文化遗产名录项目。

9. 常州芝麻糖

常州芝麻糖是江苏传统名食，有条形、平板形，色泽乳白，体亮晶明，香甜酥脆，味道纯正，营养丰富，有和胃顺气、止咳和治便秘等作用。芝麻糖香脆，集五谷（小麦、小米、大米、黍子、麻）加工制作，经多种手工制作，具有悠久的历史和独特的风味，至今已有200余年的历史。

常州芝麻糖选料精细、制作讲究。要求芝麻沾满不露皮，两端封口不漏馅。糖层起孔不僵硬，味香甜酥不粘齿，色泽白亮均匀。相传早在唐代，常州就开始用饴糖、芝麻制作生产一种形似麻团的芝麻糖，叫作麻团糖。后来，常武地区的老百姓，多将圆球形麻团糖改制成火铳样的圆柱形，沿续至今。

第五章

江苏大运河地区
传统名菜

江苏素称"鱼米之乡",兼有海产之利,饮食资源十分丰富,著名的水产有鳜鱼、青鱼、鲢鱼、黑鱼、鲫鱼、鳝鱼等,水生植物则有莼菜、蒲菜、莲藕、茭白、鸡头米、水芹菜等,运河岸边的畜、禽及四季常青的鲜蔬更加丰富多彩,为大运河人民提供了充裕的物质基础,为运河沿岸的菜肴制作带来了丰富的食物宝藏。江苏大运河地区的菜肴制作,重视火候的运用,多以炖、焖、煨、焐、蒸、煮见长,在口味上注重鲜美,讲究清鲜平和,突出水鲜的特色。在加工技艺和特色方面,讲究雅俗共赏,粗细结合,力求达到"一物各献一性,一碗各成一味"的境界。

第一节 江苏大运河苏北段传统名菜

一、徐宿运河地区传统名菜

1. 羊方藏鱼

羊方藏鱼,是徐州地方传统特色名菜,相传乃彭祖所创,其子夕丁捕到一条鱼,央母烹制,其母正在烹煮羊肉,遂将羊肉剖开,将鱼藏入,待鱼熟后取出与夕丁食之。彭祖归家食羊肉,感觉异常鲜美,问明缘由后,即如法炮制,果然鲜香非凡。至此,羊方藏鱼这一天下名菜流传至今,同时这也是"鲜"字的来源。

该菜肴取材十分讲究,羊肉一定选择比较滑嫩的品种。其做法是将鲫鱼置于割开的大块羊肉中,加上调料同烹,蒸、炖皆可,鱼鲜、羊鲜两者合成一体,食之,羊肉酥烂味香,内藏鱼肉鲜嫩,鲜美无比。羊肉性甘温,益气补虚,温中暖下;鲫鱼性甘平,清热解毒,益气健脾,二者有机结合。

2. 霸王别姬

霸王别姬,原名"龙凤烩",徐州地区传统特色菜肴。取"别"谐音"鳖","姬"谐音"鸡"。此菜的创意比较独特,是徐州老百姓为纪念秦末起义军领袖，推翻暴秦统治的英雄西楚霸王项羽以及那位心系国运、大义凛然的绝代佳人虞姬所创制，流传至今。

这道名菜借鸡、鳖的谐音，来烘托霸王别姬这一历史题材，含义委婉，意境甚妙。鸡、鳖肉质鲜嫩酥烂、营养丰富、汤汁清澄、味鲜醇厚，为筵席肴馔中之上品。

3. 东坡回赠肉

东坡回赠肉是徐州地方传统名菜。此菜用猪五花肋条肉，切成大方块，经焯水刮洗干净后置砂锅中，配以多种调味及鲜汤，先用旺火烧沸，后转小火焖至酥烂。原汁鲜香醇厚，食之回味无穷。据民国初年的《大彭烹事录》对回赠肉曾以诗云："狂涛淫雨侵彭楼，昼夜辛劳苏知州，敬献三牲黎之意，东坡烹来回赠肉。"这就是记述此菜的来源出处。

北宋年间，苏轼任徐州知州。岁属乙巳，秋八月，黄河决口，七十余日未退。苏轼亲率全城吏民抗洪，身先士卒，率领禁军武卫营，和全城百姓抗洪筑堤保城，终于战胜了洪水。为了防止以后再出现如此险情，次年，苏轼大力修筑黄河大堤，又从南起云龙山向西北至黄河堤相连处，修造了一条防洪堤，人称苏堤。百姓见苏东坡疲劳奔命，为民造福，纷纷杀猪宰羊，担酒携菜，送至府中慰劳。苏轼推辞不掉，收下后亲自烹调送来的猪、羊肉，而回赠州民，故后人称之为"东坡回赠肉"。其烹肉之法，后经厨师不断改进，采用纯五花猪肋条肉为主料制作，菜品薄皮嫩肉，色泽红亮，味醇汁浓，酥烂而形不碎，香糯而不腻口。

4. 沛公狗肉

沛公狗肉，又名沛县狗肉、鼋汁狗肉，为江苏省徐州市沛县特产，也是中国农产品地理标志。周秦时期，狗肉成为宫廷宴饮、祭祀大典上的一味常馔，并有专养供食用的狗。制成后的沛公狗肉，香味独特，别具风味，呈棕红色，色泽鲜亮，入口韧而不挺，烂而不腻，无腥味。

《史记·樊郦滕灌列传》曾载："舞阳侯樊哙者，沛人也，以屠狗为事……"传说汉高祖刘邦最喜食樊哙煮的狗肉。樊哙曾将老鼋（即甲鱼）宰杀与狗一同烹煮售卖，不料肉味格外鲜美。元代大德年间，樊哙后裔樊信，在徐州开"樊信狗肉店"，仍用"鼋汤"煮肉。书法家鲜于枢去北京任职，夜宿徐州，忽然夜风飘来阵阵奇香，晨起询问，方知是樊信煮的狗肉出锅。品尝痛饮之际，乘兴挥毫题"夜来香"三字相赠。从此，狗肉店门庭若市。

现在，沛县仍有很多名店专营狗肉。此菜配料以丁香为主，按比例辅之适量花椒、大茴、小茴、桂皮等15种调料，保持原汁原味，肉香酥烂，异常鲜美，具有很高的营养价值，堪称滋补佳味。

5. 徐州把子肉

把子肉是徐州地区经典的名菜。此菜的来历，可以追溯到古人的祭祀，古人公祭之后，要把祭祀用的肉切成长方块分给参祭众人，由于这种长方肉块分割时必须扎缚上青蒲草或马蔺草，形成"扎把"的形式，故称"把子肉"。参祭的人把这些肉拿回家用酱炖着吃，另把蒲菜扎成小把，放在一起，荤素搭配同烧，渐渐形成了"把子肉"。

徐州把子肉采用上好猪五花肉烹制，有肥而不腻的特殊口感，在烹制过程中，一般配有兰花干、素鸡、海带把、鸡蛋饺和十几味香料一起炖制，营养丰富；再用饴糖酱色和肉汤慢火烹制，肉质肥而不腻、瘦而不柴，汤汁鲜香醇厚，入口余香长留。配以大米捞饭，食之更为美味。

6. 彭城鱼丸

清代康熙年间，悦来酒家是徐州的名牌老店，店主门徒李自尝曾以一尾鲤鱼制四个菜：银珠鱼、醋熘鱼丁、多味龙骨、鱼衣羹。其中以"银珠鱼"为最佳。状元李蟠在该店品尝此菜后曾赋诗赞曰："鲤鱼脱身化银珠，多味龙骨腹中围，大海漂浮王子衣，弯刀纷纶糖醋熘，点化肴羹瑶台献，千载毛遂遗风留。"康有为在徐州时，名厨翟世清亦烹银珠鱼献之，康品尝此菜后赞不绝口，乘兴挥毫书赠联："彭城鱼丸闻遐迩，声誉久驰越南北。"自此，银珠鱼改称"彭城鱼丸"。当地人亦俗称之为"鱼粉珠"。

彭城鱼丸的主料以选用微山湖特产四鼻鲤鱼为佳，这种鱼有四个鼻孔，肉质特别细腻洁白，滋味鲜美，出肉率高，吃水量大，成品能突出鱼圆的特点。以青菜衬托，鱼丸被烹调得鲜嫩素净、极致淡雅，味道清而不薄、浓而不浊、恰到好处，尤宜老人食用。

7．糖醋鲤鱼

糖醋鲤鱼，是徐州传统名菜。鲤鱼，又称花鱼、龙鱼，形体美观，肉质肥厚。千百年来，徐州人一直将其作为吉祥如意的珍馐、喜庆筵席上必备的佳肴。"无鲤不成席"在当地已成风俗。儿童入学、学子进考必烹制鲤鱼，喻其"成龙"之意。

制作糖醋鲤鱼的原料，有黄河故道里的金色鲤鱼，有运河水域里的红色鲤鱼，还有微山湖一带水域里的乌赤色四孔鲤鱼。四孔鲤鱼是徐州地区久负盛名的特产原料。东汉时，流经徐州的黄河段决口，并夺泗水河床入海，又过若干年形成了微山湖。湖水环境特殊，竟出现了四个鼻孔的鲤鱼，有人写诗赞美："此鱼不是寻常鱼，前在天池后在徐。为何鼻上多两孔，荷满池塘香满渠。"糖醋鲤鱼装盘后，鲤鱼头尾上翘，如欲跳龙门之势，浇上琥珀色的卤汁后，吱吱作响，造型美观，颜色红艳，外酥脆里鲜嫩，甜酸适口，汁浓鲜香，深受中外宾客的赞赏。有人尝后即席赋诗云："鱼儿跃跃喜迎宾，四孔欣张来报喜。春满彭城客欲醉，酸甜酥嫩总宜人。"

8．徐州地锅鸡

地锅鸡是徐州地区的传统而淳朴的佳肴。其做法简单，富于浓厚的乡土气息。只因制作方便，味美，乡村集市街道两旁的"地锅鸡"招牌鳞次栉比。地锅鸡的香，在于浸透汤汁的面饼，软滑，干香，食之筋道。面饼的面为"死面"，也叫"死面锅饼"，即面粉用水搅拌后，不经发酵直接贴在锅沿上。在地锅上炖煮后，汤汁收进鸡块及辅助原料内，未等开锅，香气便飘满大街。

地锅鸡是徐州周边渔民所发明的菜肴，起源于苏北和鲁南交界处的微山湖地区，以前在微山湖上作息的渔民，由于船上条件所限，往往取一小泥炉，炉上坐一口铁锅，下面支几块干柴生火，然后按家常的做法煮上一锅菜，锅边还要贴满面饼，于是便产生了这种饭菜合一的食用方法。菜品光润红亮，浓郁滑爽，味美醇厚，饼借菜味，菜借饼香，具有软滑与干香并存的特点。

9. 八义集羊肉汤

八义集羊肉汤，是徐州邳州市八义集镇的特色美食，取本地放养的小山羊加以熬炖制成：一口大大的锅，上面围着半米高的一圈铁皮，把整副羊架和羊杂放进去，用大火烧（以木柴火为好），尔后将佐料（白芷、肉桂、草果、陈皮、杏仁等）下锅，同时外加大葱、生姜适量，以小火慢慢地炖，让骨头的味道完全融到汤里。

1949年后，八义集羊肉汤馆在徐州周边的经营店铺增多，往来客商都要停车驻足走进羊汤馆，过把羊汤瘾。八义集羊肉汤制作精细，色泽乳白、汤质鲜美、营养丰富、不膻不腥、味道醇香。

10. 饣它（shá）汤

饣它（shá）汤，原名雉羹，传说是由远古彭祖所创制，至今已有4000余年的历史。1997年12月，在全国小吃评比会上，徐州先锋饭店制作的"饣它汤"，被中国烹饪协会评为中华名小吃。1999年11月，国家商标局批准正式注册"马市街饣它汤"商标。2006年，当地媒体举行城市名片推选活动，徐州饣它汤被百姓评选为"徐州城市饮食名片"。2011年，马市街饣它汤获国家商务部正式认定，上榜第二批"中华老字号"。

徐州古称彭城，相传是彭祖的分封之地。彭祖曾用野雉配些药材和稷米制作出了味道鲜美的野雉汤，也叫雉羹，献给生病的尧帝，尧帝喝了以后很快身体得到了恢复，后彭祖加封为大彭氏国，即今天的徐州市域内。雉羹是我国典籍中记载最早的名馔，被誉为"中华第一羹"。雉羹是饣它汤的前身，是我国历史上最早的汤羹。

制作饦汤需要特制的甑锅，它是用鲜紫柳木箍成，气味清香，可给饦汤带来无限美味。饦汤的制作过程，首先是选料。在采购饦汤主体老母鸡时，要求挑选比较肥的、相对比较嫩的，并增加了猪骨，用当年去皮麦仁取代麦糁，这样制作出来的饦汤，味更鲜美，营养更丰富。

11. 鸳鸯鸡

鸳鸯鸡是徐州传统名菜，取用肉馅和薏米两种馅料制成，双色双味，形如鸳鸯戏水，故命名为鸳鸯鸡。"鸳鸯鸡"色泽艳丽、造型优美，酥香醇厚、寓意深长，为人们所喜爱。

先将鸡宰杀煺毛后，作整鸡去骨，葱盐汁抹于内壁，随即翻皮朝外整形稍渍，把两翅膀分别从头下刀口处插进，通向食管内嘴里，分左右成口衔双翅（谓之龙吐须）待用；把猪肉馅从刀口处填进一只鸡的腹腔内，薏米馅填入另一只鸡腹内，分别用竹扦别起。两只鸡同时入开水中焯过，至皮肉收缩、蒸熟出锅，把其中一只鸡抹上饴糖，过油呈橘红色置旺火，先把白鸡原汤倒入锅中，下水淀粉勾芡，淋香油浇在白鸡上，两鸡双味，鸡鲜味美。

12. 黄狗猪头肉

黄狗猪头肉，是宿迁地区的经典名菜，距今已有两百多年的历史。它始创于清朝乾隆年间，创始人黄德原是安徽滁州人，时因水患逃难到宿迁，擅烹饪，先在通岱街（今东大街）设摊，后又开了一个小酒馆。黄德为人厚道，烹制的猪头肉价廉味美，生意日渐兴隆。因黄德乳名"大狗"，乡里食客都称他"黄狗"，店家随口答道："客官，小人姓黄名三，人称黄狗。"后来就把酒馆的招牌改成"黄狗猪头肉馆"。制作时，每天用老汤兑新汤，日复一日，代复一代地传承下来，黄狗猪头肉从此便声名大振，世代相传。

作为宿迁的经典美食，黄狗猪头肉不仅食材选取讲究，做法也十分考究，功夫独到。精选的猪头，剔骨选肉，整治干净，再切成3厘米左右的方块，泡去血水，再放置净锅里上火，先大火后小火，需要熬制8个小时。然后，放入姜片、八角、桂皮等各种调料再熬制2个小时，才算做好。成品肥肉香酥，精肉细嫩，色泽红亮，肥而不腻。

13. 新袁羊肉

新袁羊肉，宿迁市泗阳县传统特色名菜。新袁羊肉从羊头吃起，羊口条、羊脑、羊眼、羊血、羊排骨、羊肉、羊肝、羊肚、羊心、羊肺、羊肠、羊腿、羊球，从头吃到尾，再结合烧、炒、爆、炖、冷炝等烹调工艺，质优味美，四季皆宜，烹制独特。

新袁镇南临洪泽湖，京杭大运河、古黄河、黄码河穿境而过，境内史有新滩湖，现有灯笼湖，河岸坡地多，滩涂面积大，水草资源丰富，空气清新湿润，山羊饲养精细。经过加工烹制的山羊肉细腻可口，具有肉酥香嫩、不肥不腻、鲜而无膻味的特点，从时令上看可谓"四季皆宜"，尤其是吃夏令羊肉才是新袁一绝。一般羊肉由于膻味较大，大部分地区都在冬季吃羊肉，并佐以尖嘴椒、胡椒、生姜、葱白等辛辣配料烹制。至于夏季，更是觉得膻味穿鼻。但到了新袁镇，香嫩适口的羊肉，连半点膻味也尝不出来。只有品尝过夏令新袁羊肉，才算不虚此行。

14. 泗阳膘鸡

膘鸡，宿迁泗阳县特色名菜。当地农家婚丧喜庆，或者宴请宾朋，多以泗阳膘鸡作为"头菜"上桌，已成为必不可少的一道地方特色菜肴。客人评论厨师手艺如何，也都是以膘鸡的制作为标准。凡是从海外回到泗阳探亲的侨胞，都会向亲友提出，希望品尝一下阔别多年的家乡美食——泗阳膘鸡。

泗阳膘鸡的制作方法也较复杂，将山药煮熟、去皮，制成泥蓉，与猪后腿肉蓉一起放碗中，加调料搅打上劲；肥膘斩蓉与山药泥一起调味放入另一碗中。将红、白两种肉蓉分别制成两层，摊成厚的方形，上笼蒸熟后，取出凉凉。切成长片，白面朝底扣放碗中，再用大火蒸透取出，调味淋入麻油。做好的膘鸡上层洁白如玉，下层红如玛瑙。改刀成片，配以菠菜、姜葱等小料，青、红、白三色相映。瞟鸡上桌，肉香扑鼻，夹而食之，不肥不腻，娇嫩爽口。

二、淮扬运河地区传统名菜

1. 软兜长鱼

淮安长鱼菜制作技艺历史悠久，清代《清稗类钞》记载："同、光间，淮安多名庖，治鳝尤有名，胜于扬州之厨人，且能以全席之肴，皆以鳝为之，多者可至数十品。盘也、碗也、碟也，所盛皆鳝也，而味各不同，谓之曰全鳝席，号称一百有八品者"。软兜长鱼是其中最具特色的一道菜品，色泽乌亮，口感软嫩，鲜滑爽口，蒜香浓郁，入选江苏省十大名菜、淮安最具代表性地标美食。淮安"全鳝席"烹制技艺入选江苏省省级非物质文化遗产代表性项目名录。

史载，清光绪十年（1884年），两江总督左宗棠视察云梯关淮河水患，驻淮安府，淮安知府特地从车桥请厨师做了一道软兜长鱼供左大人品尝。在左宗棠的推荐下，软兜长鱼作为淮安府的贡品之一进京恭贺慈禧七十大寿。

古法汆制长鱼，是将活长鱼用纱布兜扎，放入带有葱、姜、盐、醋的沸水锅内，汆至鱼身卷曲，口张开时捞出，取其脊肉烹制。成菜后鱼肉十分纯嫩，用筷子夹起，两端下垂，犹如小孩胸前的肚兜带，食时用汤匙兜住，故名"软兜"。

2. 钦工肉圆

钦工肉圆，淮安特色名菜，因产于淮安楚州区钦工镇而得名。以"鲜、脆、嫩"饮誉江淮，为康熙年间朝廷钦差大臣驻钦工督工治水时所创，并成为贡品。因此又称清官肉圆、清贡肉圆。

淮安制作的钦工肉圆，用料讲究，制作精细，配料多样。选用猪后腿的精瘦肉，先用冷水洗净，切成小块，然后捶打成糊状，再拌以适量肥肉，这样制作出来的肉圆光滑细嫩，富有弹性，色白汤浓，味道鲜美，爽而不腻，是招待嘉宾、馈赠亲友、老少皆宜的上等肉食制品。民间素有"钦工肉圆光又圆，吃在嘴里嫩又鲜"之称誉。

3. 平桥豆腐

平桥豆腐是淮安传统名菜，相传此菜与乾隆皇帝南巡有关。清乾隆二十七年（1762年），乾隆下江南途经淮安平桥镇。镇上有个大财主叫林百万钻营接驾，绞尽脑汁，用草鱼脑烩制豆腐，鲜美异常。皇上品尝后，便问："这是什么菜？"林百万答道："草鱼脑烩豆腐，家常便菜。"乾隆连声夸赞："好菜，好菜！"于是淮菜名肴"平桥豆腐"因此得名，成为享誉全国的淮扬名菜。这道菜以刀工精细著称，具有鲜嫩油润、味香热烫的特点，为江苏省省级非物质文化遗产名录项目、地方代表性美食。

此菜选用内酯豆腐切成菱形小块，配以鸡肉丁、香菇丁、香菜末，用鲫鱼脑起鲜，起锅时淋入明油。其刀工精细，形态美观，爽滑可口，味道香美，油而不腻，可谓色、香、味、形俱全。平桥豆腐含有丰富的营养，具有补五脏、疗虚损的功效。豆腐鲜嫩油润，辅以鸡汁，汤汁醇厚，油封汤面，入口滚烫，深受食者喜爱。

4. 开洋蒲菜

蒲菜，系多年生草本植物蒲的根茎，古城淮安西南隅"天妃宫"所产之蒲菜尤为肥美。它虽出自污泥，却洁白如玉而鲜嫩清香，质地脆爽，滋味鲜美，有"淮笋"及"天下第一笋"之美称。蒲菜盛产于春夏两季，而最好莫过于春末夏初。有喜食蒲菜者，入冬不惜高价，取其入馔，多有所见。蒲菜不仅为淮安人所喜爱，也是外地游客到淮安必点菜肴。

淮安食用蒲菜由来已久。明代在外地做官的淮安人顾达在病中思念起家乡，辗转反侧，发出"一箸脆思蒲菜嫩，满盘鲜忆鲤鱼香"的感伤。吴承恩在《西游记》中记曰："油炒乌英花，菱科甚可夸，蒲根菜并茭儿菜，四般近水实清华。"经过淮安厨师不断总结与实践，利用蒲菜可创制出20多种时令蒲肴。开洋蒲菜脆嫩爽口，汤汁清鲜，清鲜四溢。

5．酸汤鱼圆

酸汤鱼圆，源自洪泽县古镇蒋坝。蒋坝始建于汉，至今已有千百年历史。以鱼圆为代表的地方特色美食，是当地婚丧嫁娶和节日宴请必不可少的佳肴，为南来北往的食客所称道。

据《盱眙县志》载，早在乾隆年间，盱眙知县郭起远接驾乾隆时，献过此菜，深得皇帝称赞。自古以来，蒋坝鱼圆的制作技艺被代代相传，现在的做法仍和清代诗人袁枚在《随园食单》中记载的一致："用白鱼、青鱼活者破半，钉板上，用刀刮下肉，留刺在板上。将肉斩化，用豆粉、猪油拌，将手搅之。放微微盐水，不用清酱。加葱、姜汁作团。"将煮熟的鱼圆盛入调好的酸汤中，食之清爽开胃。

蒋坝鱼圆有"一怪"和"一美"之说。一怪，怪在鱼圆的形态。他乡的鱼圆通常都是圆的，但蒋坝的鱼圆却是光滑细长，老百姓笑称"鱼圆不圆长起来"；一美，美在鱼圆的质感。当地流传着这样一句话："夹上筷子颤巍巍，掉在地上碎如银"，说的就是蒋坝鱼圆的细嫩爽滑、白如脂玉。因此，鱼圆还被冠以"踏雪芙蓉"的美称。

6．淮山鸭羹

淮山鸭羹，是淮阴地区特色名菜。秋冬季节民间有淮山药炖老鸭的饮食传统。淮山鸭羹是在淮山药炖老鸭基础上演变而来的。传说这道名菜与清代著名医学家吴鞠通有不解之缘。取材主要有淮山药、熟鸭肉、火腿末、虾米、青蒜丝等，具有山药软糯、鸭肉酥烂、羹汤香浓烫鲜、营养丰富等特点。

淮山药有"仙物"之誉。李时珍《本草纲目》曰："一者白而且佳，日干捣粉食大美，且愈疾而补；一者青黑，味殊不美。……刮之白色者为上；……刮磨入汤煮之，作块不散，味更珍美，云食之尤益人……"中医养生学还认为"烂煮老雄鸭，功效比参芪"。淮山药与老公鸭做成的羹汤，更是天作之合。此菜具有滋五脏之阴，清虚劳之热，补血行水，补气健体，养胃生津，润肠通便之功能，并逐渐演变为饭桌上的一道医食同功的传统名菜，流传至今。

7. 朱桥甲鱼羹

朱桥甲鱼羹，是淮安的传统名菜。早在古代，朱桥镇就是漕运线路的必经之地，境内市不夜息，常见"船火千点沿河串，百帆竞发望不断，纤夫号声初更起，集镇楼馆又呼唤。"成就了朱桥别具特色的饮食文化。

据县志记载，清康熙帝南巡治水途经淮安之时，伴驾的朱桥籍京官刘自兹以乡珍"朱桥烩甲鱼"一菜敬献皇上，皇帝食后龙颜大悦，称之为"精灵之膳"。后来，朱桥甲鱼羹多为历任漕运总督招待达官显贵的筵席上品。其肉质鲜嫩，汤汁浓郁，味道醇厚，营养丰富。经精心加工煨出甲鱼的胶质，使汤汁更加浓稠，放入蒜末、香醋、撒上胡椒粉，使口味鲜香味醇，美不胜收。

8. 文楼涨蛋

文楼涨蛋，古城淮安名肴，始创于百年老店——文楼，其始建于清代嘉庆二十一年（公元1816年），兴办初期是清茶馆，以卖小点、炒蛋、煮干丝，味盖"楚城"，后发展为颇具规模的酒筵餐馆。

清代同治八年（公元1869年）前后，该店店主陈海仙继承明代炒蛋的经验，在炒蛋的基础上发展成涨蛋。此菜以鸡蛋、虾仁、猪肥膘、馒头屑、葱白末、鸡清汤等一起烹制，待蛋糊凝固时，撒上葱白末和滑过油的虾仁，盖上锅盖，用小火加热并晃动炒锅，待蛋体完全凝固时，出锅装盘。成菜后金黄油润不结壳，膨松鲜嫩无糊斑，吃起来油而不腻，脍炙人口。同时具有补虚养身、气血双补、健脾开胃的功效，深受食客喜爱。

9. 扬州盐水鹅

扬州盐水鹅，扬州人俗称其为"老鹅"。扬州大量养鹅、吃鹅的历史可以追溯到唐宋前。唐代诗人姚合在《扬州春词》中描述当时的扬州是"有地惟栽竹，无家不养鹅"。明代时期，鹅肉是扬州最为家常的一道菜，在一些笔记小说中可以见其端倪。《红楼梦》中提及的胭脂鹅更是一道人们喜爱的扬州菜。清代，地方官员用盐水鹅招待下江南到扬州的康熙和乾隆皇帝，受到赞誉，因此而名扬天下，盐水鹅作为地方特色菜闻名遐迩。黄珏镇的老鹅是大家认为最好吃的，人们喜欢将其称为黄珏老鹅。

扬州盐水鹅在制作过程中，不仅注重配方，更注重火候，以达到色、香、味、形俱佳。扬州盐水鹅采用全天然植物香料和滋补中药，精制配方，特别是陈年老卤煮制。在扬州正式的酒席上，盐水鹅是必不可少的看家菜。成品形态饱满，色黄油亮，质感松嫩、肥而不腻，鲜咸味浓。

10. 清炖蟹粉狮子头

清炖蟹粉狮子头，是扬州地区特色传统名菜。其口感松软，肥而不腻，营养丰富。因其肉圆个大，形同狮子之头，内有蟹肉蟹黄，故得此名。狮子头主料十分讲究，选新鲜的猪五花肋条肉，肥瘦相间，肉质细嫩。扬州资深烹饪大师对肥瘦比例极其讲究，强调冬季肥七瘦三，春秋肥六瘦四，夏季各半（多用于红烧）。

清炖蟹粉狮子头相传已有近千年历史。据《资治通鉴》记载，在一千多年前，隋炀帝沿河南下时，扬州所献的"珍奇"食馔中，已有"狮子头"。《邗江三百吟》中赞曰："宾厨缕切已频频，团比葵花放手新。饱腹也应思向日，纷纷肉食尔何人？"一时间淮扬佳肴，倾倒朝野。狮子头有多种烹调方法，既可红烧，亦可清蒸。因清炖嫩而肥鲜，比红烧出名。成菜后蟹粉鲜香，入口而化，深受人们欢迎。如今扬州狮子头在传统的基础上又有所发展，既保持传统的烹调方法，又顺应季节，用料随季节而异，富于变化，春天可加河蚌同烧，冬天可同母鸡同炖，秋末冬初的时令，则是蟹粉狮子头独占鳌头。

11. 三套鸭

三套鸭是扬州特色传统名菜。此菜三禽分别整料出骨，然后层层相套（即家鸭、野鸭和鸽子），故名。清代乾、嘉时期，扬州即有"套鸭"面市。三套鸭制作新奇，风味别具，颇具情趣。

明代时，扬州厨师就用鸭子制作了多种菜肴，如"鸭羹""叉烧鸭"，用鲜鸭、咸鸭制成"清汤文武鸭"等名菜。清代时，厨师又用鲜鸭加板鸭蒸制成"套鸭"。清代《调鼎集》上曾记有套鸭的具体制作方法："肥家鸭去骨，板鸭亦去骨，填入家鸭肚内，蒸极烂，整供。"后来扬州菜馆的厨师将野鸭去骨填入家鸭内，菜鸽去骨再填入野鸭内，又创制了"三套鸭"。因其风味独特，不久便闻名全国。

三套鸭采用当地产的活家鸭、活野鸭、活菜鸽等食料经过处理后洗净去骨，放入沸水略烫，再将鸽子放入野鸭肚子里，塞入冬菇，火腿片，最后将野鸭子塞入家鸭肚子里，加入绍酒、葱姜、清水经过炖煮而成。三套鸭的制作方法虽比较复杂，却是非常美味又有营养。成品家鸭肥美鲜香，野鸭肉质鲜香紧实，鸽子肉鲜嫩可口，汤鲜味浓，回味无穷。

12. 扒烧整猪头

扒烧整猪头是扬州传统名菜，早在清代就很有名气。清乾隆年间，扬州瘦西湖畔一法海寺出售烧猪头，吸引了大批商贾游客。这里把猪头烧得皮酥肉嫩，香甜挂唇，不但留住了香客，而且成了民间佳话。将新鲜的猪头去除骨头、毛，从中间切开后洗净，放入锅中加入酱油、盐、冰糖等调味品煮烂而成。扬州八怪之一的罗聘尝了大赞："初打春雷第一声，雨后春笋玉淋林。买来配烧花猪头，不问厨娘问老僧。"当时流传着一首民谣："绿杨城，法海僧，不吃荤，烧猪头，是专门，价钱银，值二尊，瘦西湖上有名声，秘诀从来不告人。"美食家袁枚亦为之迷倒，专门在他的《随园食单》中记载了"猪头二法"，其中一法就是"扒烧整猪头"。

明清两朝，以猪头为食材的菜肴在扬州日渐普及。扒猪头好吃关键在一个"烂"字，扬州民间有句俗话："火到猪头烂，功到自然成。"其关键在于火功，烂透方得味浓。成品肉质烂熟，肥而不腻，香气扑鼻，甜中带咸。

13. 大煮干丝

大煮干丝又称鸡汁煮干丝，淮扬经典名菜，由古肴"九丝汤"演变发展而来，是典型的以讲究刀工、火候著称的淮扬代表菜，是一道既清爽，又富有营养的佳肴，其风味之美，历来被推为席上美馔。原料主要为淮扬方干，刀工要求极为精细，首先将豆腐干片成均匀的薄片，然后再切成细丝，接着配以鸡丝、笋片等辅料，加鸡汤烧制而成，吃起来爽口开胃，异常珍美。火候文武兼用，方能入味。装盘时盖以熟虾仁、豌豆苗、火腿丝等，此外，大煮干丝的配料还要求按季节不同而有变化。

大煮干丝这道菜的前身，是清朝乾隆年间的"九丝汤"。所谓九丝汤，是指将鸡丝、笋丝、火腿丝、木耳丝、口蘑丝、银鱼丝、紫菜丝、蛋皮丝和豆腐干丝这九种丝烹调而成的菜，有时还外加海参丝、蛏干丝或燕窝丝。据说扬州官员进呈了九丝汤之后，乾隆皇帝龙颜大悦。上有所好，下必甚焉，九丝汤很快在扬州风传开来。后来扬州厨师与时俱进，将其进化成了当今的大煮干丝。在制作工艺上不断变化，在用料上不断开拓，推出一些新菜品：有以鸡丝、火腿丝加干丝制成的鸡火干丝；以开洋加干丝制成的开洋干丝；以虾仁加干丝制成的虾仁干丝等。

14. 文思豆腐

文思豆腐，扬州传统特色名菜。系清代乾隆年间扬州僧人文思和尚所创制，至今已有近300年的历史。清代李斗在《扬州画舫录》中曾记载："枝上村，天宁寺西园下院也……僧文思居之。文思字熙甫，工诗，善识人，有鉴虚、惠明之风，一时乡贤寓公皆与之友，又善为豆腐羹、甜浆粥。至今效其法者，谓之文思豆腐。"一直流传至今。

从民国初期到20世纪30年代，此菜在江南地区流传甚广。不过其制法与清代已有所不同，厨师们对用料和制法作了改进，使其烹调更加考究，滋味更鲜美。豆腐制成上千缕细如发丝的豆腐丝，似沉似浮地飘荡在其中，轻盈、洁白、精致，其中还点缀着些许或红或绿的蔬菜。此菜选料极严，刀工精细，口感软嫩清醇，细密的豆腐丝入口即化，汤汁清澈鲜美，让人回味无穷，是老人和儿童就餐选择的上好菜品。

15. 杨寿豆腐圆

杨寿豆腐圆是扬州市邗江区杨寿镇的特色美食。历史上，杨寿镇上几乎家家做豆腐，生产盐卤豆腐、石膏豆腐、豆腐圆子、豆腐皮卷、臭大元、百页、皮棍等制品。即使现在，杨寿镇的豆腐制品也在扬州鼎鼎有名。在杨寿的豆腐制品中，以豆腐圆子最具有特色。

"豆腐圆子"亦称素肉圆。据邗江县志记载，自清代开始，杨寿人每逢佳节尤其是春节，民间各家各户都有制作豆腐圆的习俗，以示清清白白、团团圆圆。

杨寿豆腐圆用料十分讲究，选用新鲜的上等黑豆，磨成豆浆后用盐卤点制成豆腐，豆腐制成后不要放水中，就在模板上将黄水滴净，然后放入容器中，加入事先切好的肉丁、香菇、竹笋、虾米、鲜贝、大葱、生姜丁等作料进行搅拌，为保其鲜嫩可口、黏合不散，需加入适量的鸡蛋清。拌匀后，做成一个个如肉丸大小的豆腐圆放入锅中，用文火煮熟烧透，即可食用。后来，为了便于烧制和携带，便做成扁圆形豆腐圆，用平铁锅加油烙制而成。豆腐圆子的吃法多样，可红烧，可清蒸，可下火锅，可清炖；口感韧、嫩，豆香浓郁，营养丰富，深受群众的喜欢。

16. 蒲包肉

蒲包肉，也称樊川小肚，是苏中里下河地区的一道民间传统美味小吃，因其原产地在高邮，又被称为高邮蒲包肉。此菜的出现，可以追溯到清代早期，距今已有300多年的历史。蒲包与肉馅相得益彰的搭配，颇具浓郁的田园情趣。制作时把猪肉切碎，放入葱、姜、糖等搅拌均匀，再装入小蒲包中扎紧。然后把蒲包放入锅中，加入酱油、料酒、五香粉、桂皮、花椒、八角等焖煮一段时间即可。煮熟后，剪开蒲包，一股清香扑鼻而来。包在蒲包里的猪肉紧密有嚼劲，口感微甜，肥瘦相宜，软糯筋道，肥而不腻。

蒲包是用水乡地区随处可见的蒲草编织而成的盛物用具。用水浸泡过的蒲草，柔韧结实，可随意折叠打结，供人们编制成大小不同、形状各异的蒲包。编制好的蒲包可盛放鱼虾、蔬菜、肉类等。在没有保鲜设备的时期，水乡民间多用蒲包储运食品、蔬菜、瓜果等，能够较长时间保持所盛食物的水分，延长保鲜期。以蒲包入馔，是里下河地区的人们对美食的一种创造。

17. 扬州炒饭

扬州炒饭又名扬州蛋炒饭，是流传于民间的扬州传统名菜。它是烹饪中饭菜合一、别具情趣的一个代表。主要原材料有米饭、火腿、猪肉、鸡蛋、虾仁、冬笋、冬菇、青豆等。其选料严谨、制作精细、加工讲究，而且注重配色。炒饭颗粒分明，色泽明快谐和，配料多种多样，诸味搭配融合，光润鲜香可口。据说，隋炀帝巡游江都（今扬州）时，把他喜欢吃的"碎金饭"（鸡蛋炒饭）传入扬州。也有学者认为，扬州炒饭原本出自民间老百姓之手。据考，早在春秋时期，航行在扬州古运河邗沟上的船民，午饭如有剩饭，便留到晚饭时，打一两个鸡蛋，加上葱花等调味品，和剩饭炒一炒，做成蛋炒饭。而在明代，扬州民间厨师在炒饭中增加配料，形成了扬州炒饭的雏形。清嘉庆年间，扬州太守伊秉绶开始在葱油蛋炒饭的基础上，加入虾仁、瘦肉丁、火腿等，逐渐演变成多品种的什锦蛋炒饭，其味道更加鲜美。随后，扬州炒饭传遍世界各地。2005年，联合国为庆祝当年主题"国际稻米年"，推出"环球300种米饭食谱"，扬州炒饭位居中国5种入选食品之首。

第二节 江苏大运河苏南段传统名菜

一、常镇运河地区传统名菜

1. 水晶肴肉

水晶肴肉，又名水晶肴蹄，是镇江地区传统名菜，与镇江锅盖面、镇江香醋并列为"镇江三怪"。其肉红皮白，光滑晶莹，卤冻透明，犹如水晶，故有"水晶"之美称。300多年来，镇江水晶肴肉一直盛名不衰，曾被选为"开国第一宴"的冷菜主碟，驰誉南北。镇江学者王骧有诗赞曰："风光无限数今朝，更爱京口肉食烧，不腻微酥香味溢，嫣红嫩冻水晶肴。"诗句中不仅抒发了作者食肴时愉悦的心情，同时也把水晶肴肉的特点描绘得淋漓尽致。

传说古时镇江酒海街一家小店的店主买回四只猪蹄髈，准备过几天再食用，因天热怕变质，便用盐腌制，腌制时误把做鞭炮的硝当成了盐，当三天后发觉，肉色变红，为了去除硝的味道，一连用清水浸泡了多次，再经开水锅中焯烫，用葱、姜及多种香料烧煮后，肉红皮白，光滑晶莹，卤冻透明，犹如水晶，入口一尝，香味浓郁，食味醇厚，毫无异味。后来，经过人们的改进，改为"水晶肴肉"，流传至今，成为镇江的传统名食。食用时佐以姜丝和镇江香醋，更是别有风味。

2. 拆烩鲢鱼头

拆烩鲢鱼头，是镇江和扬州地区的一道传统名菜，已有一百多年的历史。此菜需选用2500克以上的花鲢鱼头，花鲢虽四季都有，但在初冬的小雪时分最为肥美，人称"雪鲢"。相传清末镇江城一财主请客，买来十余斤重的鲢鱼，要厨师将鱼肉段做菜上席，将鱼头煮给民工吃。厨师将鱼头剁下一劈两半放入清水锅里煮至断生取出，拆去鱼骨，加鲜汤烹制成菜，鱼肉肥嫩，卤汁稠白，极为鲜美。后来厨师在选料和制法上加以改进，在镇江名店"同兴楼"供应"拆烩鲢鱼头"这道菜，由此名扬江苏，成为镇、扬地区最著名的一款菜肴。

鲢鱼头中的"拆"，表现其细腻的制作工艺，拆去鱼骨而保持完整；"烩"则是呈现完美口感的重中之重。鲢鱼头本身就很鲜美，鸡肉、虾子、蟹肉等风味物质的加入，更是使其鲜上加鲜。其口感皮糯黏腻滑，汤汁稠浓，鱼肉肥嫩，味道鲜美，营养丰富，食用时用匙不用筷，别具风味。

3．东乡羊肉

东乡羊肉，是镇江地区著名的菜品，盛产于镇江市丹徒区的大路镇、姚桥镇以及大港一带，地处镇江市的东部，是为"东乡"。烹制东乡羊肉最负盛名的是姚桥镇的儒里，这个原名朱家圩的小集镇，传说系由乾隆皇帝御赐方有现名的，而乾隆赐名的因缘，正是起于东乡羊肉。

当年乾隆皇帝下江南，听闻镇江朱家圩一带的羊肉味美至极，遂差人前去采办。孰知差去的采办既贪婪又好色，在朱家圩采办羊肉时居然调戏村姑，最终被当地乡人痛殴致死。得知此事后乾隆大怒，决定微服前往探个究竟，以做出最终的惩罚决定。然而，到了朱家圩后，这位皇帝发现，当地人无论男女老少，个个知书达理，于是赐名"儒里"。

东乡羊肉主料选用的是当年的本地山羊，而这些山羊又是吃田边、堤岸、山丘上的青草长大，堪称"绿色食品"。东乡羊肉不仅肉质细嫩，不膻不腻，醇香可口，鲜美无比，而且具有滋补温中、强骨壮阳的功效。

4．宝堰红烧甲鱼

宝堰红烧甲鱼，是镇江市传统特色菜。宝堰镇位于镇江市南端，一年四季盛产甲鱼，红烧甲鱼是其中最为有名的一道，选用南乡一绝"菜花甲鱼"为原材料。美食众多的南乡宝堰，从镇上流传一首儿歌可见一斑："古镇宝堰啥都有，二斤牛肉三碗酒。大甲鱼、小龙虾，来碗面条味道佳。万山红遍走一走，草莓葡萄甜在口。"

据史料显示，古镇宝堰在清代就是一个繁华的商业集镇，当时丹徒县政府70%的税收来自宝堰。如今，宝堰是江南常州、镇江交界处农副产品的重要集散地，饮食业成为支柱产业。每逢有贵客临门，当地人就用"红烧甲鱼"招待以示敬意。随着时间的推移，厨师们对"红烧甲鱼"的烹饪制作不断进行总结改进，使其味道越来越好，名气也越来越大。

准确掌握火候，是制作此菜的关键。时而文火、时而武火，调节控制好火候，可以除去肉中腥、臊味，以火候取胜，方能取得美好的滋味。食时柔嫩爽口，腴而不腻，食后余鲜凝舌。

5. 百花酒焖肉

百花酒焖肉，是镇江地区传统名菜，味甜而香，醇浓质厚，富有营养。百花酒是镇江传统名酒，属黄酒类，具有酸、甜、苦、辣之味。清道光时，百花酒一度作为贡品呈至御前。有人偏爱百花酒的醇厚，用之以焖烧猪肉，做出了驰名天下的百花酒焖肉。

此菜精选优质饱满的猪肉五花中肋，洗刮干净后吸去水分，用烤叉插入肉块中，肉皮朝下，在中火上烤至皮色焦黑，达到起香增色的作用。再入温水用刀刮干净，切成大小一致的方块。取一砂锅，下面铺上葱姜，把肉块皮朝上排齐入锅，加百花酒等调料置火上烧沸、炖至酥烂。烹制而成的百花酒焖肉，色泽红亮，酒香浓郁，肉酥入味，甜咸可口，肥而不腻，入口即化，别有风味。

6. 延陵鸭饺

延陵鸭饺，为镇江丹阳市延陵镇的传统名菜。延陵历史悠久，自古养殖一种吃稻谷长大的秋鸭，体型健壮、肉质极佳。煨出的鸭汤味道鲜美，无出其右。鸭饺并非使用鸭肉包的饺子，而是用一种特殊方法制作的美味鸭肴。

品尝时，但见碗中那一块块鸭肉，酷似雪白的饺子，碗内的汤汁，更是鲜美欲绝，令人难忘。相传乾隆皇帝下江南行至延陵时饥肠辘辘，正在此时，忽然随风飘来一阵香味。原来是路边村庄的一户人家中，一位名叫阿姣的姑娘正在用蒸笼蒸鸭子汤。乾隆皇帝闻到香味，食欲更旺，连忙让人跟阿姣姑娘要了一碗鸭汤。乾隆皇帝一尝，味美可口，十分喜欢，便问道："这是什么汤？"官吏结结巴巴地说："阿姣、阿姣、阿姣姑娘做的鸭汤。"乾隆皇帝也没听清楚，就说："鸭饺好、鸭饺好。"连喊味道鲜美，遂赐名"鸭饺"，这道菜从此在延陵一带盛行，成为当地的特色名菜。光绪年间，延陵人潘义兴在延陵老街开设鸭饺专营饭店，因生意兴隆，又在九里、珥陵、宝堰等地开设分店，后来又开到丹阳城里。于是，延陵鸭饺一直作为丹阳名菜流传至今。

制作鸭饺，必须选用延陵镇特产小个儿菜鸭，尤以秋鸭为佳。宰杀过程中既要保证鸭子出血干净，又要掌握好烫鸭的水温和时间，不能碰破鸭皮。金秋时节，是品尝延陵鸭饺风味的最佳季节，其口感清淡细腻，不肥不腻；肉质松软，香气诱人；滋补养胃，口口留香。

7. 红烧河豚

红烧河豚是镇江地区特色名菜，尤以镇江扬中市的河豚制作更加突出，专营河豚的餐厅也较多，每年河豚上市季节，来扬中饱尝河豚者络绎不绝。镇江、扬中地处长江之滨，盛产河豚，此菜入口鲜，肉肥嫩，汁浓醇。镇江人对于烹饪河豚可是经验十足，清初学者钮玉樵在他的《觚剩续编》中说："味之圣者，有水族之河鲀，林族之荔枝"。可见，吃河豚确属快事！

河豚含有大量的毒素，须有专业河豚烹调师来加工处理。制作时须将河豚眼睛、内脏、鳃全部去净，血水严格漂洗净至清为止。挤干水分的河豚肝，炸至金黄捞出，另起油锅，再放入处理好的河豚和鱼皮煸炒，高温炒制或煸炒可以彻底去除河豚中的毒素。扬中人习惯将春笋、秧草与河豚同烹。烹制而成的红烧河豚荤素搭配，汁浓味鲜，风味绝妙，营养丰富。

8. 白汁鮰鱼

白汁鮰鱼，镇江地区传统名菜。鮰鱼又名白吉鱼、江团，品种繁多。长江下游鮰鱼，下身略带粉红，无鳞，粗长，腹部膨隆，尾呈侧扁，是长江水产的三大珍品之一，肉质鲜美，色香味俱全，有很高的营养价值，为宴席之佳品。人们说鮰鱼胜黄鱼肉多而无刺，赛河豚味美而无毒。明代杨慎说鮰鱼兼有河豚、鲥鱼之美，无毒无刺，且无两鱼之缺陷，美誉鲴鱼"粉红雪白，洞美堪录，西施乳，水羊胨熟"。喻鲴鱼是"水羊"，形容其肥美是很确切的。

白汁鲴鱼，以竹笋为制作配料，烹饪技巧以烧煮为主，口味咸鲜。菜名白汁，忌用酱油。鱼段切块，便于入味。先焯水，不过油，先酒焖，后水煮。鲴鱼的表皮上有一层黏液，入沸水焯一下，很容易去除。然后冷水冲洗，使鱼肉紧实，爆香调料，加热水烹制，色泽奶白，稠浓香鲜。制成的白汁鲴鱼，汤汁似乳，稠浓粘唇，肉厚无刺，鲜嫩不腻，酒香四溢。兼鳅、豚之美，胜"羊胨"之腴，是水产肴馔中的佳品。

9. 香糟扣肉

香糟扣肉，是常州地区传统特色名菜，为冬令、初春的时令佳肴。在天宁区郑陆镇焦溪一带，香糟扣肉已有上百年历史。常州民间春节有杀猪、做酒酿的习俗，香糟可以吸油、去腥、添香，还可以让荤菜保存一段时间。后来，在肉里加酒糟做成"香糟扣肉"，散发着酒香与肉香，成为江南地区的一道特色菜肴，是常州人逢年过节必备美食。酒香与肉香绝妙融合，氤氲着记忆中的年味与家乡味。

香糟扣肉是以肉加入香糟制作的"扣"菜，由卤煮、扣碗、蒸制三部分组成。1925年常州名厨强良生在烹制工艺上将拌涂酱色改为直接加料走红，使其色、香、味更佳：色泽酱红，酥烂入味，肥而不腻，入口即化，几经复蒸而食则香味更足，口感更糯。冷却后凝成一团，便于携带，当地百姓常将此作礼品馈赠亲朋好友。

10. 红汤百叶

红汤百叶，常州代表性的特色名菜。横山桥百叶是常州著名的土特产品，为江苏省地标美食。百叶又称百页，北方叫千张，豆制品中的主产品之一，常州横山桥的百叶嫩而厚，烹饪成肴，淡黄似奶，鲜嫩软柔，食而不腻，肥而爽口，百吃不厌，是餐桌上最受欢迎也最亲民的菜品之一。

横山桥百叶采用优质大豆为原料，浸泡黄豆用干净的河水，因河水水性较软，可增加百叶的韧性。百叶制作过程需历经繁杂的工序，"煮浆"功夫、独特的"点花"配方、全手工浇制，恰到好处的"闷缸"、力度均匀的"压榨"技巧，使生产出来的百叶不仅其浆黄而不焦，而且厚薄均匀，折不起褶，垫而不断，富有弹性韧性，凝聚了独有的柔、嫩、纯、香的特色，豆香味浓郁，口感细腻。红汤百叶的红汤熬制要用香菜、洋葱、药芹、蒜等小料，再加上十多种香料熬成香油，多味小料调味后，与泡好的百叶熬制，更大程度上保留了大豆低聚糖、卵磷脂、大豆异黄酮、维生素等营养成分。

11. 芙蓉螺蛳

芙蓉螺蛳，是常州武进区的特色名菜，出自常州市横山桥镇芙蓉村，村子水道纵横，湖面广袤，是典型江南水乡。渔民们以鲜豆浆饲养鱼苗，鱼池中自然生长的螺蛳沾了鱼苗的光，同样以豆浆为食，壳薄、肉厚、沙少、丰腴、细腻，因此芙蓉螺蛳誉满乡里。新鲜螺蛳，以葱姜、酱油、黄酒调味，大火旺烧而成，鲜美异常。

清明过后，螺肉肥美，壳中尚无小螺蛳，是采食螺蛳的最佳时节，故有"春天螺，赛过鹅"之说。螺蛳可谓"上得了餐厅，下得了排档"，无论是人们白天的餐桌，还是晚上的排档，常能看到食客们在大啖美味的螺蛳。螺蛳的营养价值较高，不仅赖氨酸、蛋氨酸和胱氨酸含量较高，而且还含有较丰富的维生素B族和矿物质。

12. 天目湖砂锅鱼头

天目湖砂锅鱼头又名沙河鱼头，溧阳市特色名菜，采用鳙鱼为烹饪主料。鳙鱼（又名大头鲢鱼）是我国的四大淡水鱼之一，自古就是人们喜爱的食材。天目湖是常州溧阳市的一个风景优美的5A级旅游景点，其前身为沙河水库。沙河是溧阳市南郊区天目山余脉之间的一条溪流，后来经过建立大坝，形成沙河水库，后于1992年改名天目湖。天目湖的湖底不含泥土只有很多的细沙，水质清澈甘甜无异味，所以湖中鱼虾肉质鲜美，没有泥土腥味。

天目湖砂锅鱼头始创于江苏溧阳市天目湖宾馆（原沙河招待所），经江苏省特级名厨朱顺才30多年的专心烹制，并不断完善和提高。此菜采用天目湖里多年生长的鳙鱼头制作，使用天目湖的湖水，以天目湖当地的黑猪油煎制后再配上当地的小香葱和香菜，5千克重的天目湖鳙鱼斩杀后留4指宽的鱼肉，加葱、姜等入砂锅煨制，成菜色白醇厚，味浓鲜而不腥，肥而不腻。

13. 溧阳扎肝

溧阳扎肝，常州溧阳市地方传统名肴，其发源地在溧阳市竹箦镇，也有多种起源的传说，并有民间故事在当地流传。扎肝，溧阳话发音"zā gū"，与"扎箍"同音，"箍"有"腰箍"之意，在古代只有官员才能有腰带，"扎箍"就有当官的意思了。这是一道在溧阳民间流传百年的传统名菜，也是溧阳人民过春节家家户户必备的大菜。

用猪小肠将切成长条的油豆腐、带皮猪肉、水发笋干、猪肝按顺序捆扎、红烧，即成"扎肝"。荤素搭配，加上葱、姜、料酒、白糖、酱油、味精、天然香料大火烧开再用中火收干卤汁。通过长时间的焖烧，最终将猪肉之肥、竹笋之爽、猪肝之香、小肠之韧充分叠加糅合，口感鲜香丰美，醇厚雄浑，乃下饭佐酒之佳肴，受到广大美食爱好者的热烈追捧。

二、苏锡运河地区传统名菜

1. 无锡肉骨头

无锡肉骨头，又名无锡排骨、酱汁排骨，是无锡市的传统名菜，由猪肋排烧煮而成，已有140余年历史。据史载，早在清朝光绪二十二年（1896年），无锡肉骨头就行销于市，以当时无锡南门外黄裕兴肉店最为有名，该店的肉骨头均用数十年滚存下来的老卤汁烧煮。后来逐渐形成无锡南、北两派特色。

1927年，城中三凤桥慎馀肉庄后来居上，兼收南北两派制法之长，对肉骨头的烧制技术作了改进，形成现今无锡肉骨头的风味特色，故无锡肉骨头又称无锡三凤桥肉骨头。随着无锡经济的发展，外地游客日益增多，肉骨头深受大家青睐，一时间三凤桥酱排骨声名鹊起。20世纪60年代起，无锡肉骨头销往港澳等地，1982年被评为"全国优质名特产品"。改革开放以后，中外宾客大量涌入无锡，无锡肉骨头成为筵席上的必备佳肴。

无锡肉骨头采用猪肋排，配以八角、桂皮等多种天然香料，运用独特的烧制方法，烧制出的排骨色泽酱红，油而不腻，骨酥肉烂，香气浓郁，甜咸适中，既是席上美味，还是馈赠亲友的佳品。

2. 梁溪脆鳝

梁溪脆鳝又名无锡脆鳝，是无锡市特色传统名菜。梁溪脆鳝最早初创于清朝同治年间，是由无锡惠山一名姓朱的摊主发明并且流传下来的。其做法简单来说，是将整条鳝鱼丝经过两次过油处理，热油炸成的一道菜肴。其外观呈现褐色，口味甜中带咸，酥脆爽口。

鳝鱼属水鲜，是江苏菜中主要原料之一，以其为烹饪主料的梁溪脆鳝可谓是我国众多鳝鱼佳肴中独树一帜的传统名菜。脆鳝亦名甜鳝，清末民初，无锡著名菜馆"大新楼"等将脆鳝用作筵席大菜。1920年后，开设在惠山的"二泉园"店主朱秉心对家传脆鳝制法悉心研究，使之愈加爽酥、鲜美，颇具特色，远近闻名，因朱秉心习惯于戴着大眼镜做菜，因此人们又称此菜为"大眼镜脆鳝"。梁溪，水名，为流经无锡市的一条重要河流，其源出于无锡惠山，北接运河，南入太湖，相传东汉时著名文人梁鸿偕其妻孟光曾隐居于此，故而得名，历史上梁溪为无锡之别称。近百年来，无锡太湖游船，经由梁溪驶入太湖，船上多设有船菜，梁溪脆鳝是船上必备的风味菜肴。此菜装盘摆放交叉架空似宝塔形，乌光油亮呈酱褐色，鳝肉松脆香酥，卤汁甜中带咸，是无锡喜庆宴席的常用菜品。

3. 脆皮银鱼

脆皮银鱼是无锡传统名菜，外脆里嫩，鲜香可口。银鱼产于中国东南沿海的淡水湖泊，通体洁白如玉，肉质细嫩少刺，是一种稀有名贵淡水鱼，其质量以太湖所产为最佳。据史料记载，银鱼在我国唐宋时期即已为食用。银鱼属一种高蛋白低脂肪食品，对高脂血症患者食之亦宜。中医认为其味甘性平，善补脾胃，可治脾胃虚弱、肺虚咳嗽、虚劳诸疾。脆皮银鱼选用优质太湖银鱼，经码味后用脆皮糊炸制，条条银鱼外裹一层脆皮，晶莹剔透。食时蘸以调料，体态饱满，色泽奶黄，外脆里嫩，鲜美适口，营养丰富。

4. 镜箱豆腐

镜箱豆腐是无锡市的传统名菜，由无锡迎宾楼菜馆名厨刘俊英创制，选用无锡特产"小箱豆腐"烹制而成。20世纪40年代，迎宾楼菜馆厨师刘俊英对家常菜油豆腐酿肉加以改进，将油豆腐改用小箱豆腐，肉馅中增加虾仁，烹制的豆腐馅心饱满，形态美观，细腻鲜嫩，故有"肉为金，虾为玉，金镶白玉箱"之称。因豆腐块形如妇女梳妆用的镜箱盒子，故取名为"镜箱豆腐"。

在油炸豆腐中间挖去一部分再填满肉馅，再嵌一只大虾仁，成形后移至中火加入调料烹制，收稠汤汁，成菜色呈橘红，鲜嫩味醇，荤素结合，口感丰富，老少皆宜，是雅俗共赏的特色名菜。

5. 天下第一菜

天下第一菜，又名"虾仁锅巴""鸡虾锅巴""平地一声雷"，是无锡市传统名菜。据传，乾隆七下江南时，一日微服私访，因感到腹中饥饿，便来到苏锡之间的一家小店用餐。因夜色已沉，厨房里只有些残羹剩饭，店家急中生智，把米饭锅焦黄的煳底铲了下来，掰成块状入盘，把白天剩下的烩虾仁儿、炒鸡丝和一碗鸡汤煮沸，向上一浇，随着吱吱的响声，米香与鸡汤的香味弥散开来。乾隆帝吃后，觉得这款汤汁红亮、锅巴金黄、味道鲜美的菜远胜于宫廷御膳，于是大为赞赏。

天下第一菜是由金黄的锅巴、白色的笋丝、粉红的虾仁、鲜红的茄汁、棕色的香菇丁，再配上各色的什锦组成。成菜卤汁鲜红、锅巴金黄、酥松香脆、酸甜咸鲜合一，营养均衡全面，色、香、味俱佳。

6. 芙蓉鱼片

芙蓉鱼片，无锡江阴市的传统名菜。传说古时滨江临水的江阴地势低洼，极易受洪涝之灾。南海观世音菩萨慈悲为怀，便让其坐骑鳌鱼钻到江阴的地底下，将低洼的地面抬起，从此江阴免遭灾害侵袭。为了感恩，江阴人在所有池塘和洼地种上了佛家之花——荷花。一时里，江阴便有了"芙蓉城"的雅称。

精于烹调的江阴厨师，把江河中捕来的白鱼按荷花花瓣的样子制成鱼片，鱼片肉质洁白，口感鲜甜软嫩，汁明芡亮，入口即化，已成为招待宾客的特色菜肴，名扬海外。

7. 糖醋子鲚

糖醋子鲚，无锡江阴地区的传统名菜。江阴所产的"子鲚"，体大、子满，自古就为贡品。上贡的子鲚需经过漫长的运送过程，所以只能加工成咸干口味，远没有子鲚出水时那么鲜美、可口。

江阴人喜欢吃油里"走"过一遍的食物。炒锅上火放油，将鲜美的子鲚入油锅炸至金黄色捞出，入糖醋汁内拌匀，淋上香油。子鲚过油炸后又鲜、又香、又脆，连骨头也能食用，是下酒或配搭面菜的首选佳品。子鲚不仅细嫩味美，而且含有丰富的蛋白质、脂肪、碳水化合物和磷、钙、铁等人体所需的营养素。

8. 咸肉煨笋

咸肉煨笋，是无锡宜兴市传统名菜。宜兴山里的毛笋炒、煮、烧、炖皆成佳肴。初春之时，春笋肉质肥厚，脆嫩味美，配以腊月腌制风干的咸肉同煮，是宜兴村民款待宾客的上等美味。咸肉清香，肥而不腻，毛竹鲜嫩，口感脆甜，汤汁醇厚，香气四溢。

9. 气锅双味

气锅双味，宜兴市著名菜肴。气锅是宜兴地区特有的紫砂炊具，现已流传到全国各地。这"锅"实际上并不是普通意义上的锅，它外观似钵而有盖，揭盖一看，锅的中央有突起的圆腔通底气嘴，气锅上蒸时，蒸汽由汽嘴进入气锅，高温蒸汽将食物蒸熟后食用。因此气锅内的汤全为蒸馏水和菜品所溶出的肉汁，鲜美非常。将猪仔排和农家草鸡斩块焯水，放气锅内，调味加盖上笼旺火蒸至软烂。成品咸鲜味浓，汤清见底，鲜香扑鼻，具有独特的风味。

10. 松鼠鳜鱼

松鼠鳜鱼，苏州市著名的传统菜肴，以其形似松鼠而名。鳜鱼，亦名鳟花鱼，巨口细鳞，骨疏刺少，皮厚肉紧，色白鲜嫩，为淡水鱼珍品。素有鱼米之乡的苏州，盛产鳜鱼，曾有"三月桃花开，鳜鱼上市来，八月桂花香，鳜鱼肥而壮"之说。

相传，乾隆皇帝下江南，走进苏州松鹤楼菜馆，一定要吃神台上鲜活的元宝鱼（鲤鱼），然而此鱼乃该馆敬神祭品，不能烹制，因乾隆坚持要吃，堂倌出于无奈，遂与厨师商量，厨师发现鲤鱼头似鼠头，又联系到本店店招"松"字，顿时灵机一动，决定把鱼烹制成松鼠形状，以避宰杀"神鱼"之罪。乾隆食后赞扬不已。自此，松鹤楼的松鼠鱼（后改用鳜鱼）轰动全城，扬名姑苏，享誉全国。1963年，长春电影制片厂在影片《满意不满意》中，把松鼠鳜鱼搬上银幕后，此菜更为驰名。1983年，在全国烹饪名师技术表演鉴定会上，松鹤楼菜馆特一级烹调师刘学家，以制作此菜获"全国优秀厨师"的光荣称号。

此菜头昂尾翘，肉翻似毛，形似松鼠，色泽红亮，外脆内嫩，酥香扑鼻，甜中带酸，滋滋响声，以其色、香、味、形、声五大特点闻名全国。

11. 碧螺虾仁

碧螺虾仁，苏州特色名菜。此菜用碧螺春的清香茶汁做辅料，与手剥河虾仁一起烹调，河虾的鲜与茶叶的香互相缠绕，入口后既有河虾的鲜味，又有名茶的清香，别具韵味，充分体现了江南美食的精雅之致，上桌时绿白相映，透着淡淡的胭脂红色，细腻弹滑，口味虽然清淡，却丝丝缕缕地体现虾仁的清雅和茶叶的芬芳。

12．响油鳝糊

响油鳝糊是苏州地区的特色传统名菜。苏州菜肴中以黄鳝为原料的有不少，而响油鳝糊的特色就在于"响油"上，鳝糊上桌后盘中油还在噼啪作响，因而得名。这道菜酱汁浓郁，颜色偏深红，吃起来鳝丝很嫩，口味咸甜。

此菜需要取新鲜鳝鱼作为原料，活鳝鱼经沸水烫泡后，划出鳝丝，炒锅放油烧热，下葱、姜、蒜，煸香后，投入鳝段炒透，再倒入调好的味汁并勾芡，拌匀，淋上醋后把鳝鱼倒入盘中，撒上蒜蓉、冬笋丝、火腿丝、香菜段和胡椒粉，将猪油烧至七成热，在装盘的时候淋上热油，发出滋啦滋啦的声响。鳝肉鲜美、油润而不腻，香味浓郁、新鲜可口。

13．姑苏卤鸭

姑苏卤鸭是苏州松鹤楼菜馆的传统特色名菜，为夏令冷菜名肴。《醇华馆饮食脞志》记载："每至夏令，松鹤楼有卤鸭，其时江村乳鸭未丰满，而鹅则恰到好处，寻常菜馆多以鹅代鸭。松鹤楼则曾有宣言，谓苟能证明其一骸之肉为鹅而非鸭者，任客责如何，立应如何。"以此足见松鹤楼卤鸭选料之严谨，注意保证质量，故声誉卓著，驰名遐迩，久盛不衰。每至卤鸭上市，品尝者纷至沓来，门庭若市。

制作卤鸭时选用上等的肥鸭子，宰杀处理干净，斩去脚，猪肥膘刮洗干净，同放入有竹篾垫底的锅中，舀入清水，盖上锅盖，置旺火上烧沸，撇去浮沫。然后加红曲粉、酱油、精盐、冰糖、桂皮、大料、葱结、姜块，用盘子压住鸭身，盖上锅盖用中火烧约半小时，将鸭上下翻动，再用中火烧约半小时，取出，鸭腹朝上置大盘内凉凉。最后，将卤鸭改刀装盘，浇上卤汁。这是典型的苏式口味，色泽酱红，入口皮肥不腻，肉质鲜嫩，香酥入味，卤汁浓稠，为苏州酒店筵席、家庭聚会必不可缺的夏令名品。

14. 母油船鸭

母油船鸭，苏州传统名菜，由船菜发展而来，为新聚丰菜馆名厨张桂馥研创，已有一百余年历史。母油，即"伏酱秋油"，是一种制作特殊的、在三伏天晒制到秋天用的优质酱油，醇厚鲜美，为酱油中上品，属于苏锡地区的特产。

最初的船鸭是不出骨的，后改为半脱骨，张桂馥师傅将鸭骨连翅骨全部抽除，塞入八宝馅心，改进为出骨八宝鸭。并在鸭肚里加上川冬菜、香葱、猪肉丝等配料，在调味上又改用苏州著名的母油其味更佳，同时取名为"母油船鸭"。20世纪80—90年代，苏州松鹤楼、新聚丰、得月楼、义昌福等各大菜馆厨师均擅制此菜。此菜近百年来已成为太湖菜中最著名的传统名菜。如今，在苏州、无锡和上海许多苏帮菜馆中均有供应。其特点是鸭形完整，色泽棕黄，汤浓味醇，肉质酥烂，色浓味鲜。

15. 藏书羊肉

藏书羊肉，苏州地方特色名肴，历史悠久，风靡江南。以其独特的烧煮技艺，烹调成各式羊肉菜肴，白烧以汤色乳白、香气浓郁、肉酥而不烂、口感鲜而不腻为特色。苏州人对羊肉的钟爱，满大街的藏书羊肉，关键是一碗羊汤，原汁原味，味美可口，营养丰富，为冬令进补佳品。

藏书羊肉的历史起源有两种说法：一是木渎镇藏书办事处（原藏书镇）地处苏州西郊丘陵地带，境内群山绵延，植被丰富，有得天独厚适宜养羊的自然生态环境。这里的羊肉因味道极佳，深得城里人喜欢。二是早在明清时代，藏书穹窿山麓农民就有从事烧羊肉、卖羊肉的副业，一般都以担卖或摊卖为经营方式，清末才开始到苏州城里开店设坊（俗称"羊作"）。光绪二十二年（1896年），藏书乡人周孝泉在苏州醋坊桥畔开设了城内第一家堂吃的"升美斋"羊肉店，此后，进城开羊作的乡民逐渐增多，在道前街、鸭蛋桥、娄门塘等多处诞生了"老源兴""新德和"等颇有名气的店堂。

每逢秋冬之交，古城内外的羊肉店纷纷开张，店堂一般沿街而设，不讲排场，锅灶立于店面，香气散至街坊，吸引众多食客，"羊汤勿鲜勿要铜钿"成为众人赞语，声名鹊起，享有盛誉。

16．东山白煨羊肉

东山白煨羊肉是吴中地区特色美食，使用的是太湖湖羊。比起山羊肉烧汤后的浓香，冷食的白切湖羊肉口感细腻，不肥不柴，别有一番风味。

东山是湖羊的发源地，养殖历史已有800多年。相传南宋迁都临安期间，北方居民携带优质绵羊到南方饲养，经长期驯化、选育，最终成就这一珍稀品种。为了保持东山湖羊血统纯正，东山对外来公羊一律实施"生殖隔离"，如今东山镇被列为国家级湖羊保护区。

湖羊的烹饪技法在东山流传了两百多年，在西泾村有十几户制作白煨羊肉的人家，其中卖了60多年羊肉的姚福根在当地小有名气。按照传统，地道湖羊制作出的白切羊肉被放在新鲜晒干的荷叶上，这样既不粘连，羊肉又保存了荷叶的清香，肉色白糯，入口细腻，鲜嫩醇厚，不膻不柴。为了保持味道纯正，现杀的湖羊不需要葱、姜、酒等调料，唯一增味的只有食盐，烧煮过程中以果木硬柴作为燃料，而如今，为了保持传统，当地白煨羊肉的制作流程依旧严格遵循古法，没有使用方便的煤气灶。最原始的制作工艺，方能传递出湖羊的纯正味道。

17．吴中酱方

酱方，是苏州市吴中区传统特色名菜，为木渎镇石家饭店十大名菜之一，以猪五花肋条肉为原料，切成方形后加精盐、酱油、冰糖等调料用微火焖制而成。其色呈枣红，肉质酥肥，入口即化，口味咸中趋甜，富有苏帮风味，是冬令名肴。

酱方之肉，有肥有瘦，瘦而不干，肥却不腻，此乃一绝。所谓"方"，即方肉，大肉也，一只大盆端上来，盛着整块方肉，滋润丰满，尤其是酱方表面上那一张肉皮更是油光灿烂，垂涎欲滴。制作吴中酱方的关键点就是需用砂锅焖煮，锅底要垫些葱，这样不容易煳锅底。五花肉的肉皮朝上，做出来的酱方会比较好看，因五花肉提前盐腌，需冲洗干净，烹制时不再放盐。用烫过的小菜心镶衬，浇上一些勾芡过的酱汁，成菜晶莹透亮，引人食欲。

18．鲃肺汤

鲃肺汤，是苏州市吴中区特色名菜，原称斑肝汤，以斑鱼肝、火腿丝、青菜心等精烹而成，鱼肝肥嫩，浮于汤面，鱼肉细腻，入口而化，热汤鲜美，胜过鸡汤。

鲃鱼，太湖水域特产，状似河豚，光滑无鳞，腹部白色有细刺，背部青灰色且有斑点，受惊后腹部会鼓起如球，俗称"泡泡鱼"。鲃鱼至多长10厘米左右，但头大，剥去外皮，鱼肉细嫩鲜美，尤其取肝做汤，实乃佳肴。鲃鱼季节性很强，每年8～10月上市，且必须活鱼取肝，因而此菜只在吴中有。苏州且有"秋时享福吃斑肝"的古谚。

此菜的来历还与我国近现代政治家、教育家、书法家——于右任先生有不解之缘。1927年，于右任携夫人与民国元老李根源到苏州太湖赏花游玩。船到灵岩山下的木渎古镇，时近中午，大家饥肠辘辘，于是登岸就餐。当时石家饭店老板以本店招牌菜斑肺汤、三虾豆腐、白汤鲫鱼等招待于右任一行。于右任尝了斑肺汤之后，大为赞叹，忙向店家打听菜名。由于对方说的是吴语，他将斑肝误听为"鲃肺"，当即索来纸笔，赋诗一首："老桂花开天下香，看花走遍太湖旁；归舟木渎犹堪记，多谢石家鲃肺汤。"

当时为诗中的这个"鲃"字，有人在报纸上写文章讽刺于先生不辨"斑""鲃"，因而引起一场笔墨官司。谁知报纸上争来争去，却把"斑肝汤"的名声越炒越大，最终成为名扬大江南北的珍馐。长久以来，"斑肝汤"不但为"鲃肺汤"所取代，而且成为人们争相而食的佳肴。

19．樱桃肉

樱桃肉，苏州传统名菜，因其形、色似樱桃，故名。清代《调鼎集》记载了樱桃肉的做法："切小方块如樱桃大，用黄酒、盐水、丁香、茴香、洋糖同烧。"依此法制虽肉形似樱桃，但色泽欠佳。苏州厨师制作此菜时在五花肋条方块猪肉的表面上剞十字花刀，加红曲水调色。

清代德龄《御香缥缈录》中，记载慈禧晚年特别中意的樱桃肉是用猪肉和新鲜樱桃一起在文火上慢炖。复原的樱桃肉工序严格按照传统流程焖煮3个多小时，将樱桃甜香焖进肉中后，去除樱桃残渣。起锅用樱桃去核打成果汁代替部分红曲卤增加新鲜果香，不仅肉面要切得如樱桃般大小，排列整齐，色泽也像樱桃般鲜艳透红、亮丽诱人。

樱桃肉装盘，用菜油煸炒豌豆苗，将绿油油的豌豆苗围在盘边，犹如一盘刚从树上摘下的"樱桃"鲜艳夺目，色泽鲜亮，皮烂肉酥，入口而化，咸中带有甜酸。

20. 甪直甫里蹄

甪直甫里蹄，苏州地区传统名肴。甪直古名"甫里"，相传唐代诗人陆龟蒙隐居在镇上，因其名"甫里先生"，该地遂得此名。"甫里蹄"也由此而来，有时也称作"龟蒙蹄"。甫里蹄与甫里鸭一样都出自陆龟蒙的宴客席上。相传，每有好友来访，这两样都会是他餐桌上必不可少的菜式。"甫里蹄"色泽诱人，口味醇厚，甜而不腻。

该菜取1.5千克的猪前蹄作为材料，前蹄肉质好，骨头细，是烹饪此肴的最佳食材，加入黄酒、红糖、香料，以减少油腻感。甪直甫里蹄用中小火煮至酥烂，形态完整，浓油赤酱，散发着诱人光泽，光亮的整蹄，上佳的卖相，让人垂涎欲滴。甫里蹄作为甪直当地居民逢年过节设宴喜庆的必备品，完整的"全蹄"体现了团圆喜庆之意，又展现了甪直大气豪放的另一面。

甫里蹄既有北方大口吃肉的豪爽感，又加入了苏式菜肴甜鲜的风格，可谓将南北菜式完美相融。成品色泽艳丽，口味醇厚，因蹄髈事先腌制，入口格外酥糯，红糖的味道不似白糖，甜而不腻，咀嚼后仍回味无穷、口齿留香。

||第六章||

江苏大运河地区
传统名点

运河港汊鱼虾跃，百里平原谷蔬香。江苏大运河地区优越的自然条件为各地制作风味点心提供了丰厚的物质基础。畅达的运河交通，林立的城镇，商贸云集，人文荟萃。从宽广无垠的苏北平原到绮丽多姿的江南水乡，各地的名点小吃品种繁多，声誉远播。这些丰富多彩的点心小吃，从历史而来，在运河民间流行，为百姓大众所爱。明清时期，"扬郡面馆，美甲天下"，苏州之地节令点心已应时而出，民国时陆鸿宾《旅苏必读》记道，苏州"点心店凡四种，如面店、炒面店、馄饨店、糕团店。"各地市镇，都有一些风味独特的名点品种，在运河各地广为流传。

第一节 江苏大运河苏北段传统名点

一、徐宿运河地区传统名点

1. 蜜三刀

徐州蜜三刀是江苏徐州传统风味小吃之一，为当地特产"八大样"之首，具有浆亮不黏、味道香甜绵软、芝麻香味浓厚的特色。徐州蜜制小吃品种很多，蜜即饴糖，是由大麦等粮食经发酵糖化而成，每块品种上方有三道刀痕，故取其名。

蜜三刀规规矩矩、方方正正，表面密密麻麻镶了一层白芝麻，蜜里透亮，内心实在。流传至今，尽管制作技法时有变化，但上面的三刀，还是老样子。据传，清朝乾隆皇帝三下江南路过徐州的时候，徐州府衙派人到百年老店"泰康"号（即今徐州市泰康回民食品店）购置蜜三刀，乾隆品尝后十分喜欢，并钦定为贡品。

2. 徐州烙馍

徐州烙馍是以面粉、水为主要原料制作的面食，是徐州著名小吃。在徐州众多的面食中，烙馍是一种看似极为平常又颇具特色的面食，如同米饭一样，令徐州人百吃不厌。烙馍既不同于北方的单饼，也不同于很多地方的煎饼。清代顺治年间，方文来徐州做客时，在其《北道行》中这样写道："白面调水烙为馍，黄黍杂豆炊为粥。北方最少是粳米，南人只好随风俗。"从这可以看出，徐州烙馍在清代就有一定的名气了。

在徐州，几乎各家各户的人们都会做烙馍，吃烙馍成了徐州人的爱好。徐州烙馍温时柔软，冷时干硬，软柔筋道，薄而有韧性，不容易破损；吃起来柔韧、筋软，有嚼劲，既耐饿，又有健齿作用；可以搭配各种干、湿食料卷着吃，也可以泡汤吃。

3. 丰县煎包

丰县煎包是丰县传统风味名吃，为双面煎包（水煎包），在当地民间俗称为"打包子"，因在其煎制过程中通过翻个而形成两个平面，色泽淡黄醇香，在当地流传着这样的顺口溜："凤城四大怪，包子粉丝馅，烧饼翻手卖。热粥顿顿喝，牛蒡山药做主菜"。

丰县是汉高祖刘邦的出生地，故称"汉乡"。据《汉书》记载，刘邦从家乡丰县请来了制作包子的人，将他们迁至长安新丰县（今临潼骊山新丰县）制作煎包。成品特点是外皮香脆，馅料鲜美，馅料用牛肉或猪肉剁碎调味。把包好的包子逐一放在平底锅中，置火上，放入少许色拉油烧热，用小火慢慢煎制，听到滋啦滋啦的声音，边煎边淋入油及用淀粉或老面调制的水，大火煎至两面呈色泽金黄且外表酥脆时，起锅装盘即成。

4. 沛县冷面

沛县冷面是徐州市沛县特色小吃，最初起源于朝鲜族，因需冷食而得名冷面，以精制小麦粉高温压制而成。后来传到沛县，受地域影响改为冷面热食，深受人们喜爱，流传至今。

沛县冷面具有香辣爽口、柔软筋道的特点。将洗净的整块牛羊大骨或排骨肉配上葱、姜、蒜及其他香料，在沸水中煮到可用铁扦子插入时，把肉块捞出（肉块可以稍后加在冷面里，老汤做面汤）。切葱白、香菜、面条（冷面），在水中泡软（一般用50℃的温水泡）。准备好面码和面汤后，把冷面放入沸水中烫软，一般6～10秒，保持面条筋道即可食用。

5. 徐州羊角蜜

羊角蜜，又叫梅豆角果子、蜜豆角，徐州特色点心。因其形态极像绵羊头顶上的那两只犄角，又加上里面是蜂蜜加糖等调制的糖稀，味道香香甜甜的，所以取名羊角蜜。

此品选用上等面粉、鸡蛋、蜂蜜、白糖、麦芽糖、素油、糯米粉等为原料。其制作方法是用面粉混合鸡蛋、清水揉成面团后擀成面皮，两层面皮之间撒上细砂糖，用一种特制的工具套在食指上，切成月牙形，然后在油锅中炸制，使其膨胀，变成金黄色即可捞出。再放入预先备好的糖浆中，最后捞出放在白糖或者熟糯米粉中拌一下即可。成品里外三层：蜂蜜糖浆、角壳、粉屑。羊角蜜色泽金黄，晶莹剔透，香甜软糯。食时，咬破角壳，外壳酥脆，蜜浆流出，香甜满口，别有风味。

6. 八股油条

八股油条，江苏徐州著名地方小吃，以水面团制条，八条合拢，炸制而成，车轮形和椭圆形两种。在徐州已有100多年历史。因成品有八坯，色泽金黄、脆香可口，成形别致、酥香味美、呈分布均匀状，故称之为八股油条。于2000年被评为"中华名小吃"。

取精盐、碱、无铝膨松剂用水化开，再加入温水搅匀，然后加入面粉和匀，搓揉至面团表皮光亮，静置20分钟。将面团放到抹过油的案上，切成若干块。取一块拉长成宽5厘米的扁长条，抹上一层油，用刀竖切成5厘米长、17厘米宽的面剂，取八条，依次放好四下四上，油面相贴，两头用手指各按一下，拉成33厘米长的条。待锅内油沸时，捏住两头在油锅内漂炸几下，以手松开放下，当油条漂上油面时，把相粘的条理开，每边四条，中间空心，呈椭圆形，炸至金黄色，食之酥香味美。

7. 蜜制蜂糕

蜜制蜂糕是徐州市丰县特产，距今有400余年历史，是地方传统美食，制作简单，味道鲜美，营养价值极高。

相传，明朝万历年间，丰县城内有个孝子，其母患病，医治不愈，他用面筋、香油、蜂蜜等原料制成糕给母亲滋补身体，结果母亲身体病愈，蜜制蜂糕便由此而来。后经历代糕点师改进制作工艺，蜜制蜂糕在丰县流行，成为丰县特产，在苏鲁豫皖毗邻地区享有盛誉。传至第八代赵永思时，赵永思在丰县城里开了蜜制蜂糕作坊，自此，丰县蜜制蜂糕成为地方名点。1983年，蜜制蜂糕荣获"江苏省名特产品"称号，1985年荣获"江苏省优质产品"称号，1990年在中国妇女儿童博览会上获铜牌奖。

蜜制蜂糕采用上等面粉洗成面筋，擀成片状小块再用洁净的素油炸呈蜂窝状，加适量蜂蜜、核桃仁、南桂、橘饼等，最后以香油拌和，上盖绵白糖，即为成品。其为长方形，表面为白色，底部呈金黄色，组织呈蜂窝状，质地酥松，香脆可口，甜而不腻，别具风味。年老体弱者每日早晚用开水冲食一次，能止咳润肺、滋身壮体，对治疗哮喘、支气管炎等疾病有良好的辅助作用。

8. 沛县缸贴子

沛县缸贴子是徐州的传统面食，其在当地老百姓心目中的地位仅次于主食馒头，个大，形长方。沛县缸贴子的烤制方法类似于新疆的馕和北方的吊炉烧饼，与两者区别之处在于烤制工具和燃料：沛县缸贴子是用砂缸做成的炉具，以无烟的焦炭为燃料烤制而成的，风味、口感更为特别。

沛县缸贴子制作工艺复杂，首先要调制发酵面团，发酵至体积为原来面团两倍大时，揉面排气。再将面团分割成每个100克，将其滚圆松弛后擀制成长蛇形，用刷子在中间均匀刷上椒盐油，从底部卷起，擀制成形为22厘米长、8厘米宽的饼坯，表面均匀压上长条纹，刷上蜂蜜水，撒上黑白芝麻。等到炉内火旺，将饼坯贴在缸壁上，烘烤至金黄色。刚出炉的沛县缸贴子吃上一口，外皮的酥脆和内里的绵软完全融合在一起，十分爽口。

9. 邳州菜煎饼

邳州菜煎饼是邳州的特色美食，用煎饼包上韭菜、荠菜、粉丝等食材制成，营养丰富，让人百吃不厌。它是邳州老百姓居家常见之美食，干香鲜辣，少油耐咀嚼，在邳州人的一日三餐中扮演着重要的角色。

煎饼是小麦经水充分泡开后，碾磨成糊，摊烙在鏊子上成圆形，似牛皮状，可厚可薄，口感筋道。

菜煎饼的馅料选用荠菜、卤水豆腐、粉丝等，切制加工后，加葱花、辣椒面、十三香、盐、鸡精、香油，搅拌均匀调味，将调好的蔬菜馅料铺在煎饼的中间部位，从两头卷起向中间对折，再将其余两头对折，轻轻按压，翻转过来，形成长方形，再用中小火烙至两面金黄色即成。菜煎饼现已成为当地很有名的一种特色小吃，并风靡全国。

10. 乾隆贡酥

乾隆贡酥是宿迁市著名的特色小吃，具有香、脆、酥、透的特点，香为饼香、油香、芝麻香三者合一；脆为即咬即碎，香脆可口；酥为皮酥馅亦酥；透为玲珑剔透，外形美观。

乾隆贡酥，别名叶家烧饼。1757年2月，乾隆二下江南，中途经过宿迁，由于旅途劳累，不思饮食。当叶家烧饼作为"名吃"奉贡上来时，乾隆也没有太在意。忽然，一阵微风吹过，缕缕香味扑鼻，乾隆顿时食欲大开，连吃三块，对之大加赞赏，当即召见叶家烧饼传人，封为御厨。从此，叶家烧饼便被称为"乾隆贡酥"，这位御厨便被尊为"乾隆贡酥第一代传人"。

乾隆贡酥制作技艺十分讲究。把面粉分成二等份，一份调制水面，一份调制油面，经过包面、擀制、折叠等制作工序，水面油面层层相隔，制品烘焙加热，油层油脂熔化，形成香、脆、酥、透的风味特色。

11. 宿迁车轮饼

车轮饼是宿迁特色传统名点，为油酥油炸食品，色泽金黄，口感酥脆，热食口感效果更佳。

据传，乾隆六下江南的行宫就在宿迁皂河古镇的运河边，车轮饼是乾隆要求当地的一家小酒店，根据自己马车车轮的形状制作出来的一款点心。成品金黄圆润，花纹清晰，轻轻咬上一口，甜酥松脆，满嘴留香，细细咀嚼，咯吱咯吱响声清脆。从此，好看好吃又好听的车轮饼就闻名于世，代代相传了。

车轮饼的面皮是由水油面和油酥面两种面团，经过反复的折叠，形成酥纹清晰的形态。馅心以猪板油泥为主料，辅之核桃仁、瓜子仁、金橘饼、糖桂花、红绿瓜丝之类，加上适量的冰糖碎调味，色泽缤纷多彩，美味可口。下油锅油炸，先用三成油温炸制酥丝分开，捞出后待油温升至六成，复炸成熟。形如车轮，酥纹清晰，酥松且脆，口感极佳。

12. 穿城大饼

穿城大饼是江苏泗阳著名的特色小吃，香喷喷，甜津津，暄透透，筋拽拽。它相较于其他大饼其特别之处：一是饼大而厚，中间厚度可达16厘米，重达三四千克；二是外香内甜，因为是烙制而成，饼外层金黄，香味扑鼻，内瓤暄软，内部蜂窝的孔洞能盛下大拇指头；三是穿城大饼宜热吃、宜冷吃、宜煮吃，热吃香甜可口，冷吃劲道弹牙，煮吃绵软松化，风味各异；四是穿城大饼烙制技术特殊。不用平底锅，用圆底铁锅烙出的饼中间厚边口稍薄，烙制的火必须用木柴文火。一块饼，从入锅到烙熟时间较久，烙饼人必须足够有耐心，细细地烧，细细地烙，才能达到饼熟面不焦的效果，穿城有句流传的俗语"性急烙不得大饼"。

二、淮扬运河地区传统名点

1. 文楼汤包

文楼汤包是淮安最具特色的传统名点，最早出现于淮安文楼店，距今已有

100多年的历史。清道光年间，当时淮安设有淮安府、漕督和文武考场，京城常派钦差来，河下镇的盐商也多过往来客常以"文楼汤包"为食点，从此驰名全国。成品皮薄如纸，如肌肤般光洁，似白雪般晶莹剔透，鲜香味美，汤汁纯正浓郁，蟹黄蟹肉颗粒饱满，皮薄汤汁多。

制作文楼汤包的馅心原料十分讲究，首先要选上等新鲜的猪肉皮、老母鸡和猪膀肉，熬制成脂膏浓厚的胶冻。金秋时节的螃蟹，蒸熟取其蟹黄、蟹肉，加入剁碎的猪腿肉，与胶冻一起拌匀。精制的面粉加适量水，揉、搓上劲后，擀成大而薄且均匀的大圆片。最体现面点技术的工序就是包汤包，每一动作，需轻、柔、均匀，只有技术精湛的面点大师傅才可以胜任。文楼汤包不但制法绝，吃法更奇。淮安当地流传着食用文楼汤包的12字要诀："轻轻提，快快移，先开窗，后吮汤"。

2. 淮安茶馓

淮安茶馓历史悠久，风味独特，是淮安市传统名食。宋代大文豪苏东坡曾赋诗赞誉："纤手搓来玉数寻，碧油煎出嫩黄深。夜来春睡浓于酒，压褊佳人缠臂金。"可见当时的茶馓已经成为人们比较喜爱的食品了。在淮安，茶馓既可以干吃，也可以用汤泡着吃。

清朝时期，淮安茶馓被列为朝廷贡品。相传清咸丰五年（1855年），茶馓名师岳文广改进了淮安茶馓的制作工艺。从此，淮安茶馓远近闻名。

淮安茶馓造型有梳状、菊花状、宝塔状等，纤细黄亮，入水即化，香气浓郁。用料为精制的面粉、香油、黑芝麻、盐，用水量根据季节定夺，拌匀成团块状，反复地摵、揉，醒面30分钟，搓成如桂圆粗的条盘入缸内。一小时后取出，再搓成手指粗的条盘入缸内，再间隔一小时搓成毛笔杆粗的条盘入缸内，盘一次，淋一次油。以梳状为例，油炸时将条绕在手上约60圈，并用手绷开至25厘米长，接着用筷子绷开，下油锅炸成金黄色，酥香可口。

3．淮饺

淮饺又名小馄饨，淮安地方特色名点，为光绪年间淮安人黄子奎创制。黄子奎经常挑担赶往文、武考场出售淮饺，因要与其他馄饨担争生意，所以不断提高质量，日久便驰名各地。淮饺的特殊处在于皮薄馅多，皮薄如竹膜，吃时不觉有皮，馅多而细腻鲜嫩，入口爽滑味美。淮饺又一名曰"绉纱馄饨"，因为外面小馄饨表面皱皱巴巴的，谐音"绉"。淮饺皮薄如纸，点火即燃，放在书上隔皮可看字，传统制作淮饺时，一斤面可以擀600张坯皮。

淮饺馅料选用猪后腿瘦肉，用刀背剁成泥状，加入骨头汤（也可加入鸡汤、水），顺一方向搅打上劲，加入葱、姜、虾子等各种调料，吃口香鲜滑嫩。淮饺有"炝饺""汤饺"两种，亦可衬海参，配鸭肉，作高档宴席上的名品佳肴。

4．小鱼锅贴

小鱼锅贴又称活鱼锅贴，淮安地方特色品种。它是一道菜点相融、风味独特的家常美食，鱼肉鲜而香，锅贴香而脆，汤汁鲜美爽口。

小鱼锅贴原是洪泽湖的渔民所制。渔民长期生活在湖上，因船上烹制和炉灶的局限，把菜与点的烹制合二为一，既节省炉灶又节约时间，形成了一种独特的制作方式，创造出这种渔家特色饭菜。

小鱼锅贴就地取材，湖里的小杂鱼清洗干净，入锅煎炸，加入清澈的湖水烧煮，制成宽卤的红烧鱼，然后将生面团制成饼贴在锅边四周，生面料可以是小麦面、玉米面、红薯面等，待鱼熟饼香后出锅撒香菜，面饼沾着鱼香，鱼儿带着饼香，鲜香美味扑面而来，既是主食又是菜肴，菜点融合，相得益彰。

5．千层油糕

千层油糕是扬州市著名传统点心，以面肥发酵之法制作，成品呈菱形块，芙蓉色，半透明，层层糖油相间，糕面布以红绿丝，观之清新悦目，食之绵软嫩甜。相传始于清朝光绪年间，已有一百多年的历史。厨师在长期操作实践中，吸取了"千层馒头"的"其白如雪，揭之千层"的传统技艺，创制出绵软甜润的千层油糕。

制作此品时，和面是重要的一环，传统的发酵是用面肥加面粉用温水和面，用力抽打、擦揉成生面筋状，待其可拉成韧性较强的长条时，再揉成面团，静置10分钟左右。擀制糕坯时用擀面杖轻轻擀成长约2米、宽约33厘米、厚约3毫米的长方形面皮，边擀边撒面粉，防止粘连。然后在面皮上涂抹一层熟猪油，均匀地撒上白砂糖和糖板油丁，然后卷叠成16层的长条形，用两手托起，用擀面杖轻轻压成边长33厘米的正方形油糕坯（每折16层，共为64层）。上笼后均匀地撒上红瓜丝，置旺火沸水锅上蒸熟，取出凉凉后，切成菱形块，色泽美观，层次清晰。

6. 翡翠烧卖

翡翠烧卖是淮扬点心中的著名品种，已有百年历史。成品皮薄似纸，馅心碧绿，色如翡翠，糖油甜润，清香可口，色泽口感俱佳，深受当地民众喜爱。

馅心取青菜绿叶，洗涤后放入沸水锅内烫一下，捞起放入冷水中漂清，再斩成细末，放入布袋中压干水分，倒出放入盆内，加白糖、细盐、猪油拌和成翡翠馅心。

将面粉放在盆中，加沸水拌和成雪花片状，再加少量清水拌和揉匀，揉至面团光滑，搓成长条，摘成每只15克左右的剂子，然后用擀面杖擀成直径9厘米左右的荷叶形边、金钱底的皮子。皮子摊在左手掌中，放入翡翠馅心在皮子中间，然后左手将皮子依腰部捏拢，右手用刮板在皮子口上将馅心压平，成翡翠烧卖生坯，上笼用旺火蒸熟，食之糖油盈口，甜润清香。

7. 三丁包子

三丁包子，扬州传统名点，是由扬州百年老店"富春茶社"厨师殷长山所创，距今已有近百年历史。该点以面粉发酵和馅心精细取胜，馅料是以鸡丁、肉丁、笋丁的"三丁"为原料制成。鸡丁选用隔年母鸡，既肥且嫩；肉丁选用五花肋条肉，肥瘦适中；笋丁根据季节选用鲜笋。鸡、肉、笋三种原料按1：2：1的比例搭配，要求鸡丁大、肉丁中等、笋丁小，颗粒分明。面皮吸食了馅心的卤汁，松软鲜美。馅心软硬相应，咸中带甜，甜中有脆，包子造型美观。

三丁馅心为熟馅，炒制馅心是技术关键，要求馅心充分吸收卤汁，蒸熟后皮子不粘手，食之卤汁满盈。成品包子大，馅心多，鸡肉鲜，冬笋嫩，猪肉香，油而不腻，甜咸可口。素有"荸荠鼓形鲫鱼嘴，三十二纹折味道鲜"之赞，是广大群众喜爱的淮扬点心中的典型代表。

8. 扬州灌汤包

灌汤包是扬州传统特色小吃。早在清代就闻名遐迩，据《邗江三百吟》"灌汤肉包"云："春秋冬日，肉汤易凝，以凝者灌于罗磨细面之内，以为包子，蒸熟则汤融而不泄。扬州茶肆，多以此擅长。"

扬州灌汤包用料考究，制作精细，以精面粉烫面制皮坯，选用肋条肉为馅心，用鲜骨髓汤打馅，配以10多种调料佐味。皮冻制作是汤包的特色，将鲜猪皮煮软，与肉汁、葱姜一起煮至软烂，除去姜、葱，把煮好的汤汁预冷、凝固，再把猪皮冻放到绞肉机里绞碎，拌到肉馅里，快速包制。包子鲜香肉嫩、皮薄筋软、外形玲珑剔透、汤汁醇正浓郁，肉馅与鲜汤同居一室，入口油而不腻。

9. 双麻酥饼

双麻酥饼，扬州传统名点，分甜馅和咸馅，甜馅的馅心多为黑芝麻糖馅和果仁蜜饯馅，酥饼的外面粘上白芝麻；而咸馅酥饼的表面一般一面粘上白芝麻，一面粘上黑芝麻。因酥饼的两面均粘满芝麻，故称"双麻"。成品外酥香，内松软，馅心油润适口，配色和谐，宜热食。

以甜果仁馅的双麻酥饼为例，其馅心是将果料去核切成小丁与切碎的糖油丁、白糖搅拌成馅，捏成小圆球成馅心。面皮是用面粉加油和水制成干油酥和水油面两块面团，经过包制擀叠，卷成筒状，下剂后包入馅心，双面分别粘满芝麻，用小火温油炸熟，香甜可口，酥香宜人。

10. 虾子饺面

虾子饺面是扬州市传统小吃食品。饺面，即馄饨面，是扬州人早茶的最爱。大碗里舀入秘制酱油、加入虾子、香菜，加入煮好的馄饨、面条，一碗双味。汤、饺、面同食，汤清饺嫩，面条滑润，别具风味。民间俗称"龙虎斗"。

虾子饺面鲜美滑嫩，有面有馄饨，这是扬州家乡的味道。扬州的水面有筋道，制成的馄饨皮包入虾仁，与面条一起煮熟，配上猪油、酱油、香油、胡椒粉、小米葱和香菜。把面条、馄饨和汤水一起盛入碗里，撒上虾子，一碗色、香、味俱全的虾子饺面，鲜美滋味尽在其中，吃饺面必喝汤，虾子汤料鲜美异常。

11. 蛤蟆方酥

蛤蟆方酥，又名江都方酥，扬州市江都区传统名点，起源于古代江都县茶食店，因其外形与蛤蟆相似，故名。起初的蛤蟆酥既板又硬，怎么也卖不出去，后来经人指点才做出如此酥松、香甜的方酥，成为人们喜爱的抢手货。

蛤蟆方酥上层芝麻粒粒饱满，晶莹透亮，内里层层相叠，薄如蝉翼，吃起来酥脆而不硬，绵软而不黏，入口即化，香甜宜人。方酥的制作工艺精细，主要体现在三个方面：即制面、擀剂与烘烤。因制作需要深厚功夫和经验，也被当地人调侃为"功夫酥"。当地人编有顺口溜赞扬说："形象蛤蟆，名酥姓方；馈赠亲朋，耐人品尝；脍炙人口，既甜且香；弹指即碎，层次感强。"

12. 宝应泾河大糕

宝应泾河大糕是扬州宝应地区传统糕类美食，口味纯正，历史悠久。早在19世纪，宝应泾河镇上的"郭记茶食店"生产的精美茶食就已闻名宝应、淮安两地。当时"郭记茶食店"主人郭恩泽，承祖上之衣钵，专门从事生产方酥、大糕、京果、麻饼、茶徽、桃酥等精美食品。1974年，初中毕业的陈书元拜"郭记茶食店"传人之一的郭燮棠为师，学习制作方酥和大糕的技艺，成为现今"郭记茶食店"的传承人。陈书元在原本茶食配方基础上精心研制，大胆改进，宝应泾河大糕更是名扬遐迩。

泾河大糕选料讲究，需选用泾河特有的香醇糯米和纯净白糖、精炼油脂、上等果脯等，按传统工艺精心制作而成，其产品具有绵、软、细、白、香甜可口、入口即化等特点，是旅游、喜庆节日时馈赠亲友的绝佳礼品。

13. 宝应曹甸小粉饺

扬州市宝应县曹甸镇的"小粉饺"始创于清末。《曹甸镇志》记载："曹甸三件宝，擦背、豆腐、小粉饺。"曹甸小粉饺技艺独特，其饺皮用"小粉"制成，晶莹透明，尽显饺馅的色泽。

曹甸小粉饺工艺流程同普通水饺大致相同，但技术难度非常大。制作小粉要将面粉放在清水里浸泡半个月左右，换六七次清水，取其沉淀后面粉的中层，在阳光下晒干才成"小粉"。包馅时从棉垫内取出热坯，拍成薄而均匀的饺皮，快速利索地填进饺馅。食用前20分钟蒸制，火候一到，立即上桌供客品尝。诸多要求近于苛刻。小粉饺口感独特，转瞬即化，甜而不腻，清香绕齿。还可以在制作面坯时加入果蔬汁："翡翠饺"清脆澄碧；"玛瑙饺"瑰丽生辉；"水晶饺"晶莹剔透。

第二节 江苏大运河苏南段传统名点

一、常镇运河地区传统名点

1. 镇江锅盖面

镇江锅盖面也称镇江小刀面，为镇江市地方传统特色美食，是一道老少咸宜的特色小吃。锅盖面汤清面软，软硬恰当，柔韧性好，劲道十足；香气弥漫，碗里红中点绿、热中溢香、面条滑爽。2009年10月，在"第十届中国美食节暨第八届国际美食博览会"上，喜获"中华老字号百年名小吃金鼎奖"。

锅盖面，"大锅小锅盖"（面锅大，锅盖小）为镇江"一怪"。煮制时大锅里飘着小锅盖，四周透气。但开水不外溢，锅盖压住翻滚的面条，控制对流速度，不论如何煮，面条在锅中的位置保持基本不变。面条贴于锅盖下，水在其周围沸腾，水与锅盖之间没有空隙，下熟的面条很筋道。面卤用酱油等调料熬制，熬制过程是锅盖面制作的一大关键。煮面时，用小面篓烫熟韭菜、芹菜与豆芽，然后准备汤底，加胡椒粉、熟猪油、干虾皮适量，面煮好放入面碗，盖上荤素不同的浇头，多种荤素鲜味溶于面汤中，使锅盖面口味更加鲜美。

2. 金刚脐

金刚脐又叫"京江脐"，是镇江地区传统茶食糕点中的名点。在镇江地域方言中，"江"要念成"刚"（"刚"为"江"古音）。因其外形颇像泥塑金刚之肚脐而得名。金刚脐以特制面粉、花生油、白砂糖、酵面、糖桂花等为原料，其制作包括发酵、拌碱、成形、烘烤等环节。制作京江脐时，将加油的面粉揉成小团，呈馒头样，用刀轻轻切成六角形，然后贴进炉壁或放入烘炉，烘烤至熟。刚出炉的京江脐像立体雪花状，六只角棱角分明，吃起来松软香脆，还可掰开，用开水和肉汤泡着吃，易于消化，是老人、妇女和儿童的滋补食品。

京江脐的历史悠久，据说清初原为八角形状，后改为现在的六角形。成形讲究功力，面团放在操作台上，用左手摘一小块，以右手协助搓成75克的圆形面团。然后以圆心为交点各相距120°切三刀，使球状面团分成六角，每角相隔60°，再用左手指轻顶圆心处，使其凸起。刀切深度要适当。一般以切开面团高度2/3为宜。

3. 镇江蟹黄汤包

镇江蟹黄汤包，是镇江传统名点，有两百多年的历史，也是江苏地标美食。汤包以蟹膏、猪肉为主料，体积小而外形美，具有皮薄、汤多、馅足、味鲜的特点，食时佐以镇江香醋与姜丝，不但口味丰美，且能祛寒解腻。1984年，镇江"宴春"牌蟹黄汤包荣获"江苏名特食品"称号；1989年荣获国家商业部颁发的

"金鼎奖"，1992年又荣获中国烹饪协会授予的"中华名小吃"称号。

蟹黄汤包，花纹均匀清晰，皮色洁白晶莹，映透出微黄油亮；汤汁鲜美、蟹香诱人，皮薄有劲、滋味隽永。镇江蟹黄汤包的面皮原料要选用韧性强的小酵面，柔韧而有劲道；因蒸熟的汤包温度高，食用时应"轻轻提，慢慢移，先开窗，后吸汤"。其制作特色是熬蟹肉、制皮冻和捏花纹呈鲫鱼嘴，这是蟹黄包子制作的三大关键。镇江蟹黄汤包的制作技艺，2006年12月入选"镇江市市级第一批非物质文化遗产传统技艺类名录项目"。

4. 麻油馓子

麻油馓子是镇江标志性的传统食品之一。馓子，古代称寒具，是供寒食节所用的食品。旧时，镇江有清明吃馓子的习俗。清明节禁火，麻油馓子是节前就制作好的食物，油炸后的熟食。既便于携带，又可随时食用，不必举火为炊；干嚼或用水泡食均可。

镇江的麻油馓子，油用的是特产小磨麻油，所以又脆又酥，越嚼越香。不少镇江老年人还有吃麻油馓子配茶的习惯。当地人煮馓子像是下面条，将麻油馓子放在开水锅里煮沸，盛在碗里，加盐或加糖调味；或将麻油馓子折断放在一只大碗里，放上白糖，倒入开水，盖好盖子焖上一会儿，即可食用。当地民俗有妇女坐月子食用馓子的习惯。

5. 蟹黄烧卖

民国时期，镇江市宴春酒楼首创的蟹黄烧卖，是一款颇具城乡百姓欢迎的特有品牌名点，融合了镇江地方特色，皮薄馅大，形若杯，底为圆，腰收缩，顶部如麦穗般盛开，晶莹剔透，入口绵软油润，鲜香四溢，是早上喝茶佐点的最佳名品。

烧卖，有人形容它"形似花边帽，香是自然成"。烧卖因馅心的不同而名称各异。用蟹黄和肉糜做馅的，则叫"蟹黄烧卖"。蟹黄烧卖不仅味道鲜美，而且卖相清新可人，制作工艺颇具特色，将热水面的面剂擀成四边起花纹呈荷叶状的面皮子，面团和制要软硬适中，皮子要擀薄。馅心制作选用猪肉糜、蟹黄、蟹油、肉汤等原料精心调制成蟹粉肉馅。包制时，腰部捏成烧卖坯状，顶端突露如蓬头，放入笼屉，旺火蒸熟。刚出笼屉的蟹黄烧卖，鲜香无比，美不胜收。

6. 丹阳大麦粥

大麦粥是丹阳的一大特色，在丹阳，家家户户都有喝大麦粥的习惯，特别是夏天，来两碗冷大麦粥，比其他饮料更爽口。从中医养生的角度看，大麦粥有两大功效：一是健脾和胃，二是消暑解热。

丹阳大麦粥，其实是丹阳当地老百姓在困难时期吃不上饭的情况下，用面糊来活命的稀饭而已。丹阳大麦粥以丹阳当地的元麦粉碎后调成糊状，然后拌入稀饭里煮，其味清香，含有丰富的营养，对人体酸碱度的调节和降血脂很有好处。所以在丹阳周边地区，丹阳大麦粥已成为人人喜欢的稀饭，许多家庭甚至将它作为夏季的饮料来吃，各大饭店也推出大麦粥为宴席上的主食。

7. 常州大麻糕

常州大麻糕，是常州代表性的传统名点，由长乐茶社王长生师傅于清朝咸丰年间创制，距今已有180余年的历史。当时的长乐茶社有一批经常光顾的老茶客，天天登门吃茶用点，众茶客常常向王师傅提出一些建议，将店里的麻糕制作得高档一些。在茶客的要求下，王师傅积极试制，在酥和馅的用料和制作工艺上做了很多改进，做出的麻糕格外香脆酥松，深得茶客的赞扬。其皮薄酥重，制作考究，注重火候，为一般酥饼所不及。常州人走亲访友，常以此点作为馈赠佳品。凡来常州品尝过此点的人，无不称好。20世纪70～80年代，常州大麻糕先后在徐州、南京参加江苏省名点小吃展销，均获得好评。

常州大麻糕的特色体现在油酥上，油酥均匀地分布在麻糕中。刚出炉的麻糕"香、脆、酥、松、肥"，色泽金黄，香气四溢，咬一口，皮薄而松脆、香酥绵软、肥而不腻。再配上一碗常州豆腐花，是往日常州人早餐的标配。

8. 常州银丝面

常州银丝面，为常州的十大名食之一，是常州味香斋面馆于1912年创制，至今已有百余年的历史。当时，周俊良师傅在面粉中直接加入鸡蛋清，再用细齿面刀轧制成面条，因面条洁白如银、纤细如丝，故而得名。

常州银丝面的特色体现在"面、汤、浇、热"四个字上。"面"，主要在调制面团的过程中加入鸡蛋清，因此面条色白如雪、细如发丝、韧劲足、滑而爽；"汤"，是用鳝鱼骨、猪肩胛骨、老母鸡等原材料精心熬制而成，汤鲜味美；"浇"，就是盖在面条上面的浇头，花色品种多且讲究现烹现卖，香味足；"热"，就是碗热、面热、汤热、浇头热。这种滚烫的面吃起来香喷喷，使人流连忘返。下银丝面也很有讲究，要旺火滚水下面，面条下锅后滚开浮起即捞，面条筋道爽滑，面汤清香鲜美，如再加盖虾仁、肉丝浇头，则口味更佳。

9. 常州三鲜馄饨

三鲜馄饨是常州地方传统特色名点，至今已有百年历史，创始人是王兆兴师傅。三鲜馄饨的馅心、皮、汤都各显特色。馅心是选用鲜活河（湖）虾仁、鲜青鱼肉及鲜猪腿肉制作而成，故称"三鲜"。馄饨皮的特色体现在面皮中加入鸡蛋，面团经过反复轧制，制成的面皮更加筋道和爽滑，虽皮薄如翼，但煮而不烂不破；汤是用老母鸡为主料经小火慢煨而成，别有风味。

三鲜馄饨以皮薄馅嫩、汤清味浓、营养丰富而著称，曾先后被评为"常州十大名点""江苏名点"。许多常州籍名人，每每回到家乡都忘不了去品尝一碗三鲜馄饨，以解思乡之情。

10. 加蟹小笼包

加蟹小笼包是常州季节性传统风味小吃，为常州市十大名点之一。由清朝道光年间万华茶楼首创，距今已有180余年历史。后经马根宝、裴老海等名师改进选料和制作技术，用小笼盛装，使质量更加提高。其特色是卤汁丰润、油黄金亮、蟹香扑鼻、味道鲜美。每年中秋节前后、桂花飘香之际上市供应。

加蟹小笼包，原名加蟹小笼馒头，用嫩酵面为皮，在猪肉馅中加入皮冻和熬制的蟹黄为馅心精制而成，配以姜丝、香醋佐食，风味更佳。

11. 常州重阳糕

常州人的重阳节，一直有吃重阳糕的习俗。地道的常州重阳糕，必须沿用常州人的老法，由经验丰富的点心师傅纯手工制作，挑选品质上好的糯米与粳米碾成粉，用旺火沸水蒸出谷物特有的清香。常州重阳糕与众不同，食用时糯糯甜甜，撒满各式果仁和红绿果脯丝，咬开，里面通常嵌着豆沙馅，香甜软糯，甜而不腻，还要有点韧劲。

九月初九重阳节，常州人一定要给长辈们送上一块孝心满满的重阳糕，才能表达自己对长辈的敬意。而常州百年老店"马复兴"门前都会排了长长的队伍购买重阳糕，多年来"马复兴"与时俱进，在传统的基础上进行改良与创新，推出了紫薯、枣泥、板栗、莲子、果仁等不同口味与档次的重阳糕品。

12. 常州网油卷

网油卷，是独具常州地方风味特色的名点。网油，位于猪的腹部，是包裹脂肪的一层非常薄的油膜。网油卷就是用这层膜包裹豆沙后，在油锅里炸出来的类似麻团的一种甜点，其制作技艺距今已有100多年的历史。

网油卷制作原料有猪网油、甜豆沙馅（或枣泥）、鸡蛋清、绵白糖、干淀粉、植物油等。制作时需选用清洁新鲜的猪网油，摊开晾干，将精制赤豆沙馅顺着长的方向卷成长圆条状，再切成段，两头蘸上干淀粉后，即成网油卷生坯。放入鸡蛋清制成的蛋泡糊内，然后下油锅炸制，待表皮金黄、外形滚圆时，沥油出锅，撒上绵白糖，即成一道美点。成品具有色泽金黄、外形饱满、内里松软、口味香甜的特点。常州网油卷常出现在喜庆宴席上，受到了广大食客和市民的广泛欢迎。

二、苏锡运河地区传统名点

1. 无锡王兴记馄饨

王兴记馄饨，是无锡著名的风味小吃，创始于1913年。当时设在崇安寺大雄宝殿旁，仅一间门面三张桌子。但因店主注重馄饨质量，精工细作，故生意日渐兴隆。1964年迁至繁华的中山路，逐渐发展为无锡市内最大的一家点心店，其馄饨质量日臻精美。多年来，"无锡王兴记"经营信誉好，生意兴隆而名扬海内外，特别是在港、澳、台地区具有较高的知名度，名列中国首批"中华餐饮名店"。

王兴记馄饨以精制面粉制皮，选用净猪腿肉、绿叶菜、四川榨菜等剁碎成蓉，经过反复搅拌成馅。食时配上猪骨汤，撒上蛋皮丝、香干丝；皮薄透明爽滑，汤浓味醇，肉馅鲜美，食后唇齿留香。

2. 无锡小笼包

无锡小笼包，又称小笼馒头，以皮薄卤多、口味鲜甜的特色，有别于其他地区的小笼包。在20世纪80年代享誉沪、宁、杭一带。此点不仅可即席食用，还可作馈赠亲朋之礼品。每逢年节、喜庆之日，小笼包似乎是家家不可缺少之物。

无锡小笼包讲究用料的选择，选用上等面粉制作，具有夹起不破皮、翻身不漏底、一吮满口卤、味鲜不油腻的特点。小笼包的特色在于馅多卤足、鲜嫩味香，特别是秋冬季节，在小笼包馅中加入熬好的蟹黄油，味更鲜美可口。

无锡小笼包，汤汁丰盈，食时需先咬开外皮小口吮吸卤汤，慢慢品尝，以防热烫或卤喷溅，待汤汁较少时，再将整个包子放入口中细细品尝，尽情享受小笼包的鲜美滋味。

3. 五色玉兰饼

玉兰饼是由无锡迎迓亭的一家糕团店师傅孙细宝于清朝道光三十年（1850年）创制。因最初每种馅心都要加入玉兰花瓣，故有玉兰饼之称。当时只有鲜肉、豆沙两个品种。1910年，万兴斋糕团店又增加了猪油青菜、白糖芝麻、玫瑰三种馅心，遂成五色玉兰饼。

玉兰饼制作对米粉要求较高，糯米淘净浸泡后取出磨成水磨粉，取四分之一面粉加开水调成熟浆，待冷却后揉入水磨粉中，揉匀揉透，下成30克一个的面剂，分别包入鲜肉、豆沙、玫瑰糖、芝麻、猪油青菜等五种馅心，收口向下，按成圆饼。采用油煎方法成熟，用中小火将饼两面煎成金黄色。成品色泽金黄，外脆内绵，集甜、咸、沙、松、脆五色风味，香味诱人。旧时无锡人常用来当早餐，配上豆浆既美味又耐饥饿。

4. 无锡豆腐花

无锡豆腐花，地方著名传统小吃，民国时已十分盛行。豆腐花最早都是由小贩挑着一种名叫"豆腐花担"的担子，串街走巷，沿途叫卖。"豆腐花担"有前担和后担组成，前担设有台面、汤锅、炉担座和用玻璃镶嵌的调料座等。前担的箱子中间有一个洞，汤锅就放在洞上，下面是一只黄泥炭炉子，吃豆腐花配的汤料就放在炉子上保温，旁边有一摞白瓷碗；后担是盛装豆腐花的圆木桶。

豆腐花的调料非常丰富，有榨菜末、紫菜、虾皮、鸡蛋丝、葱末、碎木耳、香菜、熟酱油、绵白糖、味精、芝麻油、胡椒粉、辣油等，远远看去五颜六色。成品白嫩如脂，入口即溶，佐以各种调料，香、鲜、甜、辣、润浑然盈口。

5. 苏州糕团

苏州糕团，是中国点心制作中的一朵奇葩，在国内外享有盛誉。以米类磨粉制作糕团，在《周礼·天官》中就有记载，其云："羞笾之实，糗饵粉餈。"即指用大米做成粉制作成糕、饼等食品。汉代，糕、饼已多见于诸典籍。

苏州糕团的发展，一是与苏州水乡盛产稻米有关，二是与地方饮食风俗习惯有密切的联系。清代的《苏州府志》所载"正月朔，黎明起，爆竹开门，长幼整衣冠，拜五祀及先祖，以此拜贺，丸粉食之，古所谓元宵也。啖春糕春饼，是日不烹饪。"可知当时食糕的习俗已是过年不可缺少的一部分。《清嘉录》所载的

"二月二日春正饶,掌腰相劝馋花糕。支持柴米凭身健,莫惜终年筋骨劳"和"片切年糕作短条,碧油煎出嫩黄娇,年年掌得风难摆,怪道吴娘少细腰"。三月清明节,青团也为家家必食品种,并以此团祖祭祖先等等。此外,尚有民间添新、祝寿、迁徙、造屋等纷纷以糕团为礼。

黄天源糕团店是苏州糕团著名品牌之一,已有200多年制作历史。该品牌在产品质量上精益求精且不断创新花色品种,使苏州糕团享誉全国,尤其深受上海、苏南一带市民青睐。

6. 大方糕

大方糕是苏州地区传统特色糕点,属于松质糕品,具有皮薄馅重、色泽洁白、即蒸即食等特点。大方糕一般在清明上市,苏州人清明食三色,红者酱汁肉,绿为青团,白的就是大方糕。大方糕最能代表姑苏糕点的精髓,软松有度的粉料裹着馅料,若隐若现能看到里面滚动的玫瑰酱和糖薄荷。大方糕有甜、咸之分,甜味有玫瑰、百果、薄荷、枣泥、豆沙、莲蓉、芝麻、柠檬、桂花等。咸味有鲜肉、虾仁猪肉、虾米鲜肉等。

制作大方糕的主要原料是粳米粉和糯米粉,选择当年产新米磨成的粉制作的糕格外清香。制作时将糯米粉、粳米粉按照一定的比例混合均匀,加适量的冷水拌和擦透,用粗筛过筛,成大方糕糕料。调制糕粉时应在较低水温下进行,如果调制水温高,会导致淀粉膨胀,米粉粉粒相互黏结成粗粒、团块,影响成形,达不到松软黏糯的口感,会造成制品组织粗糙、形态不端正、质量低劣的效果。

7. 定胜糕

定胜糕是苏州市的传统名点,属松糕类,其色泽淡红,松软香糯甜润。糕模有线板、梅花、桃子等形状,上宽下窄的凹模,底开一小孔,以透蒸气。定胜糕有荤素两种。素者可用红枣、核桃仁,荤者可用糖板油丁拌干豆沙。亦可在糕底撒一层薄粉,成品糕的下端呈洁白色,上部红如胭脂,点缀松子仁,更臻美观可口。

清代时，定胜糕制作已较普遍，有的糕面上还印有"定胜"两字，旧时盛泽风俗，亲戚往来，都以糕点相馈，女子缔结姻缘称为受茶，一般以定胜糕用红绿色题吉祥语于其上，送往男家。沈云《盛湖竹枝词》曰："东邻有女茶新受，红绿忙题定胜糕。"此品糕色呈玫瑰红，形态悦目，松仁香润，是苏州人庆贺乔迁、寿辰的礼品。

8. 梅花糕

苏州的梅花糕源于清代，因其糕形如梅花形，故名，原是船帮赶庙会，逢年过节之际流动供应的小吃。梅花糕的制作技术要求很高，从面粉的调浆、成形、火候等都有其独到之处。制作此糕需要一种特制的紫铜模具，模具的重量达10千克，内有19个梅花状孔。

苏州的糕品店及街头都有梅花糕叫卖，有甜有咸，甜的是豆沙馅，上面撒些红绿丝；咸的是鲜肉馅，糕的形状是上大下小。如今，梅花糕经过历代厨师的不断探索，无论是在原料的选用上，还是工艺的改良上都进行了大胆的尝试和创新，使用原料更加丰富，在传统的基础上进一步优化制作工艺，加入新鲜水果、果仁、干果等，使其色泽更加丰富，成品外焦里嫩，味道更加鲜美。

9. 苏锡船点

苏锡船点，相传创始于明代，当时来往苏州和无锡的主要交通工具是船只，出行的大多数是商人和达官贵人。由于船只的航行速度比较慢，往往一趟船的行程需一两天，多则好几天，因此吃饭自然要在船上解决。当时灯船上厨师因游人在游船上临时要吃点心，但事前无准备，只得将仅有的米粉做成点心供应，所以称之为船点。

后来，为了迎合游船上的达官贵人，船家不仅要为他们准备可口的饭菜，还要为他们精心制作香、软、糯、滑、鲜的精致小点心。经历代名厨的不断研究与改进，将各种形象和色彩引入到船点制作中，成为现在的多种多样花色，或像鱼虾，或像禽虫，或像瓜果，或像花卉，形态逼真，色泽鲜艳，最终形成了小巧玲珑、栩栩如生、既可观赏又美味可口的特色点心。船点的馅心有玫瑰、豆沙、猪油白糖、火腿、枣泥、鸡丁等多种，口味各异，极具苏锡特色。

10．苏式月饼

苏式月饼是中秋节的传统食品，始初名叫"酥式月饼"，后演化为"苏式月饼"。属于苏式糕点，皮层酥松，色泽美观，馅料肥而不腻，丰富多样。

苏式月饼制作技艺源于唐朝，盛于宋朝。直至清乾隆三十八年（1773年）稻香村的出现，这项技艺才开始真正被收集、整理、改良、创新、传播。苏式月饼制作技艺实际上是古代人民集体智慧的结晶，制作区域为江、浙、沪三地，传统的正宗技艺保留在苏州。在多家老字号的共同努力下，苏式月饼的制作技艺得到了全面发展，制作工艺包括选料、初加工、擦馅、制皮、制酥、包酥、包馅、成形、盖章、烘烤、包装等。制作过程中没有使用任何模具，使用的器具也比较简单，油刮板、擀面杖、油纸、毛刷、烤盘等。

苏式月饼的花色品种分甜、咸或烤、烙两大类。甜月饼的制作工艺以烤为主，有玫瑰、百果、椒盐、豆沙等品种；咸月饼以烙为主，品种有火腿猪油、香葱猪油、鲜肉、虾仁等。其中清水玫瑰、精制百果、芝麻椒盐、夹沙猪油是苏式月饼中的精品。

11．枫镇大面

枫镇大面，为夏令时节苏州名点之一，源于胜迹寒山寺所在地的枫桥镇，创制于太平天国年间。因其调味时不用酱油，汤汁澄清，所以又称此面为白汤大面。它被誉为苏州最难做、最精细、最鲜美的面条。枫镇大面选用优质五花肉，经清洗、焯水等一系列加工步骤后加上花椒、茴香等连同葱、姜、料酒加盖烧焖四个半小时后起锅。面汤卤汁采用肉骨、黄鳝骨、虾头等鲜味足的原材料吊制而成。

与众不同的是，枫镇大面采酒酿醴香于其中。取酒酿放入盆中，加凉开水半斤，放置发酵。当米粒浮起时再加葱末拌匀，平均盛入碗内，加熟猪油和熬制卤汁，然后放入煮熟的面条，加上肉块即成。此面具有汤清味鲜、焖肉酥嫩、入口即化等特点。此后100多年来，枫镇大面闻名遐迩，为世人所赞，成为苏州代表性的美食。

12. 奥灶面

奥灶面是苏州昆山市著名食品，面白、汤红，色香味俱佳，深受过往食客的喜爱。当初，昆山城内有一家面馆又小又旧，黑咕隆咚；店主陈秀英因年纪大后手脚慢，眼睛不仔细，老吃客戏称店里的红油面为"鏖糟面"。"鏖糟"是昆山土语，就是不太干净的意思。尽管如此，小面铺的红油面因其货真价实深受食客喜爱，这个怪名称反倒使它不胫而走，面馆门庭若市。后以"奥灶"两字为招牌经营，很快流传四方，成为江南的著名小吃。

奥灶面的特色之一在于面汤，是用青鱼的鱼肉、鱼鳞、鱼鳃、鱼的黏液煎煮提炼而出，味道特别鲜美。其次在于面的浇头制作有讲究，爆鱼一律用青鱼制作，卤鸭则以"昆山大麻鸭"用老汤烹煮，肥而不腻。面条用精白面加工成龙须面，下锅时稍煮速捞，使之软硬适度。奥灶面注重"五热一体，小料冲汤"。"五热"指的是碗热、汤热、油热、面热、浇头热，"小料冲汤"是指不用大锅拼汤，而是根据来客情况现做现吃，以保持汤的原汁原味。

13. 炒肉团子

炒肉团子是苏州夏季传统时令名点，被苏州人称为"皇后团子"。苏州人的夏天是从一口炒肉馅团子开始的，它是用蒸熟的糯米粉团包上由肉末、笋尖、木耳、金针菜、虾仁等制成的馅心，浇上卤汁而成，尤以清宣统年间的"万福兴"及十全街上的"近水楼"制作的炒肉团味道正宗，且服务也非常周到。

将肉末等料炒制成熟馅备用。细糯米粉、粳米粉按一定的比例拌和、蒸熟后，倒入案板上，用洁净湿布包住，边加冷开水边揉揉，揉至光滑软润，再下剂、包馅。食用时舀入肉卤即成。成品外皮呈玉白色，柔软黏润，馅重卤多，清鲜可口，宜现做现吃。

14．酒酿饼

酒酿饼，苏州市传统名点之一。以苏州著名的老店同万兴制作的酒酿饼历史悠久，选料也非常讲究，用苏州当地产的冬小麦和酒酿为主要原料制作，一年只卖一个季节。一般清明前后是吃苏州酒酿饼的最佳时机，品质柔软，颇耐咀嚼。

酒酿饼的面坯是用清酒酿发酵的，具有特殊的酒酿香味。其外观和小月饼相似，品种有溲糖、包馅和荤素之分，包馅又有玫瑰、豆沙、薄荷诸品。酒酿饼以热食为佳，在经营中现做现卖才保持色泽鲜艳，油润晶莹，甜肥软韧，滋味分明。

15．苏州蟹壳黄

蟹壳黄是江苏传统风味小吃，因其形圆色黄似蟹壳而得名，常作为馈赠亲朋好友的礼品，在苏州地区非常流行。其馅心有荠菜、葱油、白糖、豆沙等。成品色呈金黄，油多不腻，香脆酥松，糖馅甜醇，咸馅味鲜。

蟹壳黄主要有三种做法，一种是苏州本地传统做法，以苏州大儒巷制作的为代表，主要品种有梅干菜蟹壳黄、萝卜丝蟹壳黄以及甜蟹壳黄等；一种是海派做法，用枣泥、玫瑰花作为甜馅；还有一种是体现营养和时尚，在馅心中加入蟹粉、虾仁、海参等高档原料，以提升蟹壳黄的档次。

16．八宝南枣

八宝南枣是江苏常熟著名的风味小吃，虽枣中有馅，熟后仍具有枣形不变的特点。枣呈棕色，而辅料红、绿、青、黄诸色相映，为常熟百年老店"三景园"茶馆之名点，南枣去核，填入多味果料，赋名"八宝"，食之香甜如蜜、油而不腻，风味独特。

八宝南枣取用的原料有南枣、芡实、薏米、白糯米、核桃仁、糖莲子、松子仁、青梅、糖猪板油丁、白砂糖、糖桂花、熟猪油、红瓜等。制作时，糯米用冷水浸泡8小时，芡实、薏米泡软，与泡好的糯米混合在一起蒸熟；核桃仁、松子仁烤熟或炸熟用刀剁碎，其他果料洗净分别加工成小料，加白砂糖、糖猪板油丁、糖桂花擦制成馅；南枣去核，蒸熟后去外皮，保持枣形，将馅酿入南枣中。在碗内均匀抹上一层熟猪油，将酿好馅的南枣整齐均匀放入碗中，将余馅放入碗中并抹平，上笼蒸透倒扣在汤盘中，勾糖水桂花芡浇在南枣表面，果香甜净，营养丰富。

17．苏州糖粥

糖粥又称红豆粥，是苏州市的冬至应节小吃，其口感顺滑，汤汁黏稠，味道清甜。该糖粥的做法分以下步骤：首先将糯米与粳米按一定的比例掺和淘洗后，加新鲜姜片一起煮成黏稠的粥，用红糖调味；其次将糯米粉用冷水调匀，放在炉子上用中小火加热搅拌，煮成稀糊后加入糖桂花搅匀；然后将豆沙放入糊中煮化搅匀加红糖调味；最后食用时将豆沙糊浇到粥上，有红云盖白雪之美。

冬至吃糖粥的习俗，早在1600多年前就有了，据说吃糖粥是为了预防瘟疫。南北朝时梁人宗懔在《荆楚岁时记》中说："按共工氏有不才子，以冬至日死，为疫鬼，畏赤小豆。故冬至日作赤豆粥以禳之。"

旧时的苏州有一种用来专门卖糖粥的器具叫"骆驼担"，集灶具、碗盘、食物于一体。小贩一边挑着担一边敲着梆子，发出"笃笃笃"的声响，孩子们听到其声音就知道卖糖粥的来了。故而有民谚"笃笃笃，卖糖粥"。

18．莲子血糯饭

血糯米是江苏常熟著名特产，米粒殷红如血。莲子血糯饭是常熟地区传统名吃，系用当地特产血糯米蒸煮成饭，佐以桂花、蜜枣、白糖等制成甜饭，衬以白糖莲子，起烘云托月之妙。

血糯米香味足，但其黏性差，吃口较粗糙。因此制作时要在血糯米中加入一定数量的白糯米，一般以三分之一的血糯米与三分之二的白糯米掺和，制作出的莲子血糯饭吃口更好。用莲子、金橘饼、葡萄干、青梅、糖冬瓜、桂圆肉等装饰后，撒上桂花或玫瑰花瓣。成品呈紫红色，莲瓣洁白，吃口肥润香甜。

‖第七章‖

江苏大运河地区
茶、酒文化

江苏自然生态条件优良，又多河流湖泊、丘陵低山，亚热带温暖适宜的气候，水润江苏，泽被河山，天然的山水自然景观使得这里盛产好茶、好酒。本章以江苏运河流经的地区为线，阐述运河人日常的饮品茶与酒。目前，江苏省的饮品列入国家级非物质文化遗产代表性项目名录的有：苏州洞庭山碧螺春绿茶制作技艺（苏州市）、雨花茶制作技艺（南京市）、洋河酒酿造技艺（宿迁市）、丹阳封缸酒传统酿造技艺（丹阳市）、金坛封缸酒传统酿造技艺（常州金坛区）。

第一节 江苏大运河地区茶文化

2022年11月29日，"中国传统制茶技艺及其相关习俗"被列入联合国教科文组织人类非物质文化遗产代表作名录。成熟发达的传统制茶技艺及其广泛深入的社会实践，体现着中华民族的创造力和文化多样性，传达着茶和天下、包容并蓄的理念。通过丝绸之路、茶马古道、万里茶道等，茶穿越历史、跨越国界，深受世界各国人民喜爱，已经成为中国与世界人民相知相交、中华文明与世界其他文明交流互鉴的重要媒介，成为人类文明共同的财富。中国传统制茶技艺主要集中于江南、江北、西南和华南四大茶区，涉及15个省（区、市）的44个国家级非遗项目，江苏省参与申报的三个国家级非遗项目分别为碧螺春制作技艺、雨花茶制作技艺和富春茶点制作技艺。

早在魏晋南北朝时期，饮茶渐成为江苏地区的风俗。西汉时期，连绵起伏的山峦里就种植了茶树。《三国志·吴志·韦曜传》记载，吴主孙皓密赐韦曜以茶代酒。江苏历来是产茶大省，得天独厚的地理条件、历史丰厚的茶文化底蕴，为茶的发展奠定了重要基础，孕育了丰富的茶文化资源。除了3个国家级非遗茶之外，还有无锡毫茶、宜兴阳羡茶、太湖翠竹茶、溧阳天目湖白茶、茅麓旗枪茶、金坛雀舌茶、苏州虞山绿茶、连云港云雾茶、流苏茶、仪征绿杨春茶、茅山手工茶、吴中茉莉花茶、淮安韩达哉养生茶等。而大运河的开通加强了茶文化的交流与共同繁荣。

一、精制苏茶美名扬

1. 梅盛每称香雪海，茶尖争说碧螺春

碧螺春，中国十大名茶之一，以形美、色艳、香浓、味醇闻名于中外，于唐代即被列为贡品。碧螺春始于何时，名称由来，说法颇多。据《清朝野史大观·卷一》载："洞庭东山碧螺峰石壁，岁产野茶数株，土人称曰：'吓煞人香'。康熙己卯……抚臣朱荦购此茶以进，圣祖以其名不雅驯，题之曰'碧螺春'。自是地方有司，岁必采办进奉矣。"而清王应奎《柳南随笔》也有相关记载，碧螺雅名至此由来。又据传，明朝期间，宰相王鏊是东后山陆巷人，"碧螺春"名称系他所题。据《随见录》载"洞庭山有茶，微似岕而细，味甚甘香，俗呼为'吓煞人'。产碧螺峰者尤佳，名'碧螺春'。"若以此为实，则碧螺春茶应始于明朝，在康熙下江南之前就已名声显赫了。

上等的碧螺春满身披毫，银白隐翠，卷曲成螺，条索纤细如蜂腿，茸毫满披但不很浓，色泽银绿相间（或银白隐翠），投入杯中，茶入水即沉杯底，卷曲如螺，慢慢舒展，丰盈的白色毫毛在玻璃杯中游走，汤色微黄。品碧螺春头道鲜爽，二道甘醇，三道微甜，蕴含淡淡的花果香。据清末震钧（1857—1918年）所著《茶说》道："茶以苏州碧萝（螺）春为上，不易得，则杭之天池，次则龙井；岕茶稍粗或有佳者未之见，次六安之青者（今六安瓜片）。"可见，碧螺春在历史上就荣以为冠，有"一嫩（芽叶）三鲜"（色、香、味）之称。

"何山赏春茗，何处弄春泉。"苏州市吴中区位于太湖之滨，境内山清水秀、物产丰富，是历史名茶洞庭山碧螺春的原产地。碧螺春的种植采用茶果间作，即茶树和桃、李等果木交错种植。茶树与果树枝丫相连，根脉相通，茶吸果香，花窨茶味，陶冶着碧螺春花香果味的天然品质。正如明代罗廪《茶解》中所说："茶固不宜杂以恶木，唯古梅、丛桂、辛夷、玉兰、玫瑰、苍松、翠竹与之间植，足以蔽覆霜雪，掩映秋阳。"

品碧螺春蕴有着典型的江南美学，烦琐的仪式感中包含着江南特有的文化形态。一杯碧螺春，事实上是被物化的江南风物，集花的香气、果的芬芳、太湖水气的氤氲、东山和西山日照的精华，于成百上千片茶叶中采最幼嫩的芽头。"谁摘碧天色，点入小龙团。太湖万顷云水，渲染几经年。"

洞庭山碧螺春茶摘得早、采得嫩、拣得净，制茶就是和时间赛跑。每年春分前后开采，谷雨前后结束，以春分至清明采制的明前茶品质最佳。通常采芽叶初展，芽长1.6~2.0厘米的原料，叶形卷如雀舌，称之为"雀舌"。采回的芽叶必须及时进行精心拣剔，剔去不符标准的芽叶，保持芽叶匀整一致。通常拣剔一千克芽叶，需费工2~4小时。每500克特级茶有7万多个芽头，为全国名茶之最。

"已知焙制传三地，喜得揄扬到上京。"洞庭山碧螺春茶炒制时"手不离茶、茶不离锅、揉中带炒、炒中带揉、连续操作、起锅即成"。主要工序包括杀青、揉捻、搓团显毫、烘干，全部在一锅内完成，根据叶质、锅温等灵活转换，全程为四十分钟左右。无数次纯手工的重复劳作，以保证制茶工艺中的"丝丝入扣"，终成就闻名遐迩的碧螺春。

2. 钟山云雾是前身，万古长青雨花茶

雨花茶，中国经典名茶之一，原产于南京。南京地区运河的历史，可上溯到三国时期，孙权以建业（今南京）为都，开挖了一条不需要经过长江而联结建业与镇江的运河——破冈渎。破冈渎自句容小其（今句容西南）至镇江云阳西城（今丹阳延陵），与秦淮河相连，从秦淮河进入建业，经过云阳西城的运河与吴运河相通可直接进入吴越地区。

南京在唐代就已种茶，不仅在陆羽的《茶经》中有记载。至清代，南京种茶范围已扩大到长江南北，清代《虫鸣漫录》记载有"钟山云雾茶"。1958年江苏省为向中华人民共和国成立十周年献礼而成立专门委员会开始研制新品种绿茶，并在1959年春创制成功，正式定名为"雨花茶"。2021年，雨花茶制作技艺列入第五批国家级非物质文化遗产代表性项目名录。

雨花茶树栽培主要采用双行密植条栽，创造了"林茶间作"的生态种植法。茶厂在梅花山、梅花谷、老营房、东沟等处都种植了雨花茶，不仅空气质量优良，而且早春的梅花树林花枝繁茂，形成恰到好处的遮挡，为雨花茶提供了适宜生长的漫射光。梅花怒放时，正值茶芽萌发，茶叶通过吸附梅花香气形成了独特的花香，梅花凋零后为土壤增添了养料，梅茶相映生辉，相得益彰。

雨花茶与南京城市的精神是相契合的，它不仅融合碧螺春杀青、揉捻的做法，又借鉴龙井茶抓条的技艺，集其他茶类优点于一体，这种开放和包容就像南京这座城市一样。作为针形类茶的代表，南京雨花茶与以龙井为代表的扁形类茶、以碧螺春为代表的卷曲类茶相比，制作工序更为繁复，雨花茶炒制是工艺性很强的制茶技术。雨花茶制作技艺包括采摘、摊放、杀青、揉捻、整形干燥、精制、烘焙等工序，传承至今已有六代，主要特征为独创的搓条抓条、精制筛分、烘焙。

采摘对精制好茶非常重要，一般在清明前后采摘，鲜嫩匀度要求高，采摘的茶叶为一芽一叶或一芽二叶初展，茶叶长度为2~3厘米。采用提手采摘法，即掌心向下，用拇指和食指夹住鲜叶上的嫩茎，向上轻提，芽叶折落掌心，投入茶篮中，要求芽叶成朵，不能采碎，不带蒂头，不得捋采、抓采，也不得带老叶杂物。鲜叶轻采轻放，用竹篓盛装，竹筐储运，防止重力挤压。采摘的鲜叶要进行"剔别"。每批采下的鲜叶应大小均匀整齐，不带单片叶、对夹叶、鱼叶、虫伤叶、紫叶、红叶、空心芽等。每斤干茶需芽头4.5万个左右。

随着中国茶叶在20世纪80年代逐渐引进机械化生产操作，很多茶类在传承过程中逐渐丢掉了传统工艺，但传承有序的雨花茶将其保存至今。茶叶因生长和炒制技术不同，出锅时会呈现大小、粗细、轻重不一相混合的状态。勤劳智慧的中国茶人及南京制茶先贤们，用农村筛米的筛子，将茶叶进行筛分，按照一定标准进行拼配，使茶叶交到消费者手中时，呈现颗颗匀称的美感，雨花茶将这套手工筛分技艺完整地沿用下来。

搓条、抓条和荡条是造就雨花茶与众不同的外形、香气和口感的核心手工技艺，也是高难度的工艺手法。搓条技法的出现使钟山云雾茶从卷曲形走向直条形，并成为雨花茶制作技艺的起点。涂乌桕油用手炒，双手合拢、掌心相对，手心满握茶叶，作相对运动，即"搓条"。手指自然弯曲并拢，大拇指张开，通过手掌虎口的收缩，使茶从掌后进虎口出，使茶在手心里自由滚动，这是"抓条"。茶叶的色、香、味、形在制作过程中变化很大。同样的鲜叶，若炒制人员技术水平高低不一，做出来的雨花茶品质差异会很大。从某种程度上说，把雨花茶炒制成大小整齐的条索松针状，比起其它茶类要求更高，技艺更精。

　　一芽一叶穿过水与火的交融，经过千锤百炼，渐渐四溢茶香。雨花茶外形短圆，色泽幽绿，条索紧直，锋苗挺秀，带有白毫。干茶香气浓郁，冲泡后香气清雅，如清月照林，意味深远。作为针形类茶的代表，南京雨花茶在外力的不断作用下，茶叶细胞破壁程度高，经沸水浸润，营养成分可在杯中获得充分的释放。茶汤绿透银光，毫毛丰盛。香气浓郁高雅，滋味鲜醇，汤色绿而清澈，叶底嫩匀明亮。冲泡南京雨花茶可选用透明玻璃杯或青花瓷盖碗，采用"上投法"冲泡。先向杯中注入约七分满的开水，待水温凉至80℃左右时，再投入雨花茶。雨花茶便如朵朵雪花飘于碗中，水面顿显白毫，如白云翻滚，雪花纷飞，煞是好看；芽芽直立，上下沉浮，犹如翡翠；汤色碧绿而清澈，滋味醇厚，回味甘甜。

　　一撮雨花茶叶在杯中能反复冲泡八至九次，破壁程度高的茶汤，入口时以高醇和度给人带来感官的强烈体验，其醇厚就像南京这座城市的厚重。雨花茶与南京的不解之缘，都淋漓尽致地体现在了著名作家叶兆言名言里：南京是一座温润的城市，六朝古都，雨花茶是南京这座厚重之城、具有文化底蕴之城的最好体现。

3. 魂牵梦萦运河岸，一壶水煮三省茶

　　始建于公元前486年的"活态文化遗产"中国大运河，历经2500多年历史，是中国古代劳动人民创造的一项伟大的水利建筑，也是南北茶文化交流的载体。因运河而生的扬州，不仅是南北漕运的枢纽，也是南北饮食文化荟萃的交融地。

扬州本地没有名茶，但是茶文化的交流促使中国第一款拼配茶——魁龙珠诞生。

清光绪十一年（1885年），扬州"富春"以花局起家，后以茶社兴盛。扬州茶社竞争激烈，要想崭露头角、出类拔萃，一款好茶必不可少。富春茶社自创建之日起，所用的茶叶就比一般茶社要好，但富春人并不就此满足。他们认为，在自己精心布置的花园式茶轩之中，还应该有更好的茗茶，才能让人得到更美的享受。刚开始用龙井茶或者当地绿茶，但是并不耐泡，茶水往往续水两三次后就变得寡淡。民国初年，富春茶社开始尝试拼配茶，悟到"色、香、味"乃佳茗之三要素，便琢磨如何让自家茶具备古代文人所追求的"三绝"。于是，富春人在龙井茶中加入安徽魁针茶。魁针是安徽黄山一带的本土茶，后劲比较大，增加整体的耐泡性和延续性。扬州自古水运发达，南北茶文化在此融合，受北方人喜爱花茶的启发，富春茶社将庭院栽植的珠兰花经过精心窨制之后制成珠兰花茶，并加入其中。经过反复的调配、改进，魁针、龙井、珠兰茶三者的最佳比例逐步定型，再加以运河水冲泡，形成了南北皆宜、独具特色的"魁龙珠"。魁龙珠的力道比较大，耐泡，后劲足，被称为"茶叶中的鸡尾酒"。经得起好几次冲泡，其味如醇，"一壶水煮三省茶"由此响名。

魁龙珠茶的制成，非一朝一夕之事。配茶比例是富春经营者和广大茶客经过反复琢磨，多次试制兑配后，达到了色泽清澈、浓郁淳朴、清香诱人、经久耐泡的效果。而窨制过程是非常严格的，特别富春种植珠兰花是独一无二的。魁龙珠选料严苛，必须每年清明前由专人去茶叶产地，与合作多年的供应商定点采购。只是珠兰花茶一种，其制作技艺烦琐。先将珠兰与茶坯合窨，使珠兰之香气浸入茶坯，后进行烘烤，在砖灶上的铁锅中铺上一层宣纸后再放入茶坯。炉膛内用芦柴燃火，以控制火力大小，用手翻炒茶坯，温度全凭手感控制，烘干后放在一张大牛皮纸上，投入新鲜珠兰花穗，拌匀、包好后放入木箱。次日取出茶包，打开翻拌后再包好放入木箱，如此反复三次，让珠兰香气充分、均匀地窨入茶坯中。三天后取出，将其放入铁锅烘炒去湿，珠兰茶即告窨制成功，每次使用时，按照精准比例取珠兰与魁针、龙井合拌均匀，分装小袋使用。

拼配技术的难度系数要高于纯料。扬州剧作家吴白匋文中记载，小伙计要用锡制量杯来拼配"魁龙珠"，像做实验一样严格，既要有配方，更要有经验，丝毫马虎不得。因为配方绝不可机械地重复，每年的茶甚至每批的茶都有细微不同，若是完全按比例照搬反而错失最佳的味道。拼配，既巧妙地将中国中庸思想表现在一杯茶之中，也蕴藏着运河沿线数千年延续不断的茶文化沟通的密码。

国人饮茶讲究味、形、香，注重气、意、韵。魁龙珠茶色清澈，别具芳香，入口柔和，解渴去腻。头道茶，珠兰香扑鼻；二道茶，龙井味正浓；三道茶，魁针色不减，色香味俱佳。龙井透得是味；魁针衬得是劲；珠兰显得幽香，融"天下第一水"于一盏之中，浓郁芬馥。

台湾作家林清玄认为，富春魁龙珠名雅味醇，乃"独沽一味"的好茶，不管泡几次，滋味都是一样的，既不走味，也不浓苦，配上富春的肴肉、干丝和三丁包，魅力无穷，感觉"此味只应天上有"。作家莫言的"两代名厨四季宴，一江春水三省茶"妙句，将富春特色高度概括，令人叫绝。著名美食家唐鲁孙先生在《富春花局》写道："他家茶非青非红，既不是水仙香片，更不是普洱六安，可是泡出来的茶如润玉方甊，气清微苦。最妙的是续水三两次，茶味依旧淡远厚重，色香如初。"

来自江浙皖三地的拼配茶传奇"魁龙珠"，配以琳琅满目的茶点，都与大运河水息息相关，见证了大运河这条"美丽中轴"带来的文化交流与融合。

二、沏茶美器出江苏

运河城市无锡宜兴，古称"荆溪""阳羡"。七千多年前，宜兴的先民们就在这里淘土制陶，代代相传，成就了宜兴"世界陶都"的美誉。这里非物质文化遗产代表性项目丰富，如"宜兴阳羡茶制作技艺"（市级）、"宜兴龙窑烧制技艺"（省级）、"宜兴紫砂陶制作技艺"（国家级）、"陶器烧制技艺（宜兴均陶制作技艺）"（国家级）等均以活态方式继续传承创新。每一件用心创作的艺术品都承载着丰富的文化内涵。

宜兴自古产茶。唐朝时，宜兴阳羡茶因陆羽举荐而成为贡茶，宜兴成为宫廷贡茶的生产中心之一。阳羡贡茶随着大运河之舟而奉贡北上，呈现出"茶自江淮而来，舟车相继"的茶事盛景。宋朝时，茶叶生产中心由江浙转至闽北，宜兴茶由传统饼茶向散叶茶、芽茶方向转变。元朝时，朝廷在浙江长兴设立"磨茶所"专门生产贡茶，如"金字末茶"。磨茶所进贡的"金字末茶"与散茶、饼茶一样，都是用甑蒸青的不发酵茶叶，但不同的是，"金字末茶"要将茶叶磨成碎末，无需压制成型。明朝时，茶政变化及对外贸易的开展，推动了芽茶类大发展，江苏再次成为全国茶业中心。洪武二十四年（1391年），朱元璋以"重劳民力"为由，诏令"罢造龙团，惟采茶芽以进"，使盛行了千年之久的团饼茶彻底被芽茶所取代。明万历年间，宜兴紫砂壶兴盛，饮茶方式由主流的宋时点茶法变化为瀹茶法，以沏泡芽叶为主，紫砂壶不仅能发茶之真味，还成为文人雅士审美的对象，以壶寄托情志，成就独具特色的江苏茶器。

紫砂壶是"因茶而生"的。形成于数亿年前的太湖西岸丁蜀黄龙山紫砂矿，富含铁质，可塑性强，一抔"五色土"炼化成"紫玉金砂"。紫泥主要矿物为石英、黏土、云母和赤铁矿。合理的化学、矿物、颗粒组成，使紫泥具备了可塑性好、生坯强度高、干燥收缩小等良好的工艺性能。

紫砂壶泥分为三种：紫泥、绿泥和红泥。可以烧制紫砂壶的泥一般深藏于岩石层，泥层厚度从几十厘米至一米不等。根据上海硅酸盐研究所有关岩相的分析表明，紫砂黄泥属高岭—石英—云母类型，含铁量很高，最高可达8.83%。紫砂壶一般采用平焰火接触，烧制温度在1100～1200℃之间。紫泥粉碎的细度，以过60目筛为宜。泥料过粗制作时费功；泥料过细制作时粘手，坯体表面会引起皱纹，同时还会引起干燥，烧成收缩增大，在成型过程中用精加工把器形周身理光，形成一层致密的表皮层。由于表皮层的存在，产品烧成的温度范围扩大，不论在正常烧成温度的上限或下限，表皮层容易烧结，而壶身内壁仍能形成气孔。因此，成形时的精加工工艺，把泥料、成形、烧成三者有机地联系在一起，赋予紫砂表面光洁，虽不挂釉而富有光泽，虽有一定的气孔率而不渗漏等特点。

不同于其他的陶土、瓷土，紫砂具有颗粒感，无数的颗粒间有气孔，具有双重透气性，所以紫砂壶透而不漏，既不夺茶真香，又无熟汤气，能较长时间保持茶叶的色、香、味。紫砂茶具还因其造型古朴别致、气质特佳，经茶水泡、手摩挲，会变为古玉色而倍受人们青睐。紫砂壶嘴小盖严，壶的内壁较粗糙，能有效地防止香气过早散失。长久使用的紫砂茶壶，内壁挂上一层棕红色茶锈，使用时间越长，茶锈积在内壁上越多，故冲泡茶叶后茶汤越加醇郁芳馨。长期使用的紫砂茶壶，即使不放茶，只倒入开水，仍茶香诱人，这是一般茶具所做不到的。另外，由于壶壁内部存在着许多小气泡，气泡里又充满着不流动的空气，空气是热的不良导体，故紫砂壶有较好的保温性能。同时，紫砂壶提携抚握不易炙手。紫砂壶线膨胀系数比瓷壶略高，而且没有釉，就不存在坯釉应力的问题，烧成以后的紫砂壶，有足以克服冷热温度差所产生的急变能力，故具有缓慢的传热性，即使在上百度的高温中蒸煮后，迅速投到零下的冰雪中，也不会爆裂。

紫砂壶的创始人被认为是明代的供春，吴梅鼎的《阳羡瓷壶赋·序》记载"余从祖拳石公读书南山，携一童子名供春，见土人以泥为缸，即澄其泥以为壶，极古秀可爱，所谓供春壶也。"供春壶被人称赞"栗色暗暗，如古今铁，敦庞周正。"短短12个字，令人如见其壶，可惜供春壶已不得见。清代诗人秦瀛《梁溪竹枝词三十首》道，"江南最好焙茶天，阳羡旗枪谷雨前，买得蜀山窑器好，为郎亲试惠山泉"。清代宜兴陶业发展迅速，陶器以陆运及水运的方式流通各地，后更有远销欧洲、东亚者，宜兴紫砂壶被异域人士赞誉为"红色瓷器"，启迪外邦陶瓷文化创新。

清代名士汪森曾在一紫砂茗壶上铭刻："茶山之英，含土之精，饮其德者，心恬神宁"。人们饮茶和用器追求真茶和原矿，饮者内心还有更高的道德追求，以原矿紫砂沏泡有机真茶可达心灵恬静。游圣徐霞客曾携紫砂名家陈用卿壶游历天下，茶圣陆羽以阳羡茶试惠山泉，一壶茶汤见人心。

三、品茶文化数苏扬

"山水兼具，茶事乃兴。"运河水滋养着运河沿岸城市，独特的地域地理、个性鲜明的特色文化、勤劳智慧的人民，创造出独属于运河城市的品茶文化，它带着城市的符号与生活的诗意，让每一天的日常变得不一样。

1. 扬州早茶——精致入微的仪式感

在南茶北渐之路上，大运河曾溢满茶香，润泽着运河人的品性。汤汤运河穿城而过，给扬州带来了灵性和文化底蕴，也带来了经济繁华和物阜民丰。扬州城自古是重镇，得益于京杭大运河，是一座"因河而兴，因盐而富"的城市。大运河与长江的交口在扬州，商贾贸易往来日益频繁，到了唐代扬州已成为"天下第一大港"，也有了"扬一益（成都）二"的说法，《春江花月夜》中的第一句"春江潮水连海平"被证实景地即扬州。唐代是扬州的第一个高峰，明清则是第二个，这时的扬州不但经济发达，还是扬州美食的鼎盛时期。

扬州是一座早睡早起的城市，奉行"早茶至上"。早晨对于扬州人来说格外重要，他们要把一天中最要紧的事放在早上，吃早茶也是一件要紧的事。无论是老字号大茶社，还是普通的社会茶社，或隆重或随性，都透着扬州人对吃早茶这件事的依赖感和优越感。精致的味道随着讲究的仪式散发出来，这既是扬州人的面子，也是数百年来沉淀下的底蕴。

据明万历《扬州府志》载："扬州饮食华侈，制度精巧。市肆百品，夸视江表。"到了清代，扬州盐商兴起，不但拥有大量财富，对吃也是极为讲究，尽显奢侈。财富带来的不仅是饮食的精美奢华，更有就餐环境、饮食排场的影响。盐商们在扬州大建园林，个园、何园、趣园皆是代表，后来他们家道败落，好些园林又被改成了酒肆茶坊。扬州盐商大多富不过三代，却成就了一座对吃很挑剔的城市。扬州有一个传统说法——"早上皮包水，晚上水包皮"，"皮包水"指的是喝一肚子早茶，"水包皮"指的是泡澡。这种民间说法已历史久远，但最早将其付诸文字记述的是民国年间的易君左，他的《闲话扬州》一书还曾在扬州城引发过一场不小的风波。

自清以来，茶肆文化开始在扬州盛行，卖茶的地方通常不叫茶馆，而叫茶社、茶楼、茶坊。《扬州画舫录》是清代有关扬州最翔实的文字，作者李斗将当时扬州城的四街八巷、盆景寺院、饮食趣味，还有著名的"扬州八怪"都写了个遍，他在书中自豪地说道："吾乡茶肆，甲于天下。"商人们都喜欢早上喝茶议事，商业发达的地方，早茶也就发达。

扬州早茶有一套完整的礼仪程式，一餐早茶就是一桌完整的筵席，往往要吃上一两个小时。一桌宴请的早茶，小菜应在客人还未上桌前就已提前摆好双数盘。客人落座后，沏茶，开始安排蒸包子，但蒸包子需要一段时间，这个时候是上小茶点的时候，油端子、粢饭、金刚脐和京果粉陆续上桌，好让客人先填填肚子，叫醒他们的胃。有时也会根据时令，准备一些饮品，豆浆是常年必备，夏日会有百合绿豆汤，冬日饮品叫得格外雅致——推纱望月，即竹荪鸽蛋老鸡汤。最后，面点陆续登场，各类包子、烧卖、蒸饺和其他面点，一道一道，目不暇接，把这场早茶推向了高潮。从凉菜到炒菜，再到各式点心、主食、水果、调味小碟，一应俱全，也称"饮茶如筵"，其品种之繁多、制作之精细，是扬州早茶最令人叹为观止之处。

既然是早茶，茶自然必不可少。魁龙珠是早茶桌上的"定心骨"。有茶在，心才能定，否则，小菜、主食很快吃完，坐在桌前就会心神不宁了。扬州早茶的餐桌上，几乎很少出现汤饮或粥，能喝的就只有茶。茶在一顿早茶中起的作用很大，既可以中和面点的干涩口感，又可以去油解腻，吃一个带肉馅的包子或蒸饺，再去喝几口茶，很是爽口。老扬州人去喝早茶，还会自备点白酒，茶、酒、点心相辅相成，再加上老茶社还会表演扬剧或是评话，这一顿早茶吃得真是惬意。老扬州人很会休闲享受，早茶就是一个例证。

富春、冶春、共和春这"三春"还有趣园，代表着扬州早茶的精髓，富春和冶春的包子、共和春的面是游客到扬州必尝的美食。扬州美食评论家王镇说："从面点大师徐永珍开始，富春把茶、点、菜都做到了极致。"富春和冶春也成了扬州包子的两面旗帜。富春不断挖掘，从包点出发，发展到菜肴，乃至于宴席。富春的"四季宴"，根据季节变化，宴席特色各不相同，已成扬州名宴。与它们区隔开来的代表是花园茶楼，这是扬州茶社中的后起之秀。最奢华的早茶筵席当属红楼早宴，1988年陈恩德参与了研发，这是一种"浸泡式"的早餐方式，氛围比吃食更重要。如今狮子楼等饭馆也推出了更现代更时髦的早茶，希望在传统中为扬州饮食找到新的突破口。

英国美食作家扶霞·邓洛普她走遍了中国的大小城市，来研究中国美食。她感慨于扬州仍保留着老式的街区布局，没有被千篇一律的钢筋森林取代，饮食习惯也仍是旧时光的味道，"穿梭在老街之间，那里有我渴望见到的一切"。

2. 苏州茶馆——听曲喝茶的人生百味

如果说运河上的城市像一颗颗珍珠镶嵌在运河这条玉带上，那么苏州无疑是其中璀璨夺目的一颗明珠。驰名海外的中国丝绸、闻名遐迩的绿茶碧螺春、建造皇家建筑所用的御窑金砖等从苏州通过大运河运送各地，全国闻名遐迩。

苏州茶文化发端于西汉，发展于东晋南朝，极盛于唐宋，明清独领风骚。茶文化涵盖了选茶、蓄水、煮茶、茶具、环境、情趣等饮茶的全过程，茶道则是体现在茶事实践中情趣、意境和精神。苏州历代茶书专著非常丰富，今存28种。有唐陆羽《茶经》、宋叶涛臣《述煮茶泉品》、南宋审安老人《茶具图赞》、明顾元庆《茶谱》、张谦德《茶经》、清陈鉴《虎丘茶经刻注》等。

苏州茶文化将苏州传统文化蕴含的雅致秀丽、精巧细腻、柔和灵动的人文风貌体现得淋漓尽致，茶馆是茶文化的核心，是观察苏州文化的独特视角。曾经的苏州，茶馆遍布大街小巷，20世纪90年代起，茶馆在人们的生活中就扮演了重要的角色，人们在茶馆休闲娱乐，听曲评弹、社交谈论。到了清代，茶馆已经十分盛行，苏州茶坊的兴起体现出苏州当地百姓生活的殷实和丰富的精神生活，也越发显现出苏州人在生活中淡泊、随性的生活态度。

汪曾祺评价苏州名茶碧螺春时曾不吝赞美，只觉得茶泡在大碗里有点煞风景。于是问起陆文夫原因，他的回答是碧螺春就是讲究用大碗喝，茶极细，器极粗。陆文夫在记载中写道，自己生平喝过最好的一次茶，是在苏州洞庭东山湖畔的老农家里。老者用瓦壶汲溪水，用松枝煮沸，每人面前放一只大碗，注满沸水后，抓一把新制的碧螺春放在沸水里，喝上一口，满嘴洞庭山的花香果香。这印象深深刻在他脑海中，以至于在他那本名满天下的《美食家》中，主人公朱自治还会特地去苏州阊门石路蹲茶楼，因为"那里的水是天落水，茶叶是直接从洞庭东山买来的；煮水用瓦罐，燃料用松枝，茶要泡在宜兴出产的紫砂壶里。"

明清时代苏州工商繁茂，住户稠密，茶馆成了经济脉搏跳动的中心，与百姓的生活息息相关。郁达夫到苏州后，看到遍布古城的茶馆，叹道这是"苏州人风雅趣味的表现"。到茶馆喝茶，老苏州人叫作"孵"茶馆，点上一杯碧螺春，四平八稳端坐着，老母鸡孵蛋似的，很多茶客一生陶醉于此。当时民族企业家朱宏涌在《苏州茶馆钩沉录》中写道，苏州城里大型茶馆有四十八家之多，中小型茶馆更是数不胜数。其中，最典型的就是"吴苑深处"。"吴苑深处"是中华人民共和国成立前苏州最负盛名的茶馆。两层楼高，七个堂口，一百七十二张八仙桌，每天要接待上千名茶客，供应三千多壶茶水，这是何等壮观场面！而且各个堂口雅俗不同，既有繁闹敞厅，也有清雅小楼，还有园林之胜，走进楼内茶客们才体会到"深处"二字的含义。周作人也曾经去过吴苑吃茶，对小吃印象深刻，赞扬"东南谈茶食，自昔称嘉湖。今日最讲究，乃复在姑苏。"

而因为招牌吉利，"福安茶楼"也成了苏州人春节传统的吃茶地方，亲朋好友们相约去福安喝茶，一时成为吴中岁时风俗。

苏州有句老话，"吃茶三万昌"，可见其盛名所在，也说明是普通人常去之处。这里曾经可放一百多张茶桌，更有一个很大的评弹书场。春节时候更为热闹，聚集着喝"元宝茶"的生意人。所谓"元宝茶"，便是一壶香茗，两颗橄榄，敬上一杯，"年年送宝到君家"，讨个口彩。三万昌还是当时苏州米行、米店、酱园、油坊齐会的地点，抗战时苏州沦陷，物价上涨，它就变成了苏州商品的投机大本营。

很多茶客来茶馆，不只是来品茗和吃小吃的，还有来聊天问询的。上到国家要事，下到家庭内幕，都能在茶馆打听到。汪曾祺说过"泡茶馆可以接触社会"，"我的学问都来自泡茶馆"，就是因为茶馆可以接触到各式各样的人，了解到各行各业的新闻。陆文夫喝茶，也爱去茶馆，因为茶馆听来的那些消息是报纸上没有的。他最爱听人"讲茶"，就是把民事纠纷拿到茶馆店评理，双方摆开阵势，各自陈述理由，让茶客们评论，最后由地方上较有威望的人来裁判，这俨然是个法庭，是几百年来地方乡绅自治的延续。

苏州人喝茶，离不开评弹——一种源自400多年前的苏州小调。苏州评弹衍生出许多的流派。苏州有个讲究，每一种流派的唱腔特色都能找到一类茶相呼应，譬如蒋调浑厚如滇红的浓郁，丽调的清丽又似碧螺春的回味无穷，老苏州人常去的地儿必定会因戏挑不同的茶饮。听评弹得有茶，更悠闲一点的话得有茶点。苏州人热爱的绿茶，从碧螺春到龙井，这两样是评弹社里备得最多的。早春的时候去社里听曲儿，点份碧螺春，就着瓜子点心挑一个前排位置坐下，这是苏州市井生活中最得意的时刻了。茶的静心安神，评弹的婉转曲调，这便是吴中文化的苏州韵味。

一条沟通南北的大河，产生了渊源茶香，见证了历史兴衰。唐代中期，茶业崛起，茶叶取代了绢帛占据市场首席地位。茶叶产地在巴蜀、江淮、两湖，而销售却远达北方以及海外，作为一种大宗商品沿运河北上。"漕引江湖，利尽南海，半天下之财赋，并山泽之百货，悉由此路而进。"《宋史·河渠志》的记载，也从一个侧面印证了运河既是运送粮食、财货的大动脉，同时也是茶叶流通的主干道。流淌千年的大运河承载沟通的不仅仅是有形之物，还有无形之思。运河联系着人与人的沟通，运河带来了人们思想上的变化，增强了人们所在城市文化的开放性与生活方式的多元化又促进社会结构、生活习俗、道德信仰以及人的气质与性格的演化。运河城市既对中国古代社会向更高水平的发展起到重要的推动作用，又在岁月沧桑中逐渐演化为一种弥足珍贵的文化资源与文明遗产。

第二节 江苏大运河地区酒文化

酒，最早见于甲骨文，本义指用粮食、水果等含淀粉或糖的物质发酵制成的含乙醇的饮料。汉代刘熙《释名》曰："酒，酉也，酿之米曲，酉泽久而味美也。亦言踧也，能否皆强相踧待饮之也。又入口咽之，皆踧其面也。"[1]中国酿酒的历史十分悠久，可追溯到4000多年前的龙山文化时期，在先民的早期活动中，如果以谷物酿酒是他们在日常生活中的重要发现，那么懂得制曲酿酒则是他们的重要贡献。到了唐宋时期，酿酒业已经相当成熟了，《全唐诗》中有两成的诗句均与酒有关。

中国酒的品类繁多，对酒的分类方法也很多，我国习惯把酒分为四大类，即白酒、黄酒、果酒（葡萄酒为代表）、啤酒。按酿造方法可分为酿造酒、蒸馏酒、配制酒。1949年以后，全国举行了多届评酒会议，1979年在大连举行的第三届全国评酒会议评选出18种名酒，白酒类有8种，江苏洋河大曲排在第6位；1984年在太原举行的第四届全国评酒会议评选出18种名酒，白酒类有13种，江苏洋河大曲排在第4位，江苏双沟大曲排在第11位；1989年在第五届全国评酒会上，获金质奖的国家名白酒有17种，江苏洋河大曲排在第4位，江苏双沟大曲排在第14位。江苏省国家级非物质文化遗产代表性项目名录"酒类"项目中，有第二批（2008年）的丹阳封缸酒传统酿造技艺、金坛封缸酒传统酿造技艺，第五批（2021年）的洋河酒酿造技艺。江苏省省级非物质文化遗产代表性项目名录中的"酒类"项目有35种。

一、江苏运河地区的酿酒业

江苏大运河流域的酿酒业自古就很发达，传统酿造的黄酒，以糯米、大米等

1　（汉）刘熙. 释名[M].愚著，点校.北京：中华书局，2016：60.

为原料，其酒液颜色黄亮，醇厚幽香，味感谐和，越陈越香，代表品种如丹阳封缸酒、吴江铜锣黄酒、无锡惠泉黄酒等。白酒，又被称为"烧酒"，为以谷物为原料的蒸馏酒，酒精含量较高，无色透明，质地纯净，醇香浓郁，味感丰富，代表品种如洋河大曲、双沟大曲、汤沟大曲、高沟大曲等。果酒，以水果、果汁等为原料酿造而成，色泽娇艳，果香浓郁，酒香醇美，营养丰富，如花果山山楂酒、海州樱桃酒等。还有具有滋补、营养和药用价值的药酒，以成品酒为原料加入各种中草药材浸泡而成的一种配制酒，如江阴的黑杜酒、东台的陈皮酒等。

1．江苏运河地区的酒与酿造业

在江苏大运河地区里，有以洋河大曲、高沟酒、汤沟酒和双沟酒等所谓的"三沟一河"为代表的名酒。风格接近，从香型上自成一派，即所谓浓香酒里的江淮派，也称淡雅派，在生产工艺上也相差不多，多用老五甑法，即混蒸混烧的工艺酿制。

江苏运河区酿酒业比较发达，每年有大量粮食用于造酒，如以宿迁、淮安、泗阳等为代表的白酒产业，以苏州、无锡、常州等为代表的黄酒产业。明清时，苏州"新郭、横塘、蠡墅诸村，比户造酿烧糟为业，横金、下保、水东人并为酿工，远近皆用之。"（乾隆《吴县志·风俗》）木渎镇、横金乡等一些地方集中了一大批酒坊和造酒工人，嘉庆时有人估计，苏州用于造酒方面的粮食每年不下数百万石。无锡、如皋等地造酒也盛，如皋所产烧酒、药酒、果酒，见于记载的有20余种。江苏又是踩曲集中地，镇江、淮安、徐州等处，是"向来著名踩曲地方"，每当麦秋之际，富商大贾"挟持重货、赴各处大镇，多买麦石，广为造曲。"

清前期随着酿酒业发展，酒的商品量也有扩大。许多地方志记载中，"货属"类里都有"酒"，如江苏吴县、六合、江都、江宁、仪征、江阴、金坛、清河、溧水等。江苏无锡有惠山三白酒，"三白"为米白、曲白、泉水白，康熙年间就已出名，"惟酒作则无锡最擅名，所云惠山三白，腊月酿成，以味清冽者为

上，奔走天下，每岁数十万斛不止。"（康熙《常州府志·卷10·物产》）苏州
"每年数百万斛之酒，售于本地者无几，而消于外路者最多。"（《档案》
1987）

江苏作为酿造业大省，三沟一河自不必说，一些地方名牌也是远近驰名，如
窑湾绿豆烧、丹阳封缸酒、常州兰陵陈酒等。徐珂《清稗类钞》中记载镇江百花
酒："吴中土产，有福真、元烧二种，味皆甜熟不可饮。惟常、镇间有百花酒，
甜而有劲，颇能出绍兴酒之间道以制胜。产镇江者，世称之曰'京口百
花'。"[1]苏南无锡地区的酿酒应有2000年以上的历史，有名的有惠泉酒，相传
始于宋代，后派生出"二泉花雕""老廒奎红""青皮全福""建四本绍"等多
款优质黄酒。此外，玉祁双套酒同样是一种有数百年历史的上佳黄酒，浓甜醇
畅，回味悠久。而江阴黑杜酒，相传由制酒祖师杜康所创制，乌黑透亮，爽口提
神。明代苏州酿酒业更为发达，其时酿制的"三白酒"最为出名，"钱氏三白"
与"顾氏三白"誉满京城，并作为贡品供奉朝廷。全国其他各地也盛行饮苏州三
白酒。木渎镇的酒坊集中，"止以米麦烧酒"，乾隆初，造酒者已2000余，而附
近村市，更不可以数计。

2. 江苏运河地区酿造业兴盛原因

"百货通湖船入市，千家沽酒店垂帘"。大运河上的纤夫、挑夫、船夫、水
手、运兵、商贾、士人等成就了沿岸的酿酒、饮酒文化。运河历史伴随沿岸的酒
文化历史同步发展。运河的兴旺繁荣，为酒文化的兴盛创造了绝佳的地理和人文
环境，也推动了酒产业的发展壮大。运河沿线城镇酒楼酒肆繁多，比如徐州黄
楼、淮安文楼、苏州莺湖楼、无锡皇亭……都是耳熟能详的，各地名酒更是数不
胜数。元代宋柏仁的《酒小史》，共列出历代酒名106种，其中处于运河沿岸的
有高邮五加皮酒、淮安苦蒿酒等十余种。归结江苏运河流域酿造业兴盛原因，有

1　（清）徐珂.清稗类钞[M].北京：中华书局，1986：6322.

以下几点。

一是商贾云集、百货荟萃之处。运河上集结商贾，到了夜晚依然歌声十里，夜不罢市，很多城镇都是南船北马、百货荟萃的水陆交汇之地。尤其是政府为了补贴漕运军丁，允许其随船带一定数量的家乡特产，比如酒等，这便使运河沿岸商业繁荣，商品经济发达。

二是过闸盘坝、消磨时间之需。运河从南到北地形复杂，山脉连绵，船只需要过闸来通过河道的重要节点，如过淮河、徐州时，需要用人力畜力盘坝等。况且还有朝廷规定的行船次序，即：时鲜、漕船、贡船、官船、民船，次第过闸。如遇河面封冻，有时甚至整个冬天都要等待过闸。排队需要几天甚至几个月的时间，消磨时间就成为畅饮的有效理由。

三是摄生之道、行船必备之物。漕运时代，无论是普通百姓还是皇亲贵胄都很难见到蔬菜水果。尤其在运河上出行，不可能三顿饭按时按点上岸就食，顺风顺水了就多走个三五十里，遇见过闸、浅滩或者雨雪封冻，在前不着村后不着店的地方待上十天半月也是常事，吃饭必须有酒和菜，靠酿造业来提供。

四是运输便利、成本较低之利。即便在今天，水运仍然是最便宜的运输手段。酒作等均靠薄利多销，必须以量取胜，因此原材料及产销量巨大，必须依靠最廉价的水运作为运销渠道。

二、江苏运河地区的白酒代表

1. 宿迁市洋河镇的洋河大曲

宿迁市泗阳县洋河镇，有得天独厚的地理优势，孕育出深远的酿酒历史，与法国干邑产区以及苏格兰威士忌产区称为世界三大湿地名酒产区。"三河两湖一湿地"的优势也支撑此地酿造出优良的白酒。洋河大曲，起源于隋唐，隆盛于明清，已有1300多年的历史。明朝时，诗人邹辑在《咏白洋河》中写道："白洋河下春水碧，白洋河中多沽客。春风二月柳条新，却念行人千里隔。行客年年任往来，居人自在洋河曲。"[1]这真实地反映了明代洋河酒在白洋河流域一带的影响。《康熙字典》已有"洋河大曲产于江苏白洋河"之说。雍正年间，洋河大曲行销江淮一带，有"福泉酒海清香美，味占江南第一家"的美誉，并成为清王朝的皇室贡品。据《宿迁县志》载，清乾隆皇帝第二次下江南，在宿迁留住时曾饮洋河大曲，举笔写下"洋河大曲酒味香醇，真佳酒也"的题词。

洋河大曲作为老八大名酒之一，属浓香大曲白酒，以优质高粱为原料，以小麦、大麦、豌豆培养的高温大曲为糖化发酵剂，以美人泉之水酿造而成，酒液澄澈透明，酒香浓郁清雅，入口鲜爽甘甜，口味细腻悠长。1949年后，洋河酒厂几经改造、扩建，现已成为我国著名的名酒厂家。重新走上历史舞台的洋河大曲酒具有色、香、鲜、浓、醇五种独特的风格，以其"入口甜、落口绵、酒性软、尾爽净、回味香"的特点，闻名中外，蝉联国家名酒三连冠。

2003年2月9日，国家质检总局批准对"洋河大曲"实施原产地域产品保护；2015年，由央视财经频道、中国品牌建设促进会等联合发布的中国品牌价值评价榜揭晓，洋河大曲入选2015年中国品牌价值酒水饮料类地理标志产品；2020年7月，洋河大曲入选中欧地理标志第二批保护名单。洋河从"蓝色经典"系列开创了中国绵柔型白酒品牌，基酒均来自百年地下酒窖，让饮酒者"入口绵甜柔和，饮中畅快淋漓，饮后轻松舒适"，在时光中历练，臻于完满，滴滴珍稀、滴滴精华。

2. 宿迁市双沟镇的双沟大曲

双沟，是我国淮河下游的一个古老市镇，古为泗州之地，今为泗洪县双沟镇。汉代新莽年间，曾设淮平县于此，故称淮平镇。明清时期，名双溪镇，又名双沟镇，有着悠久的酿酒历史。据《泗虹合志》记载，双沟酒始创于清雍正十

---

1 （清）张奇抱，胡简敬.沭阳县地方志编纂委员会.沭阳县志[M].南京：江苏科学技术出版社，1997.

年，距今已有近300年的历史，双沟古窖址仍然保存完好，窖池面积约1800平方米，连续使用近三百年的古窖池仍然在酿造"苏酒"，由宋代"泗州酥酒"和清代"双沟大曲"所保留的一系列传统工艺而综合，其典型风格为浓香型代表，具有"窖香浓郁、绵甜甘洌、香味协调、尾净余长"之特色。全德糟坊创办之后，酿酒工艺日趋成熟，贺氏老五甑之法一直延续至今，酒师们传有："双沟糯红粱，筛选入酒坊；石磨碾碎谷，细簸去稗糠；掺拌熟糟醅，锅甑把火旺；边蒸边煮出，看酒取佳酿"的工艺诗。在发酵后的糟醅中还有口诀式的三字经："先三成，又三分；甑上蒸，看出酒；再降温，需加曲；后加水，入辅料；进池酵，回缸酵。"在制曲坯工艺上更有："新麦草二百，润淮水多半，铺层湿芦席，封一场门窗；三日放潮，一次翻曲，二日一翻，至曲火期。"这句话表明了制曲需经过上霉、潮火、大火，后火、出房5个阶段，中温养曲30日，高温养曲45日，成曲入库养6个月后，供酿造之专用。

双沟大曲属于浓香型大曲酒的典型代表，以"色清透明、香气浓郁、风味纯正、入口绵甜、酒体醇厚、尾净余长"等特点著称，是名扬天下的江淮派（苏、鲁、皖、豫）浓香型白酒的代表。双沟大曲窖香浓郁，陈香飘逸，甘洌绵厚，余味悠长，浑然一体，佳境迭出，韵味纷呈，部分新品开创了中国白酒自由调兑的先河。

3. 淮安市高沟镇高沟大曲

淮安市为江苏省著名的酒乡，涟水（古称安东）县的高沟酒厂，坐落于高沟镇。这里的酿酒业肇始于北宋，据《熙宁酒课》记载，宋神宗熙宁（1068—1077年）间，涟水的酒课达"四万贯以上"，已初具规模；清代则酿有"烧酒""黄酒"，名闻远近。这里的先民早期配制的是小酒，以蒸熟的红高粱为原料，加上白色颗粒状的酒药（即酵母）入缸发酵7天左右，取出酿酒。这种方法酿制出的小酒，味辣而苦，颜色淡黄，有些浑浊。经过不断改进，小酒逐渐被淘汰，代之而起的是高沟大曲，为高沟地区带来了繁荣，使这个原不出名的高家沟，成为远近闻名的酒乡。南宋诗人陆游，尤爱高沟美酒，曾在高沟的天泉槽坊留下了"天赐名手，地赐名泉；高沟名酒，名不虚传"的诗句。

高沟酒厂改制后成立的江苏今世缘酒业有限公司成功打出了"缘"文化这一品牌，成为江苏的接待用酒。今世缘作为知名品牌，属于浓香型白酒，酒体入口绵、落口甜、醇香浓郁，回味悠久，余味爽口，风格独特，被评为中国十大文化名酒、中国十大高端商务白酒。

4. 连云港市灌南县汤沟酒

汤沟酒源远流长，是我国享有盛誉的传统名产、历史文化名酒，香气幽雅，醇厚谐调，绵甜爽净，回味悠长；产于连云港市驰名中外的花果山水帘洞西南约60公里处的灌南县古汤沟镇。汤沟酒被列为国家地理标志保护产品、中国驰名商标、中华老字号产品，"汤沟酒酿造技艺"被江苏省人民政府批准列为第一批省级传统手工技艺类非物质文化遗产代表性名录。灌南古属海州，自然条件得天独厚，水质优异，微甜，呈弱酸性，富含镁、锰、钾等多种矿物质微量元素，硬度适宜，利于糖化、发酵；其中的老窖泥等富含很多种稀有的有益于酿酒的微生物。明末，山西酒师黄玉生在汤沟镇建玉生糟坊，饮用"鳌大汪"池水酿酒，芳香浓郁，独具一格，故此池便得名"香泉"。故汤沟酒有源自百年老窖、原浆精华、香气幽雅、醇厚谐调、酒体丰满完美、风华自古独秀之美誉。2010年9月，国家质检总局批准对"汤沟白酒"实施地理标志产品保护。

清代初期著名诗人、戏剧家洪升曾写下"南国汤沟酒，开坛十里香"之名句。时隔三年，另一位戏剧名宿孔尚任题词赞叹："汤沟传奇水土，美酒绝世风华"，七年后，名酒"绝世风华"问世。自此，汤沟酒更加誉满天下，万古流芳。1915年汤沟镇发展到13家糟坊，以义源永记酒坊产品为佳，曾由滨海县殷福记商号远销日本、南洋群岛。1949年只剩下义源永等七家酒坊，组建成汤沟酒厂，盛产汤沟特曲，浓香大曲，窖香浓郁，醇正柔和，绵甜甘冽。

5. 扬州市宝应县五琼浆和宝应大曲

荷香阵阵，水乡润泽，船歌悠悠，里下河的水网，千年的古运河穿宝应而过，汇聚东西货物，云集南北商贾，浸润出宝应的灵动与精致。宝应建县2200余年，文化积淀深邃而厚重。五琼浆，是扬州宝应的名酒，一直坚持固体传统发酵的工艺，酒液无色透明，酒体晶亮，属于典型浓香型白酒，酒香馥郁，带有谷香、花果香和焦香。早在唐宋时期，宝应酿酒业就十分兴旺，至明清时更为发达，明末清初城乡大小糟坊数百家，真可谓"鸡声犬吠远相望，社酒登糟唤客尝"；"乔家白酒"亦脱颖而出，发酵、蒸馏、制曲、开窖，每个步骤工人都遵循古法酿酒的工艺，引领着里下河酿酒业，成为皇室贡品。自有《戏题乔家白》诗曰："注玉倾银但有香，梨花一色恰相当，风帘要署乔家白，怕把书巢作醉乡。"可见"乔家白酒"完全具备现代陈酿酒的色、香、味三者俱佳之特征。20世纪中叶，宝应人又沿袭光大"乔家白"之工艺，生产出第三代产品"五琼浆"，为省级著名商标。

宝应大曲以优质高粱为原料，以中温麦曲为糖化发酵剂，继承传统工艺酿制，酒液无色，清亮透明，香浓醇厚，尾甜纯正。酿制宝应大曲的宝应酒厂建于1950年，先后获得江苏省优质产品和轻工业部优质产品称号。但经历岁月洗礼，随着时代的发展，这款酒慢慢退出了历史舞台，只能成为大家的情怀与记忆！

6. 无锡市惠山区陆右丰白酒

陆右丰白酒是蒸馏白酒，选用高粱、小麦、大麦、豌豆为酿造原料，具有绵甜、醇厚、入喉净爽、各味协调的特点，是由陆右丰酱园糟坊出产的无锡本土白酒。陆右丰酱园糟坊由陆霞卿始建于清咸丰二年，至今已有150余年历史。

这座传承百余年的酱园糟坊，它所深藏的酿酒技艺，佐证了蒸馏白酒在中国近代史上的风云起落，陪伴了一代又一代无锡人的相聚离别。陆右丰酱园糟坊先后开设六家分店、八个作坊，一度掌握全城七成酒浆类产品。老一辈无锡人往往对陆右丰白酒怀有深情，离家在外时将其视作一碗浓情的乡愁。

7. 苏州市苏州桥酒

苏州桥酒是苏州特产，入口绵柔，香气纯净，是一款不可多得的佳酿。江苏苏州桥酒酒业有限公司源于老字号"钱义兴酒坊"，现拥有"钱义兴""苏州桥"和"半月泉"等品牌，皆为吴地佳酿。历史上，白居易、范仲淹、唐寅都撰有盛赞苏州美酒的文章，尤其唐寅的《桃花庵歌》一直为世人传颂，"桃花坞里桃花庵，桃花庵下桃花仙。桃花仙人种桃树，又摘桃花换酒钱"。明代时酿制的"三白酒"最为出名，其中"钱氏三白"与"顾氏三白"誉满京城，并作为贡品而供奉朝廷。袁枚《随园食单》道："乾隆三十年，余饮于苏州周慕庵家，酒味鲜美，上口粘唇，在杯满而不溢，饮至十四杯，而不知是何酒。问之主人，曰：'陈十余年之三白酒也。'"[1]苏州桥酒以新米、桂花为原料，经过浸米、蒸饭、淋饭、拌曲、糖化、发酵、取酒、陈化等15道古法酿制工艺酿制而成。后来，"钱氏三白"传人钱义兴，在酿酒时加入苏州西山产的杨梅、水蜜桃以求更好口感。一年后，酒出窖，新方法酿的酒更加醇厚、甘冽、柔和，更具有了明显的地方特色。不久，钱义兴把钱氏酒坊定名为"钱义兴酒坊"，苏州桥酒酒业有限公司是其酿酒工艺的继承者。一山、一桃、一杨梅；一地、一水、一酒坊，独具特色。酒体为米白色，纯净黏稠、口感顺滑、清甜不腻。苏州桥酒将继续坚持钱义兴酒坊的传统工艺，发挥老字号的光辉，把苏州这座千年古城的味道传遍四方。

8. 徐州市沛县沛公酒

千古绝唱大风歌，一代佳酿沛公酒。徐州沛县沛公酒，为沛县特产，蕴藏着博大精深的酒文化，是最富有汉文化品位的历史名酒，被称为"汉家第一酒"。其色清透明，芳香浓郁，绵甜净爽，具有芝麻香的风格，适量饮之有润肺、生津、驱寒等功能，千载以来脍炙人口。沛公酒采用传统工艺和现代酿造技术相结

---

1 （清）袁枚.随园食单[M].周三金，等，注释.北京：中国商业出版社，1984：149.

合，选用上等高粱、大米、糯米、玉米、小麦五粮为主要原料，采用双轮底发酵，久蓄陈酿，配以天然优质矿泉水，精心兑调而成。酒色清透明，芳香浓郁，绵甜净爽，头轻尾浓，回味悠久。

9．邳州市邳州大曲

邳州大曲，产于徐州的邳州市运河酒厂，属其他香型白酒，原名运河香醇酒，以优质高粱、小麦及高温大曲为配制原料，采用人工老窖低温发酵，缓火蒸馏，量质摘酒，分级贮存，精心勾兑而酿成。酒液无色透明，芳香浓郁，酒度醇厚，入口绵甜，落口爽净，余味悠长，具有浓头酱尾的风格。邳州酿酒历史悠久，1932年有酒坊34家，1949年在运河镇建立运河酒厂，开始以传统工艺生产大曲酒"运河香醇"，1987年改称邳州大曲酒，邳州酿酒是在江苏运河酒厂宣布破产倒闭之后，由王家酒坊创建人重新组织，在原老酒厂酿酒工程师的精心指导下，重现了沉睡多年的传统邳州大曲酒风格，还原记忆中的运河老香醇，为江苏省邳州市保留了一份古老的文化遗产。

三、江苏运河地区的黄酒代表

1．镇江市丹阳封缸酒

丹阳封缸酒，素以"味轻花上露，色似洞中春"名闻国内外。丹阳产封缸酒在南北朝时就已出名。据记载，北魏孝文帝南征前与刘藻将军辞别，相约胜利会师时以"曲阿之酒"款待百姓。曲阿即今丹阳，故丹阳封缸酒古有"曲阿酒"之称。丹阳黄酒历史悠久，酿造史已有3000余年，丹阳出土的西周青铜凤纹尊，兽面纹尊以及青铜方卣等远古酒器证明，早在西周时期，这里已有相当发达的酒文化了。丹阳封缸酒以当地所产优质糯米为原料，用麦曲作糖化发酵剂。粒大、均匀、洁白、性黏、味香，取水质清甜、含多种无机盐类矿物质的玉乳泉水，配以特制酒药，经低温糖化发酵。在酿造中，当糖分达到高峰时，兑加50°以上的小曲米酒，立即严密封闭缸口，养醅一定时间后，抽出60%的精酿，再进行压榨，二者按比例勾配定量灌坛，再严密封口贮存2～3年即成。酿造成酒后色泽棕红，醇香馥郁，酒味鲜甜，为黄酒中上品。

丹阳封缸酒，1908年荣获国际南洋劝业会头等奖，1971年被江苏省评酒会评为江苏省"七大名酒"之一。2009年，丹阳黄酒被认定为"国家原产地地理标志保护产品"；封缸酒、黄酒、老陈酒被认定为"国家A级绿色食品"；封缸酒在瑞士国际评酒会上获银质奖；"旦阳"牌黄酒、封缸酒获"中国历史文化名酒"。2008年丹阳封缸酒传统酿造技艺被列入第二批国家级非物质文化遗产代表性项目名录。

2. 常州市金坛封缸酒

金坛封缸酒属于黄酒，与浙江绍兴酒、福建沉缸酒三者齐名，为"中国黄酒三杰"，历史悠久，文化底蕴深厚，是一部研究江南民间酿酒史和黄酒文化的"活字典"。金坛封缸酒色泽自然，澄清明澈，久藏不浊，醇稠如蜜，馥郁芳香。古时，每年农历霜降至次年立春，即有师傅走村串巷以糯米酿酒。他们使用专门的器具，经淘洗、蒸熟、淋净，加入草药为糖化发酵剂，发酵后制成酒，民间俗称"米酒"。人们在米酒内加入白酒，再次封缸发酵，名"封缸酒"。此后数百年间，酿制技艺逐渐成熟。元朝末年，朱元璋东征时，曾驻扎金坛卧龙山，饮得当地百姓自酿的封缸酒，赞不绝口。朱元璋登基后，金坛封缸酒从此成为朝廷贡酒，并在民间代代传承。清光绪年间，金坛城北白塔万德隆万家油坊兼营酿造封缸酒。民国年间，金坛城内开设的酱醋作坊和糟坊都兼营酿酒，其中尤以位于司马坊的信孚糟坊和开设在北门的怡盛糟坊较有名。中华人民共和国成立后公私合营，成立金坛酒厂酿制封缸酒。黄金时期，金坛封缸酒年产销量曾达到1000多吨，供不应求。2008年金坛封缸酒传统酿造技艺列入第二批国家级非物质文化遗产代表性项目名录。

3. 常州市天宁区东坡红友酒

东坡红友酒，属甜型黄酒，口感醇稠如蜜，酒性中和，芳香馥郁，传为北宋文学家、书画家苏东坡在常州寓居时创始，已有近千年的历史。据古籍记载，苏东坡好酒，当年在常州期间，将本地民间的米酒酿造技艺加以改进，起名为"红友酒"。时值学者杨时讲学于常州龟山书院，苏东坡以为知己，常与他一起对酒当歌，便以《东坡酒经》将红友酒制作秘方赠传于杨时。杨时的后人为了纪念两位先贤的交往，特在常州早科坊17号建造二贤祠。此后，东坡红友酒在杨家开设的酒坊得以世代传承，至今已传承33代。其中第32代传承人杨树成传承了东坡红友酒的制作技艺，整理出了东坡红友酒的家传配方，并挖掘东坡红友酒的历史，参与了《苏东坡常州传说故事——东坡红友酒来历》的编写，同时积极带徒传艺，将东坡红友酒酿制技艺发扬光大。2022年，东坡红友酒的酿造工艺被列入常州市第四批非物质文化遗产代表性项目名录。

4. 无锡惠山区惠泉黄酒和玉祁双套酒

惠泉黄酒作为"苏式老酒"的典型代表，以地下优质泉水和江南上等糯米为原料，辅以独特的惠泉酒酿造工艺，经过多年窖藏而成，酒色为琥珀色，晶莹明亮，富于光泽。当酒液滋润到整个舌面，感觉到酒质协调、柔和顺口、清爽冰凉、别具风味。其香气中正平和，介于外露与内涵之间。轻摇一下惠泉黄酒，一股醇和馥郁的香气便自然沁入肺腑，令人心旷神怡。惠泉黄酒品位高格，《红楼梦》中有两处写到惠泉黄酒，被誉为"传世佳酿"的古代四大名酒之一，深受社会精英、成功人士的喜爱。

玉祁双套酒始酿于清嘉庆年间，首创复式酿酒法，即用陈年黄酒代替醅水，不加生水，不加酒药，以酒酿酒，故称"双套"。选用太湖地区优质糯米为原料，所采用的"大酵法"工艺流程，经30余道工序，入坛露天存放发酵60天，再经压榨煎酒后入库储存3年以上，有琥珀般的色泽、芳香的气息、甜润的口感。据传"双套酒"原是曹操府中的宴会用酒，与"杜康酒"齐名。

江苏省政府批准公布的第二批省级非物质文化遗产名录中，玉祁双套酒酿造技术名列其中。玉祁双套酒是无锡地区"酒文化"的典型代表，也是无锡"名特优"的代表。

5. 苏州市张家港沙洲优黄

沙洲优黄酿造在光绪年间就已形成一定的规模和影响。经过几代人的摸索总结，具有鲜明江南水乡特色的以半干半甜为特点的黄酒酿造工艺逐步成型，并在长江三角洲风行起来，属鲜明江南水乡特色的半干半甜型黄酒，其酒色泽橙红、酒体协调，清亮透明，醇厚爽口，芳香浓郁，是一年四季皆可饮用的珍品。一般来说，沙洲优黄宜加温饮用，细品慢酌，徜徉在酒香当中，舒暖通脾，养胃怡神。沙洲优黄是全国首批获得国家绿色食品认证的黄酒产品。

6. 苏州市冬酿酒

苏州冬酿酒原名冬阳酒，因冬至过后阳气上升而得名。冬酿酒采用太湖糯米为原料发酵而成，要经过浸米、蒸饭、淋饭、拌饭、落缸、喂饭、压榨、灌坛等一系列严格制作流程，色泽金黄，入口香甜，有股淡淡的桂花香味。

古代时，冬至为一年中最重要的节气，因为这一天过后，阳气上升，万物开始慢慢复苏。时人酿酒以饮之，驱寒逐湿，裨益身心。直到近年，商家从《吴歈》"冬酿名高十月白，请看柴寻挂当檐。一时佐酒论风味，不爱团脐只爱尖。"的记载中发掘出"冬酿"两字，才称之为冬酿酒。传承悠久的冬酿酒，蕴含深厚江南文化、苏式生活底蕴。一到冬至夜，大部分的苏州人都会推掉身外事，回去和家人团团圆圆，举杯喝上一口细腻温润的冬酿酒，享受温暖与慰藉。

7. 镇江市百花贡酒

镇江百花贡酒是江苏镇江市的传统名酒，已有百年的历史。其原料有糯米、细麦曲和近百种野花等，其色深黄，其气清香，其味芬芳，能活血养气，暖胃辟寒。早在清朝李汝珍的《镜花缘》里就提到"镇江百花酒"，在乾隆和嘉庆年间，镇江百花酒在全国范围内就很出名了，曾为贡酒，京城人士趋之若鹜。盛名之下，连当时北京的"镇江会馆"也改为"百花会馆"。《清稗类钞·饮食类》有"百花酒"条目，曰："吴中土产，有福真、元烧二种，味皆甜熟不可饮。惟常、镇间有百花酒，甜而有劲，颇能出绍兴酒之间道以制胜。产镇江者，世称之曰'京口百花'。"1943年百花酒远销朝鲜、印度、东南亚诸国及欧美一些国家。1909年曾在南洋劝业会获金牌奖。

四、江苏运河地区的其他类酒

1. 苏州乾酒和甜米酒

宋代苏州酿酒已成为全国最主要的地区之一，仅以宋代熙宁十年（1077年）吴郡酒税情况看，当时苏州境内设有酒税征收机构近百所，年收酒税700多万贯，足见当时苏州酿酒之盛。苏州在不同时节都有不同的酒出售，如前面提到的黄酒、冬酿酒，还有菊花酒、清明酒、杨梅酒等。

乾酒是露酒的一种，源自民间流传秘方，依据"药食同源"理论，在民间泡制药酒的经验上，应用现代技术工艺，以江南优质纯粮蒸馏酒、黄精、山药、龙眼肉、肉桂、覆盆子、罗汉果等药食材为原料，精心组成、提纯、萃取和融合而成。酒体晶莹透亮、色呈琥珀、药香飘逸、甘醇爽口。2014年10月乾酒成功面市，保持了纯粮白酒本性的醇香爽口的味觉，使消费者改善身体的同时得到饮酒的乐趣。

甜米酒学名酸糟，又叫糯米酒、江米酒、米酒、酒酿等，以江南苏州府为上品，是一种遍布范围辽阔的低度酒。明清时期，苏州人多以糯稻酿酒，有厚有薄，统称为"三白酒"，以三白酒和秋露白为代表。三白酒是糯米酒，它以白糯米、白面曲和洁白之水这三种原料而命名，显见于明清两代，明代的宴会常用三白酒作为重要饮品，苏州出产的米酒得以流传天下，为世人所共赏。只是到了清代晚期，苏州三白酒开始走下坡路，逐渐退出外地市场，但无论如何，多品类的苏州酒始终在江南酒界保持着极高的地位，自古至今，辉煌不断。

2. 新沂市窑湾绿豆烧酒

窑湾绿豆烧酒，原名绿酒，产于新沂市窑湾镇，其前身是明朝皇宫专用御酒，由明朝医学家李时珍发明创造，有500多年的历史，现为"江苏八大名酒"

之一。沿袭传统工艺，窑湾绿豆烧酒以优质高粱、大麦、小麦、豌豆为原料精心酿制，并配以优质红参、当归、天麻、砂仁、杜仲、枸杞等50余种名贵中药，辅之冰糖熬制而成。熬制出来的绿豆烧酒香醇甜美，酒性正和，回味悠长，别有风味；既有白酒的醇烈、果酒的香甜，又有独特的中药滋补、保健疗疾之功能。

明嘉靖三十八年（1559年），李时珍配制了有清热解毒、强身健体之功效的药酒，因酒色微绿时称"绿酒"。明末，御医赵学敏携此方出逃京城隐居窑湾。清朝时期，万茂酒坊是自康熙年间就在窑湾古镇闻名遐迩的酒坊，生产一种名为"老瓦缝"的绿酒很畅销，路人有口皆碑。清乾隆三十年（1765年），乾隆南巡，来到窑湾，因酒色绿莹，如同绿豆茶，遂赐名"窑湾绿豆烧"，从此"老瓦缝绿酒"就成了窑湾绿豆烧。李汝珍在《镜花缘》中也赞誉之为"辣黄酒"，到嘉庆年间窑湾绿豆烧酒已被正式列为全国20种名酒之列，被定为皇宫纳贡之佳品。几经历史变迁，烧酒生产也曾几度兴衰，但一直沿袭古方酿制。2013年12月，国家质检总局批准对"窑湾绿豆烧"实施地理标志产品保护，传承至今。

3. 扬州琼花露酒和五加皮酒

琼花在古时就象征着扬州城，传说琼花是天上的仙花，只是因为偶然，仙界有一粒种子洒落扬州，于是放花时节，一朵又一朵迥异凡尘、冰莹玉洁的仙花闪亮人间，香飘千里。"琼花露"是取琼花中露珠为液酿制，还是借助琼花雅名已不得而知，但从宋诗中记载知晓，欧阳修任扬州太守期间，曾赋诗赞曰："琼花芍药世无伦，偶不题诗便怨人"，表琼花酿"味极甘美"之意。明代时，琼花酿名声更著，明代大画家唐伯虎写诗赞叹："饮尽琼花酿，观尽景渺茫，览尽一段秋光。"为了挖掘古代传统美酒，扬州五泉酒厂借鉴史籍，以大明寺五泉水为酿酒之水所酿造的优质高粱曲酒为酒基，再加以鲜蜂蜜、蜂王浆、芍药、灵芝、丁香、枸杞等名贵中药材，经长期浸泡精制而成，酒液色泽似琥珀，晶莹透明，酒质醇厚，味绵长而甘美，芬芳宜人，有健身强胃功能。

明清时期，扬州名酒丰盛，史籍见称的有雪酒、稀益酒、细酒、五加皮酒、木瓜酒、蒿酒、陈苦醇酒、蜜淋漓酒等。在华夏酒族中展示出夺目风姿的五加皮酒，在《本草纲目》中这样被记载：五加皮"补中益气，坚筋骨，强意志。久服，轻身耐老"，民间更盛誉"宁得一把五加，不要金玉满车"。五加皮是一种药材，以白酒和高粱酒为基，加入肉桂、人参等中药材浸泡酿造，有行气活血、祛风祛湿、舒筋活络等功效。

4. 连云港山楂酒

明代著名医学家李时珍说：红果，酸、甘、微温。醒脾气，消肉食，破瘀血，散结，消胀，解酒，化痰，除疳积，止泻痢。故山楂酒有清痰利气、消食化滞、降压活血、健胃益脾之功效。花果山牌山楂酒，产于江苏连云港花果山之麓，以上等鲜山楂为原料，维生素C含量较高。连云港山楂酒采用传统发酵工艺和技术，经名师严格把关、精心酿制而成。得天独厚的环境，优质原料的选取，使得山楂酒沁润细腻、幽雅浓郁、晶莹剔透，保留天然果香，略有微涩，色香俱全，口感浓郁。无论是独饮还是搭配美食一起食用都非常有韵味，是一款非常适口的美味佳酿。

第八章

江苏大运河地区
果品与养生文化

江苏大运河地区的人们很重视食物和养生之事，所消费的食物有蔬菜、水果、水产、肉类、谷物，人们利用取材方便、简单易行、安全无毒的食物原料进行加工、食用。毫无疑问，好饮食有助于好的生活。合理食用果品既能满足日常能量的需要，又能起到防治疾病的作用。本章将江苏大运河地区的果品文化与养生文化合为一章，两者之间分别叙及。

第一节 江苏大运河地区果品文化

闻名世界的京杭大运河，尤其是江苏段，无论在文化遗产还是在现实作用中均发挥着极其重要的作用，而江苏段运河文化中极为丰富的果品文化亦是其璀璨文化中尤为重要的一个组成部分。

早在2000多年前，我国最早的医典《黄帝内经·素问》中提到"五谷为养，五果为助，五畜为益，五菜为充，气味合而服之，以补精益气"。五果"辅助粮食，以养民生"。而关于"五果"的含义，纵观《内经》中是根据性味和功效的不同，选择了"桃、李、杏、栗、枣"五种具有代表性的果品定义为"五果"；南宋类书《小学绀珠》和现代《汉语大词典》亦均释其为"桃、李、杏、栗、枣"五种果品的合称。衍生出"果助"一词意为：不以之为主，但不可或缺。而针对江苏段运河文化中果品种类、营养价值、食养作用、膳食原则及其文化内涵的挖掘，将成为探究运河文化中必不可少的一个具有特殊意义的重要分支与组成部分。

一、江苏大运河地区果品的发展情况

关于"果"的含义，东汉许慎在《说文解字》中将"果"析为："果，木实也。"明代李时珍在《本草纲目·果部》第二十九卷写道："木实曰果。"《现代汉语词典》《汉语大词典》均将果释为树木所结的果实，今泛称木本植物的果

实。江苏省是我国水果种植和加工的大省之一，在大运河沿线盛产不同的水果品种。全省丘陵面积占总面积的14.3%，是果品种植生长的最佳地区，集中分布在西南部；以苏北灌溉总渠、淮河为界，北部地区属温带季风气候，南部地区是亚热带季风气候，年平均气温为13～16℃，雨量适中，四季较分明；且江苏地处淮河、长江等水系的中下游，地下水资源丰富，为果树的种植和生长提供了优越的地理、气候和水源条件。

近年来，在政策的扶持下，江苏省果品的生产及加工、零售业蓬勃发展。全省果树面积大，果品总产量丰厚，其中苹果、梨、桃、葡萄产量尤为丰富；名特优水果枇杷、杨梅、杏、草莓、李、樱桃、石榴、枣都有较大发展，省内运河地区的果品种类多，质量好。

1. 时鲜果品

（1）邳州艾山西瓜

艾山西瓜历史悠久享誉盛名，一般有四类瓜种：一种黑皮、黑籽、红瓤，称"黑缸皮"；一种花皮（绿底黑纹），也黑籽、红瓤，称为"结义"；一种白皮、白籽、白瓤，称为"三白"；一种个头小，皮薄，籽小，黑皮红瓤，称"风秧籽"。此类西瓜最大优点是汁多含糖量高，尽为沙瓤，吃在口中沙质隆隆，蜜味浓、清香。

（2）新沂水蜜桃

新沂水蜜桃是江苏省徐州市新沂市的特产，中国国家地理标志产品。新沂市属于温带季风气候，是最适宜栽培桃树的地区之一，建成了以踢球山区、马陵山区和徐塘林场等为主的3大水蜜桃产区。新沂水蜜桃品种有中国沙红、大珍宝、春蜜、春美、新白凤、中桃5号、霞晖6号、新川中岛等10余个早、中、晚熟品种。桃子性味平和，含有丰富的维生素、果酸以及钙、磷、铁等矿物质，尤其是铁的含量较高。新鲜的桃子含水量较高约89%，热量较低，其热量主要来源于甜味中的天然糖。新沂水蜜桃白里透红，形美、色艳、味佳。特点是个大、味甜、肉脆、口感好，补中益气、养阴生津。

（3）泗阳白酥梨

泗阳白酥梨是江苏省宿迁市泗阳县的特产，中国国家地理标志产品。其果实型大，呈圆柱形，果皮充分成熟时呈金黄色。其果核小，果肉酥脆爽口，皮薄味甜多汁。平均单果重350克，最大的重达1500克，果实中含有糖类、有机酸、矿物质和多种维生素，营养价值很高。

白酥梨采收时间长，从8月中旬开始，一直可采到10月中旬，无落果现象。果实亦较耐贮藏，一般可贮藏至次年3～4月。除生食外，还可加工成果酒、梨膏、果脯和罐头等。梨汁、梨膏有很好的祛热清痰、止咳润肺等功能，是食品工业和医药工业的重要原料。

（4）淮安市淮阴香瓜

淮阴香瓜属葫芦科，一年蔓生草本植物，外形美观，色彩鲜艳、口感脆甜、清爽可口，是一种很好的夏季水果。香瓜中含维生素A、维生素C及钾等营养元素，具有很好的利尿及美容养颜作用。实验结果表明，香瓜的成分中含有的"葫芦素"具有抗炎作用；中医认为香瓜具有镇咳祛痰作用，还具有消化作用，缓解便秘。果肉生食，止渴清燥，可消除口臭，对感染性高烧、口渴等，都具有很好的疗效。

（5）泗洪大枣

泗洪大枣又名上塘大枣、泗洪贡枣，明清时期曾作为贡品进贡皇帝。泗洪大枣又被戏称"霸王枣"。所谓"霸王"，一是其个大、味甜、质优；二是相传西楚霸王项羽喜吃此枣，故名"霸王枣"。泗洪大枣为江苏省名、特、优果品，先后三次被农林厅授予"江苏省优质水果"称号。2002年通过无公害食品质量认证和无公害产地认证。

泗洪大枣果实呈卵圆形，果顶凹，果面不平，单果重约45克，成熟为深红色，果肉酥脆、甘甜，核小，9月中旬成熟，成熟期遇雨不裂口。泗洪大枣不仅是鲜食枣中的佼佼者，还可以加工成醉枣、蜜枣、夹心枣、枣汁、糖水罐头等。

泗洪大枣具有多种药用保健作用，其叶、果、花、皮、根、刺及木材均可入药。据《本草纲目》记载：大枣，味甘无毒，主心邪气，安神养脾，平胃气，通九窍，助十二经。干枣润心肺，止咳，补五脏，治虚损。近年来研究发现，枣果中含有能够保持毛细血管畅通、防止血管壁脆性增加的类黄酮，以及抗癌物质磷酸腺苷和儿茶酚。

（6）镇江市句容丁庄葡萄

丁庄葡萄是句容著名特产之一，种植历史悠久，可追溯到唐朝，产于革命老区、国家4A级旅游景区、道教圣地——江苏省句容市茅山镇丁庄村，这里的土壤也是最适合葡萄生长的肥沃沙土壤，故能种植出口感绝妙的葡萄。

丁庄葡萄的特点是果实饱满，清甜味浓，鲜美可口，口感甘甜，皮薄籽少肉质脆嫩，含有丰富的维生素和矿物质。

镇江丁庄葡萄的种植和销售对当地经济具有重要影响。该品种在当地的种植面积和产量都较大，其品质和声誉也吸引了来自全国各地的消费者，是当地农民增收的重要途径之一。

（7）常州市溧阳茅尖花红

茅尖花红是常州市溧阳的传统特产水果，蔷薇科，苹果属植物。花红果实，形圆而略扁，外表青油发白、白里泛黄、黄中映有红晕，闻着清香、入口爽脆、肉嫩无渣、甜酸适度，其色、香、味为其他果品之不及。据传乾隆皇帝下江南，问到溧阳的风土特产时，大学士史贻直（溧阳夏庄人）曾回答说："茅尖花红棠下瓜"。花红树的老家，在太湖边的东洞庭山上，那里湖光山色，环境优美，盛产果木。花红营养相当丰富，具有一定的药用价值，如把青涩未熟的花红浸在白酒里，陈久了可以治疗胃肠病，对治疗痢疾更是有效，故有句民谣说："桃饱李饿杏伤人，花红吃了补精神"。

（8）常州市武进阳湖水蜜桃

阳湖水蜜桃产自常州市武进区雪堰镇，有"太湖仙果"的美誉，被称之为"桃中精品"，其皮薄肉厚、甘甜鲜美、玉露怡人。据武进雪堰、潘家等地乡志记载，武进很早就有了水蜜桃种植的记录，最早栽种水蜜桃的是晚清秀才段孟陶。据《武进县志》记载，1926年，武进产桃20万斤，外形美观、汁浓、味甜，为桃中上品。1945年前，主产于雪堰、潘家两乡，1949年就有桃树种植1200多亩，产量245万斤，1985年的产量更是超过了318万斤。阳湖水蜜桃先后被评为常州市名优农产品、常州市信得过产品，并连续荣获第三届、第四届"神园杯"省优质水果金奖，获得国家绿色产品、无公害产品称号，为地理证明商标。

阳湖水蜜桃果实为圆球形，果顶略凹陷、两半部匀称，平均单果重250~300g；果皮薄，呈乳黄色，近缝合线处有淡红霞，色彩艳丽；果肉似玉，呈乳黄色，肉质柔软，甘甜鲜美。桃树流出来的树胶又是一味妙药，被称为"桃胶"，既能强壮滋补，又能调节血糖水平。鲜桃含有丰富的膳食纤维、维生素和矿物质，是当地民众餐桌果品中的佳果之选。

（9）无锡阳山水蜜桃

无锡阳山水蜜桃产于中国著名桃乡江苏无锡市阳山镇，该地处江南水乡，南临美丽的太湖，北靠京杭大运河。阳山水蜜桃以其形美、色艳、味佳、肉细、皮韧易剥、汁多甘厚、味浓香溢、入口即化等特点而驰名中外，早桃品种5月底开始上市，至7月中旬，甜度最高的湖景桃也将大量上市，具有较高的经济价值与营养价值。

阳山水蜜桃在未成熟时，表皮是淡青色的，皮上长着许多密密麻麻的细绒毛，中间有一条浅浅的像线一样的"小沟"。这时的桃子口感酸甜，但很清脆。刚刚成熟的桃子，表皮呈淡红色，皮上的绒毛变得稀疏，"小沟"也越来越深了，此时果肉甜津津。熟透了的桃子皮上的绒毛变得更稀疏，"小沟"变得更深，果肉甜润绵软。

无锡有狮子山、长腰山、大阳山、小阳山4座山丘，这拔地而起的小丘，犹如镶嵌在水网湖域的绿色明珠，水山相映，风光旖旎。阳山为华东地区唯一的火岩层山，产生于白垩纪时期，山顶有古代火山喷发口。因得天独厚的自然气候和火山地质条件，阳山水蜜桃较其他水蜜桃果形大、色泽美，香气浓郁、汁多味甜。

阳春三月，6000亩桃花漫山遍野，五月下旬，早桃上市，直到九月中下旬收市。桃熟时节，硕果累累，人称"江南一绝"。水蜜桃肉甜汁多，含丰富铁质，具有养血美颜的功效，当中的桃仁还有活血化瘀、平喘止咳的作用。

（10）无锡市大浮杨梅

大浮杨梅栽培历史距今已有2000多年，是无锡地区传统名果，被苏东坡曾评论为："闽广荔枝、西凉葡萄，未若吴越杨梅"。大浮杨梅肉厚核小，酸甜可口，果色鲜艳、汁多液多、营养价值高，口感风味好，具有生津止咳、健脾开胃、消食、止呕、利尿、解毒祛寒等功效。主要品种有凤仙红、早红、大红花、乌梅、白杨梅等。杨梅采摘期短，更宜鲜食，还可加工成糖水杨梅罐头、果酱、蜜饯、果汁、果干、果酒等食品，其产品附加值成倍提高。无锡人还喜食"酒浸杨梅"，以杨梅浸酒，兑少量红糖，可祛湿、止泻、消暑、御寒。

（11）苏州东山白沙枇杷

作为江苏省苏州市特产，白沙枇杷是东山当地一块闪亮的金字招牌，久负盛名。作为我国枇杷种植传统四大产区之一，东山镇常年枇杷栽培面积达3万亩以上。白沙枇杷是我国南方特有的珍稀水果，秋日养蕾、冬季开花、春来结实、夏初果熟，承四时之雨露，为"果中独备四时之气者"，历经洞庭东山四季变化，蕴含花香、茶香、果香。东山白沙枇杷呈鹅黄色，果形扁圆，平均单果重35克，肉厚皮薄易剥，果肉洁白晶莹，入口而化、甘甜微酸、风味浓郁、爽口不腻、汁多核小、可食率高。枇杷中所含的有机酸，能刺激消化，对增进食欲、止渴解暑有相当的益处；枇杷中含有苦杏仁苷，能够润肺止咳、祛痰。2020年，东山白沙枇杷获得中华人民共和国农业农村部"农产品地理标志登记证书"和国家知识产权局"地理标志证明商标"两项殊荣。

（12）苏州西山杨梅

分布于江苏省苏州市西山岛上的西山杨梅，主要品种有大叶细蒂、小叶细蒂、乌梅种等。明代王鏊的《姑苏志》中，称"杨梅为吴中佳果，味不减闽中荔枝"，明代徐阶咏杨梅诗中有"若使太真知此味，荔枝焉得到长安"的句子。相传，杨梅与鲥鱼进贡时，并称为"冰鲜"。

杨梅夏至上市，小暑落市，西山有"夏至杨梅满山红"的谚语，杨梅树喜温暖、湿润，畏盛夏烈日直射；耐寒，少病虫害，寿命较长，百年老树随处可见，枝干苍老遒劲，涡洞相连，树体高大，四季常青，堪称天然的巨型盆景。杨梅属核果类，富含果糖、果酸、维生素，能生津止渴、帮助消化、预防坏血症。西山人习惯把杨梅浸入高度白酒中，四季不坏，遇有腹泻、痢疾，食一颗酒杨梅即止，其酒更是芳香四溢，酸甜适口。鲜食西山杨梅时用冷盐开水漂洗，能消毒、减酸味，西山人习惯用少量盐末拌杨梅，吃时更具风味；也可晒成杨梅干，制成精美蜜饯；又可以酿酒，酒味甘美芳醇。

（13）苏州太湖洞庭红橘

苏州市太湖洞庭山是我国柑橘的传统产区，栽培历史悠久，而洞庭红橘是苏州西山岛上橘子的总称，包括"早红""料红""朱橘"等10多个品种。"早红"早熟，中秋后开始转红，上市较其他品种早，颇受人青睐。"料红"果实大小均匀、皮薄、耐贮运，立冬后采收，可贮藏至来年2月，照样色泽鲜艳、味甜汁鲜，为其他柑橘不及。金秋时节，洞庭东、西山漫山遍野的橘树上挂满金果，把洞庭山装点得无比浓丽，诗人白居易的诗句："水天向晚碧沉沉，树影霞光重叠深。浸月冷波千顷雪，苞霜新橘万株金。"生动地描绘了洞庭橘红时节的景象，洞庭红橘因其皮红瓤黄、汁多味美、酸甜适宜，深受人们的喜爱。《本草纲目》中亦记载："橘非洞庭不香"。

洞庭红橘产区主要集中在洞庭东西山等沿太湖区，后又扩展到光福、胥口、太湖、镇湖、横泾、越溪等地，吴中区橘子产量占江苏省橘子总量的90%以上。西山洞庭红橘可以说全身是宝，果肉可加工成罐头、蜜饯、果酱、果糕等耐储存的制品，还可以制成果汁、果酒等饮料；橘皮可以美容、除茶锈、除臭，《本草纲目》中描述道陈皮（西山洞庭红橘皮）"同补药则补；同泻药则泻；同升药则升；同降药则降。"可见西山洞庭红橘之药用价值一斑。其肉、皮、络、核、叶皆可入药，具有润肺、止咳、化痰、健脾、顺气、止渴的功效，在日常生活中发挥着重要的作用。

（14）苏州太湖绿洲葡萄

绿洲葡萄产于江苏省苏州市吴江区，常被人们称为"东方黑珍珠"，果皮薄、肉脆、无核、口感好、品质佳；果粒饱满圆润，果实糖度高。太湖绿洲葡萄还是绿色食品A级产品，并有珍珠、夏黑、黄蜜三个品质优良的品种，具有缓解低血糖、预防血栓形成、健脾健胃、缓解疲劳等作用。

2．水果制品

（1）苏州苏式蜜饯

苏式蜜饯是江苏省苏州市吴中区和相城区的特色传统小吃，有着悠久的历史，品种繁多，在我国果品加工工业中占有重要地位。蜜饯是以果蔬为原料，以糖为保藏方法的加工制品，利用糖液的高浓度而产生的强大渗透压，迫使果蔬水分排出而糖液渗透，同时抑制微生物的生长，使果蔬能保持良好的状态；再经过合理的配方及各道工艺加工成为各种风味的苏式蜜饯。

苏州制作蜜饯的历史可上溯到三国时期，清代是苏式蜜饯的鼎盛时期，其中以"张祥丰"最为著名，历来是"宫廷食品"。苏式蜜饯现有160多个品种，以金丝蜜枣、奶油话梅、金丝金橘、白糖杨梅、九制陈皮最为著名。苏式话梅的风味是甜中带酸，口含一粒，爽口生津，回味弥久，深受旅游者喜爱。用洞庭柑橘制作而成的苏橘饼和金橘饼，橘香浓郁，味甜爽口，具有开胃通气功效。苏式蜜饯素以选料讲究、制作精细、形态别致、风味清雅而闻名中外，产品主要特色是以返砂为主，保持原果本色及风味，色、香、味三者俱佳，虽然产品多种多样，但其制作工艺与生产工艺流程基本一致，深受消费者的欢迎。

（2）宿迁水晶山楂糕

水晶山楂糕是宿迁的传统糕类特产，其色泽微黄，透明如水晶状，因而得名"水晶山楂糕"。水晶山楂糕是江苏省历史悠久的传统食品，始于汉而兴于明清，至今已有两千多年的历史。

水晶山楂糕以优质铁球山楂为原料，制作工艺沿用传统的熟煮、打酱、搅拌、定形等流程；其块形正方、色泽紫红、晶莹透明，而且黏性强、酸甜适中、甜而不腻、酸而不苦、清凉可口、生津健胃、美容养颜、百吃不厌，实为旅游携带之佳品。经常吃山楂糕，有助于开胃消食、活血化瘀，对心血管系统疾病也有一定的疗效。1986年，水晶山楂糕获江苏省优质产品的称号，1910年于南洋劝业会上亮相，在1959年全国果品加工评比会上，"水晶山楂糕"被评为全国第一名；1983年被列为"江苏省优秀传统食品"。

（3）徐州桂花山楂糕

桂花山楂糕是徐州传统名产，以山楂、白糖和桂花酱为原料制成。据徐州《铜山县志》载："士人磨楂实为糜，和以饴，曰楂糕。"民国初年的《徐州游览指南》道："徐州茶食种类颇多，以楂糕为佳。"民国时徐州几家较大的食品店万生园、李同茂、杏花村、云泰丰等都生产楂糕。

相传山楂糕制作最早起源于汉代兴盛于明清。《徐州文史资料》第三辑咏山楂糕诗云："红如硃染透如晶，色似珊瑚质更莹。金桂飘香果酸酽，味回津液两颊生"。从民国时期到20世纪80年代，徐州生产销售的山楂糕系列产品一直沿袭着古老的制作方法，一代接一代地传承下来。1975年，徐州果脯蜜饯厂主要生产以山楂制品为主，以金丝蜜枣、果脯、月饼、果汁、果酱等为辅的产品。如今，徐州桂花山楂糕、山楂条驰名全国。

3. 江苏果品特点

江苏大运河地区果品产业发展表现出以下特点：

一是品种结构逐步优化。江苏省积极引进优选品种，早熟杂柑及蜜柑占柑橘类比重逐年提高，杨梅、葡萄等价值较高的水果发展迅速。以葡萄为例，2019年比1997年的产量增加了58.41万吨，年均增长率高达10.83%。猕猴桃、蓝莓等水果开始起步，种植结构趋于合理。

二是水果加工业发展强劲。江苏省经济水平在全国名列前茅，水果加工产业发展较快，推广并大规模地应用脱水技术，有效解决了水果储存问题，降低了果蔬产后损失。通过运用图像检测技术、红外光谱分析等技术改良了水果检测装备，提高了水果产品的品质，增加了附加值。

三是品牌建设成果斐然。江苏省围绕发展具有区域优势和市场竞争力的产品，对水果生产基地及龙头企业进行重点扶持，培植出了一批独具特色的水果品牌，示范带动作用明显，名牌效应凸显。

四是种植技术不断创新。江苏省积极开展良种的开发与引进，如选用欧美杂交的紫金早生、欧亚种的紫金红霞和紫金秋浓等葡萄品种，修剪省力、坐果率高、丰产性好、风味浓、果实较耐贮运；通过推迟梢果成熟期的修剪和使用避光袋，延长了观光采摘期，果品可错峰上市，提高了葡萄的单价与产值，增加了果农收入。

二、江苏大运河地区果品的四时五味

1. 果品的四时五味

养生讲究天人相应，饮食果品也要顺应四时，"四时养生"最早出自《黄帝内经·素问》的"春夏养阳，秋冬养阴"。唐代的王冰曾在《增广补注黄帝内经素问》中云："阳气根于阴，阴气根于阳，无阴则阳无以生，无阳则阴无以化，全阴则阳气不振，全阳则阴气不穷。"各家见解各异，见仁见智，但总体原则是需因人（体质）、因性（功能）施果才能达到调养、健体、滋补的目的。

唐代白居易的诗《吴樱桃》中说到"含桃最说出东吴，香色鲜浓气味殊。"诗中对果品的味进行了描述，五行内合五华五志，外有五色五味，而果品类食材最先被人们感知的便是入口滋味，即"五味"。这种因感觉器官形成的味觉若上升为理论，其从"滋味学说"演变为"五味学说"，五味指的是酸、甘、苦、辛、咸五种味道，因其味道不同，故其饮食调理的功效也存在差异，特别是水果属于酸、甘、苦味者较多，辛、咸味者较少，不同的人适合用不同的水果进行养生。

中医理论认为酸味主沉、主降，有收敛固涩、滋肝舒筋、缓急止痛等作用，酸味一类的物质，多归属于肝经、肺经、肾经和大肠经，江苏大运河区果品中常见酸味水果有杨梅、柑橘等。甘甜味水果较多见，甘甜类的果品有生津养阴、补虚解毒等和缓作用，因其性平和、能升能降、可浮可沉、可内可外、能补能泻、能和能缓、作用比较广泛，多用于治疗脾胃方面的病症，江苏运河段果品中常见的有葡萄、香瓜、西瓜、水蜜桃等。苦味水果较为少见，如柚子、橄榄、杏等，但苦味中又有苦寒和苦温之分，苦寒有清热、解毒、泻下之力；苦温之品，多有健脾、燥湿之力。不同人群对同一果品刺激味蕾后得到的体感亦不完全相同，为使得"五味学说"进一步深化，还可类比苦酸皆可入五脏之肝的理论进而结合五脏推得五行乃至体质。

2. 果品的名馔佳肴

根据水果的生长和季节的不同，江苏运河地区的烹调大师们利用水果制作了许多精品佳肴，不少品种已成为江苏地区菜系中的名品佳馔。

（1）早红橘酪鸡

早红橘，又称洞庭红橘，产于苏州市洞庭东山，因其果实上市最早而得名。唐代白居易任苏州刺史期间，曾把此橘作为贡品，并赋诗曰："洞庭贡橘拣宜精，太守勤王请自行，珠颗形容随日长，琼浆气味得霜成。"九月重阳，稻熟橘红，当年新鸡，肉嫩肥壮。早红橘酪鸡就是选用当年新鸡和鲜橘精制而成，鸡肉酥烂，香味浓郁，色泽橘黄，为时令佳品。20世纪80年代，苏州松鹤楼菜馆特一级烹调师刘学家制作此菜颇为得法。

（2）西瓜童鸡

西瓜童鸡为苏州传统佳馔，将蒸熟的嫩母鸡再放入去瓤的西瓜中，倒入蒸鸡的原汤，放入火腿、笋片、冬菇片，盖上西瓜盖，上笼旺火蒸，西瓜的清香味渗入鸡肉，而鸡肉在保持原味的同时又带着西瓜的清香。此菜瓜香四溢，汤清味鲜，鸡肉酥烂肥美，西瓜外表刻有图案，悦目别致，是一道形味兼备的夏令佳肴。

（3）拔丝楂糕

徐州山楂味浓色艳，酸甜适口，早在北宋时期就成为贡品。徐州著名人士张绍堂曾赋诗云："红如朱染透如晶，色似珊瑚质更莹，金桂飘香果酸酽，味回津液满颊生。"以徐州山楂为原料制成的山楂糕，更是出类拔萃。而今徐州厨师多用山楂糕为原料烹制肴馔，其中以拔丝楂糕、桂花楂糕羹最为著名。拔丝楂糕烹制要掌握好熬糖的火候，食用时要注意现做现吃，筷子要先用冷开水蘸之，拉出的丝长数米而不断，入口外皮甜脆，内里软糯，酸甜爽口。

（4）冰糖蜜桃

水蜜桃是无锡著名的土特产品之一，以皮薄、肉嫩、汁多、糖分高而著称，尤以"白花桃"汁液丰富，最为香甜。冰糖蜜桃即采用无锡水蜜桃中的上品"白花桃"制作，甜纯鲜洁，配以樱桃，红白相映，是无锡著名夏令宴席甜菜。

（5）豆蓉酿枇杷

苏州东南洞庭东山、西山，面临太湖，景色宜人，盛产瓜果"东山枇杷，西山杨梅"即为民间早就流传的美誉。东山枇杷有"红沙""白沙"之分，红沙色红，白沙色黄汁多味甜，均为水果中之上品。豆沙酿枇杷采用洞庭东山白沙枇杷为主料制作，去皮去核后酿入豆蓉，形如朵朵梅花，枇杷细腻香甜，豆沙油润味美，属苏州传统品种之一。

三、江苏大运河地区果品的营养价值

《中国健康营养与慢性病状况报告（2020）》明确指出，当前我国居民膳食结构不合理的问题较为突出，其中表现为膳食脂肪供能比持续上升，食用油、食用盐摄入量远高于推荐值，而水果、豆及豆制品、奶类消费量不足，尤其与膳食营养相关的慢性病对我国居民健康的威胁日渐凸显。水果中含有丰富的维生素、水溶性膳食纤维、矿物质等，对降低慢性病的发病风险具有重要作用。因此，探讨如何合理服食果品，辨病施果尤为重要。

　　《中国居民膳食指南（2022）》中提出了平衡膳食八准则，其中第三条为"多吃蔬果、奶类、全谷、大豆"，在选购果品时应做到：

　　第一，重"鲜"。新鲜应季的蔬菜水果，颜色鲜亮，水分含量高、营养丰富、味道清新；食用新鲜蔬菜水果对人体健康益处多。

　　第二，选"色"。根据颜色深浅，蔬菜可分为深色蔬菜和浅色蔬菜，深色蔬菜指深绿色、红色、橘红色和紫红色蔬菜，具有营养优势，尤其是富含类胡萝卜素，是膳食维生素A的主要来源。

　　第三，多"品"。挑选和购买蔬果时要多变换，每日摄入至少达到3～5种；夏天和秋天属水果最丰盛的季节，不同的水果甜度和营养素含量有所不同，首选应季水果。

　　多数新鲜水果含水量为85%～90%，还是维生素C、钾、镁和膳食纤维的良好来源。根据果实的形态和特性，水果大致可分为五类：浆果如葡萄、草莓等；瓜果如西瓜、哈密瓜等；柑橘类如柳橙、柚子等；核果如桃、李、枣等；仁果如苹果、梨等。不同种类水果的营养成分也各有不同，红色和黄色水果，如芒果、柑橘、木瓜、山楂、沙棘、杏、刺梨等，类胡萝卜素含量较高；枣类、柑橘类和浆果类维生素C含量较高；鳄梨、香蕉、枣、红果、龙眼等钾含量较高；成熟水果所含的营养成分一般比未成熟的水果高。一般来说，水果中碳水化合物含量较蔬菜高，为5%～30%，主要以单糖或双糖形式存在，如苹果和梨以果糖为主，葡萄、草莓以葡萄糖和果糖为主。

　　水果中的有机酸如果酸、枸橼酸、苹果酸、酒石酸等含量比蔬菜丰富，能刺激人体消化，增进食欲，同时有机酸对维生素C的稳定性有保护作用。一些水果含有丰富的膳食纤维，尤其含较多的果胶，这种可溶性膳食纤维有增加肠道蠕动作用。此外，水果中还含有黄酮类物质、芳香物质、香豆素、D-柠檬烯（存在于果皮的油中）等植物化学物，具有特殊的生物活性，有益于机体健康。

　　江苏运河地区丰富的果品不仅能给人以味觉的满足，更能提供较为丰富的营养物质，有效降低人体罹患心血管疾病和消化道疾病的风险（表1），促进当地居民营养健康水平的提高。

表1　水果与健康的关系

项目	与健康关系	证据来源	证据级别/可信等级
水果	增加摄入可降低心血管疾病的发病风险	6篇荟萃分析，6项系统综述，20项RCT研究，14项队列研究，1项横断面研究	B
	增加摄入可降低主要消化道癌症（食管癌、胃癌、结直肠癌）的发病风险	4篇Meta分析，7项队列研究，8项病例对照研究	B

（摘自《中国居民膳食指南（2022）》）

第二节　江苏大运河地区养生文化

对于江苏广大地区的人们来说，农耕社会传统的"日出而作，日入而息。凿井而饮，耕田而食"是他们的主要生活方式。运河的广大渔民也靠打鱼为生，"靠水吃水"。人类早期的劳动，最直接或者说最根本的目标，就在于解决饮食问题。饮食是维持生命的基本保证，有了合乎生存基础的饮食，人类的总体素质才能不断提高，文明的发展才有可能。

一、古代江苏大运河地区的养生文化

中国古代哲学、医学都把人的生存、健康放在生态环境中去认识，人与自然的联系最为密切。人的生命过程是人体与自然界的物质交换，人体的新陈代谢是通过饮食进行的，人体的健康和所处的环境关系不可分割，不同气候、不同季

节、不同地域对人都产生作用。人取自然界的食物原料加工、烹饪制成肴馔，维持生命、营养身体，因而必须适应自然环境，在宏观上加以控制，使人与天相适应。

江苏地处我国东部温带的长江、淮河下游、黄海之滨。大运河南北相通，连接苏南、苏北地区，大小湖泊星罗棋布，河汊港湾纵横交错，动植物水产资源十分丰富，各种粮油珍禽、鱼虾水产、干鲜名货应有尽有，素有"鱼米之乡"之称。大运河地区以平原为主，遍布南北运河水乡的鹅、鸭、茭白、藕、菱、水芹、荸荠、蒲菜、芡实等令人目不暇接。这些富饶的物产为江苏烹饪技术的发展和食疗养生文化的衍生提供了良好的物质条件。

1. 就地取材，因时而食，讲究清淡

就地取材，因时而食，讲究清淡，这是江苏大运河地区的基本饮食思想。江苏地区历来重视饮食养生，历代养生学家都遵循"天人相应"的基本思想，按照《黄帝内经》中强调人"与天地相应，与四时相符"的观点，注重饮食的平衡。不同的地域、气候、季节人们的饮食应有相应的变化，以适应人与自然的和谐。在食物加工和烹制中，注重食物的选择与季节的搭配；人的饮食不仅满足人体内部因素产生的需要，还应当满足人体因自然、环境等外部因素而产生的需要。江苏地处我国的东南之平原，"天地之所生也，鱼盐之地"，"天地之所长养，阳之所盛也"，这就形成了南方温带的独特风格，饮食四季而变，"务尚淡薄"。

中国历代医药学家、本草学家、养生家都阐发过饮食要讲究平衡的见解，如晋代句容人葛洪的《抱朴子》、明代京口人宁源的《食鉴本草》、明代吴江人吴禄撰《食品集》、清代武进人费伯雄的《食鉴本草》以及宋代陈直撰写的《养老奉亲书》等著作。其中，在江苏兴化担任县令的陈直在《养老奉亲书》中曾最通俗地解释说："主身者神，养气者精，益精者气，资气者食。食者，生民之天，活人之本也。故饮食进则谷气充，谷气充则气血盛，气血盛则筋力强。故脾胃者，五脏之宗也。四脏之气，皆禀于脾，故四时皆以胃气为本。《生气通天论》

云：'气味辛甘发散为阳，酸苦涌泄为阴。'是以一身之中，阴阳运用，五行相生，莫不由于饮食也。"[1]

受早期经典医学专著《黄帝内经》的影响，养生观在民间流传早在汉代就开始了。尽管普通百姓不甚了解，但中医界的把脉问诊治病会断断续续、零零星星地指导民间百姓的用膳与用药，而官府臣僚、商贾之人通晓的更是多矣。朴素的养生观一代传之一代，五味进食得当，能营养五脏，但是偏颇太过，相关之脏腑不胜负担，反受伤得病。这就是《黄帝内经·灵枢·五味论》中所说："五味入于口也，各有所走，各有所病。酸走筋，多食之，令人癃；咸走血，多食之，令人渴；辛走气，多食之，令人洞心；苦走骨，多食之，令人变呕；甘走肉，多食之，令人悗心。"[2]五味之论，其要旨在于教人在饮食上把握"恰当"二字。也就是说，五味进食不及会造成营养缺乏，太过也会导致弊病，惟平衡适宜方能益于健康。

进入明代，随着我国中医药的发展，食疗养生观念也在民间流行，官僚、商贾之人积极推动，也带动了饮食养生观念向更高层次攀升。其特点是药食物品种空前扩大，对疾病进食的研究有新进展，饮食养生观在民间进一步普及。除《本草纲目》以外，这时期先后问世的关于药食本草类的著作有《食物本草》《食鉴本草》《救荒本草》《食品集》《野菜博录》和《茹草编》等。正如《食物本草》作者卢和在其序中所说："从来饮食用以养生，而性味之类各殊，盖烹治调和之道，是不可以不识。予于诸书，考集其类，凡属饮食，编录一集，庶无昧于其味与性焉耳。"[3]吴禄的《食品集》中有苏志皋"刻食品集叙"，其曰："人须饮食以生，但物之性味、身之损益，鲜能知之。予拊循辽海时尝得是集，具载寒温、甘苦、补煦、禁忌之说明。夫自谓可传人人，乃刻于亦春堂中。"[4]这些

---

1 （宋）陈直.寿亲养老新书[M].（元）邹铉增续.黄瑛整理.北京：人民卫生出版社，2007：1.

2 黄帝内经[M].姚春鹏，译注.北京：中华书局，2010：1292.

3 （明）卢和.食物本草[M].晏婷婷，沈健，校注.北京：中国中医药出版社，2015：1.

4 （明）吴禄.食品集[M].曹宜，校注.北京：中国中医药出版社，2016：1.

本草类书都是对当时的食物原料进行分类和分析，有谷类、果类、菜类、兽类、禽类、虫类、鱼类、水类等。

有关本草类书都对各种食物原料进行性味和功能分析。如《食物本草》中对"绿豆"的阐述："味甘寒、无毒。主治消渴、丹毒、烦热、风疹，补益，和五脏，行经脉，解食物诸药毒，发动风气，消肿下气。若欲去病，须不去皮，盖皮寒肉平。煮食作饼，炙佳。"[1]《食鉴本草》中对"螺蛳肉"的讲解："性冷，解热毒，治酒疸，利小水，消疮肿。食多发寒湿气瘤疾。"[2]《食品集》中对"山楂"的表述："味酸，无毒。健脾，消食去积，行结气，催疮痛。治儿枕痛，浓煎汁，入沙糖调服，立效。小儿食之更宜。"[3]诸多本草药食类书籍的刊刻问世，在社会上广为流传，对民间百姓的饮食业产生了深远的影响。

《本草纲目》收载药物1892种，收载方剂1万种，并对每一种动植物原料从"气味""主治"疾病方面进行论述，更有价值的是在"集解"和"附方"中，还对许多食品也进行了分析阐释。如对具体的糕、粽、寒具、蒸饼的性、味有分析，亦附有食疗方。"粳米糕易消导，粢糕最难克化，损脾成积，小儿宜禁之。"如莲实的"附方"："补中强志，益耳目聪明。用莲实半两去皮心，研末，水煮熟，以粳米三合作粥，入末搅匀食。（《圣惠方》）小儿热渴。莲实二十枚炒，浮萍二钱半，生姜少许，水煎，分三服。（《圣济总录》）。"[4]这些"附方"注重食药的配伍与开发，是中国中医药学上十分可贵的资料。

在明代江苏人撰写的食谱类书中也可见食药之膳的搭配与调和。如韩奕《易牙遗意》中有一节"食药类"，共记载了12种药膳食品。如"丁香煎丸"："丁香、白豆蔻、砂仁、香附各二钱半，沉香、檀香、毕澄茄各六分，片脑二分半、

1　（明）卢和.食物本草[M].晏婷婷，沈健，校注.北京：中国中医药出版社，2015：10.
2　（明）宁源.食鉴本草[M].吴承艳，任威铭，校注.北京：中国中医药出版社，2016：16.
3　（明）吴禄.食品集[M].曹宜，校注.北京：中国中医药出版社，2016：15.
4　（明）李时珍.本草纲目[M].北京：华文出版社，2009：273.

甘松一钱二分，用甘草膏丸。"[1]宋诩《宋氏养生部》中也有"食药制"一节，共记载了24种膳品，如"紫苏糕"："紫苏叶晒干一斤，薄荷叶晒干八两，杏仁煮去皮尖，炒四两，白豆蔻仁四两，缩砂仁四两，干姜四两，乌梅肉焙干四两，俱为末，每斤计熟蜜六两，和匀裁为片用。食之，下气开胃。"[2]

在文学名著《红楼梦》中，食疗滋补那是回回可见，这是贾府中人所追求的，即使丫鬟、佣人也都略知食疗一二。其作用在于滋补养生，增强人体的活力和对疾病的抵抗力，进而使人益寿延年。贾老太太的滋补是最普遍的，自不待言。贾府人眼中最高级的补品是人参，用得最多的补品也是人参。第七十七回中，王夫人为凤姐配调经养荣丸，要用上等人参二两。曹雪芹利用周瑞家的之口对人参进行评道："人参虽是上好的，但年代太陈了。这东西比别的不同，凭是怎样好的，只过一百年后，便自己就成了灰了。如今这个虽未成灰，然已成了朽糟烂木，也无性力的了。"[3]对人参的品级质量有如此的精到，自然是对食补的讲究不一般。第五十七回中，宝玉知道苏州姑娘林黛玉经常要吃燕窝粥，便在老太太跟前透了个风，果然凤姐便派人每一日送一两燕窝来了[4]。那时的做法是："上等燕窝一两，冰糖五钱，用银吊子熬出粥来，最滋阴补气的。"现代江苏名菜"蜜汁燕窝"，其用料与做法，与之大同小异，如出一辙。另外，用桂圆汤喂失魂落魄的宝玉，使他补血安神；黛玉神志不清，紫鹃忙端来一盏桂圆汤和的梨汁，用小银匙喂了二三匙，桂圆性温补血，梨汁性凉润肺，两者和合，恰到好处；建莲红枣汤是贾府常用之补品，且常在早餐用等。

在饮食特色方面，清代无锡人钱泳在《履园丛话》第十二卷"治庖"中说："同一菜也，而口味各有不同。如北方人嗜浓厚，南方人嗜清淡；北方人以肴馔丰、点食多为美，南方人以肴馔洁、果品鲜为美。虽清奇浓淡，各有妙处，然浓

1　（明）韩奕.易牙遗意[M]//续修四库全书（第1115册）.上海：上海古籍出版社，1996：641.

2　（明）宋诩.宋氏养生部：饮食部分[M].陶文台，注释.北京：中国商业出版社，1989：218.

3　（清）曹雪芹，高鹗.红楼梦[M].北京：人民文学出版社，1982：1098.

4　（清）曹雪芹，高鹗.红楼梦[M].北京：人民文学出版社，1982：800.

厚者未免有伤肠胃，清淡者颇能自得精华。"[1]讲究清淡、淡雅、咸甜适中，是江苏大运河地区的饮食特点。因时而食，是江苏地区饮食养生之道，即根据不同季节的具体状况，选择、搭配适宜的食材而烹制佳肴。《礼记·内则》曰："凡和，春多酸，夏多苦，秋多辛，冬多咸。""四时调和饮食"之法应运而生。清代美食家袁枚在南京撰写《随园食单》中也提出了择时而食："冬宜食牛羊，……夏宜食干腊……辅佐之物，夏宜用芥末，冬宜用胡椒。……萝卜过时则心空；山笋过时则味苦；刀鲚过时则骨硬。所谓四时之序，……"[2]长期以来，江苏大运河地区人根据本地四季的特点，在不同季节选择不同的食物，形成了独特的季节性饮食习俗，如春天的菜花甲鱼，夏天的花香藕，秋天的桂花鸭，冬天运河里的鲫鱼最佳、最滋补。

2. 本土食疗养生之范例

清代江苏武进县孟河镇人士费伯雄（1800—1879年），生长在世医家庭，家学渊源，其家族世代以医为业。其所撰著的《食鉴本草》是一本本草类研究之书，书中对江苏地区常食用的动植物原料进行逐个分析和阐述，每一种原料从别名、来源、性味归经、食疗功效、用法用量、注意事项、主要成分、食疗应用、药膳应用、各家论述等诸方面分析总结，是一本较全面的本草食疗书籍。书中所列谷、菜、瓜、果、味、鸟、兽、鳞、甲、虫等类，既有食物原料，又有多种肴品，其内容基本是江苏之地广大民众经常食用的。这为江苏民间饮食与养生食疗提供了史料记实，为当今民众食养之法提供了借鉴范本。

这里选取江苏人特别喜欢食用的"鲫鱼"，对书中相关主要内容作一介绍：

◎ **鲫鱼**

多动火，不可与红糖蒜芥猪肝同食。

【别　　名】鲋，鲫，鲋鱼，鲫瓜子，鲫皮子，肚米鱼，草鱼板子，喜头，巢

1　（清）钱泳.履园丛话[M].孟斐，校点.上海：上海古籍出版社，2012：221.

2　（清）袁枚.随园食单[M].周三金，等，注释.北京：中国商业出版社，1984：14-15.

鱼，鲫拐子，河鲫，喜头鱼，海附鱼，童子鲫，鲭，朝鱼，刀子鱼，鲫壳子。

【来　　源】为鲤科动物鲫鱼的肉或全体。

【性味归经】味甘，性平，归脾；胃；大肠经。

【食疗功效】健脾和胃；利水消肿；通血脉。主脾胃虚弱；纳少反胃；产后乳汁不行；痢疾；便血；水肿；痈肿；瘰疬。

【用法用量】内服：适量，煮食或煅研入丸、散。外用：适量，捣敷、煅存性研末撒或调敷。

【注意事项】鲫鱼不宜和大蒜、砂糖、芥菜、沙参、蜂蜜、猪肝、鸡肉、野鸡肉、鹿肉，以及中药麦冬、厚朴一同食用。吃鱼前后忌喝茶。

【食疗应用】①鲫鱼温中羹：大鲫鱼1尾；草豆蔻6克，研末，撒入鱼肚内，用线扎定，再加生姜10克，陈皮10克，胡椒0.5克，用水煮熟食。亦可酌加适量食盐。有良好的补脾温中、健胃进食之功。用于脾胃虚寒，食欲不振，饮食不化，虚弱无力等。②煨鲫鱼：鲫鱼1尾，不去鳞、鳃，腹下作一孔，去内脏，装入白矾2克，用草纸和荷叶包裹，以线扎定，放火灰中煨之香熟。取出，随意食之，亦可蘸油盐调味食。用于久泻久痢，不思饮食，脾胃虚弱，大便不固的病人；痔疮便血而无湿热者亦可食用。③鲫鱼赤小豆汤：鲫鱼3尾，商陆10克，赤小豆50克，一并填入鱼腹，扎定，用水煮至烂熟。去渣，食豆饮汤。用于水肿而脾虚者，可收到补脾及利水消肿之功。④千金鲫鱼汤：鲫鱼250克，猪脂100克，切块，漏芦30克，钟乳石15克。用水和米酒各半共煮至烂熟，去渣取汁，时时饮服，令药力相接。漏芦、钟乳石均能下乳汁，常相配伍。本方配入鲫鱼更能补气生血、催乳。用于产后气血不足，乳汁减少。

【药膳应用】①治脾胃气冷，不能下食，虚弱无力：鲫鱼半斤。细切，起作鲙，沸，豉汁热投之，着胡椒。干姜、莳萝、橘皮等末，空心食之。（《食医心镜》）②治脾胃虚弱不欲食，食后不化：大活鲫鱼一条，紫蔻三粒，研末，放入鱼肚内，再加生姜、陈皮、胡椒等煮熟食用。（《吉林中草药》）③治翻胃：大鲫鱼一个。去肠留胆，纳绿矾末，填满缝口，以炭火煅令黄干，为末。每服一钱，陈米饮调下，日三服。（《本事方》）④治膈气吐食：大鲫鱼去肠留鳞，以大蒜片填满，纸包十重，泥封，晒半干，炭火煨熟，取肉，和平胃散末一两，杵丸梧子大，密收。每服三十丸，米饮服。（《经验方》）⑤治噤口痢：鲫鱼一枚。不去鳞、鳃，下作一窍，去肠肚，入白矾一栗子大，纸裹，煨令香熟，令病人取意用盐、醋食之。季毅方烧存性灰，米饮调下。（《百一选方》）[1]⑥治脏毒下血，久远不瘥者⑦治卒病水肿⑧治全身水肿⑨治消渴饮水⑩治小肠疝气——略

【各家论述】略

　　鲫鱼是江苏运河中最为普通的鱼种。江苏名菜"荷包鲫鱼""龙戏珠""鲫鱼萝卜丝汤""鱼汤面"都是城乡居民爱吃的菜品。民间广为流传的喝鲫鱼汤，是产妇增加乳汁的妙品。书中的"食疗应用"和"药膳应用"绝大部分内容都是民间百姓所耳闻所熟知的，也常常被作为食疗佳品在日常生活中运用。

二、江苏大运河地区的食物与养生

1. 粮食类

　　据记载，江苏运河地区种植水稻已有七八千年的历史，江苏大运河区域的先民们不仅会栽培粳稻和籼稻，并已能加工糙米。利用稻米煮粥而食是江苏人历来最基本的进食方法。粥养是中医饮食养生的重要方法，宋代陆游《食粥》诗云："世人个个学长年，不悟长年在目前。我得宛丘平易法，只将食粥致神仙。"在江苏大运河区域人们的生活中，食粥一直是饮食养生的重点，明代江阴人李诩也有一首《煮粥诗》："煮饭何如煮粥强，好同儿女熟商量。一升可作三升用，两日堪为六日粮。有客只须添水火，无钱不必问羹汤。莫言淡薄少滋味，淡薄之中

1　（清）费伯雄.苏丽清，胡华，丁瑞丛.食鉴本草释义[M].太原：山西科学技术出版社，2014：184-185.

滋味长。"[1]这首诗阐明了粥虽"淡薄"，但其具有"滋味长"的特性。《本草纲目》引张耒《粥记》云："每日起，食粥一大碗，空腹胃虚，谷气便作，所补不细，又极柔腻，与肠胃想得，最为饮食之妙诀。"阐明粥食具有温养肠胃的功效。

李诩有《神仙粥方》记载："用糯米约半合，生姜五大片，河水二碗，于砂锅内煮一二滚，次入带须大葱白五七个，煮至米熟，再加米醋半小盏，入内和匀，取起，趁热吃粥，或只吃粥汤亦可，即于无风处睡之，出汗为度。此以糯米补养为君，姜葱发散为臣，一补一发，而又以酸醋敛之，甚有妙理，盖非寻常发表之剂可比也。屡用屡验，不可以易而忽之。"[2]并指出糯米葱姜"专治感冒风寒，暑湿之邪，并四时疫气流行，头疼骨痛，发热恶寒等症。"

《本草经疏》："粳米，即人所常食米。……为五谷之长，人相赖以为命者也。……其味甘而淡，其性平而无毒。虽专主脾胃，而五脏生气，血、脉、精、髓，因之以充溢；周身，筋、骨、肌、肉、皮肤，因之而强健。"[3]指出粳米性平和，能够增强脾胃功能，并具有补益胃气和强健身体等功效。

江苏大运河地区除徐、宿"米、面混食"以外，大部分地区主食以大米为主，米以粳米和籼米为多，少量为糯米。在当地居民的传统饮食中，每天的早餐都从"粥"或者"泡饭"开始，中午煮米饭吃，晚上又常常吃稀饭。在江苏大运河区域人们的饮食中，稻米始终都处于不可动摇的地位。21世纪以来，人们注重健康饮食，提倡粗细粮搭配。粗粮中含有丰富的膳食纤维，可以帮助人体抑制对胆固醇的吸收，减少高血脂的患病风险，促进肠道的蠕动。预防便秘。粗粮中还含有丰富的B族维生素，可以预防脚气病等B族维生素缺乏症。特别在一些重要的节日里，以大米为主要原料的制品承载了江苏大运河区域人们对生活的赞美以

1　（明）李诩.戒庵老人漫笔·卷七[M].魏连科，点校.北京:中华书局，1982：305.
2　（明）李诩.戒庵老人漫笔·卷三[M].魏连科，点校.北京:中华书局，1982：118.
3　（清）费伯雄.苏丽清，胡华，丁瑞丛.食鉴本草释义[M].太原:山西科学技术出版社，2014：003.

及对中国传统文化的敬重。

利用稻米制成米粉，加工成糕团食品，是江苏地区的一大特色。苏南人尤擅长制作糕团，如松子枣泥拉糕、玫瑰百果蜜糕、咸猪油糕、猪油年糕、桂花糖年糕、薄荷水蜜糕、白糖切糕、定胜糕、玫瑰方糕、茶糕、梅花糕、黄松糕、蜂糖糕、五色玉兰饼、桂花小元宵、百果酒酿圆子、虾肉汤圆、青团、桂花甜酒酿、三星麻团、炒肉团子、冷糍团、八宝饭、莲子血糯饭等。以大米为原料加工的食品颇受江苏大运河区域人们喜爱。常州曾有专业人士做过调查：在常州市民最喜爱的名点名小吃30道中，有近一半是以大米为原料的，如常州咸泡饭、重阳糕、乌米饭糕团、糍团等。

在苏北的徐州、宿迁地区，居民除食用稻米以外，还喜爱面食。徐州面食之一的烙馍是该地独有的主食，烙馍经擀制翻挑，饼薄如纸；而壮馍的"壮"为吉言，按习俗，父母年至花甲，儿女要给父母孝敬壮馍，祝福父母身体壮实、健康长寿。而苏北宿迁的饮食特点是"南米北面"，其主食兼具两者的特色。宿迁人平日里的主食是粥和煎饼为主，做粥的方法很独特，是将米和面混在一起熬制成的。

2. 蔬果类

《黄帝内经·素问》提出了"五谷为养，五果为助，五畜为益，五菜为充，气味合而服之，以补精益气"的膳食配伍原则，表明五菜有协同补充营养的作用，五果辅助补充营养的功效。

江苏大运河地区各地盛产丰富的蔬菜水果，特别是在法律法规范围内可食用的野生植物，也是我国传统中药的重要成分，对强身祛病起到了非常重要的作用。荠菜也叫香荠、地菜、鸡脚菜、菱角菜等，江浙一带称为枕头菜，为十字花科野生蔬菜。春秋中叶（公元前6世纪）形成的《诗经》里，记载了淮安人喜欢吃的荠菜、蒲菜等在内的20多种野菜。西汉初年，辞赋大家、淮安人枚乘在《七发》中以为楚太子看病为名，开出了江淮地区的第一张食单，食单上的竹笋、蒲菜、山肤、芍药、紫苏等均是野菜。明朝嘉万年间，淮安人吴承恩在《西游记》中写道："剪刀股，牛塘利，倒灌荠，窝螺荠，操帚荠，碎米荠，莴菜荠，几品清香又滑腻。"[1]李时珍《本草纲目·菜部》记载荠菜有"利肝和中、利五脏、明目益胃"等诸多功效。顾景星《野菜赞·荠菜》写到荠菜具有辟蚊护生的作用："三月三日妇女小儿簪之，云辟疫。是日采茎剔灯，辟蚊。"明代中叶，江苏高邮王磐《野菜谱》一书中收录家乡的野菜六十种："白鼓钉，名蒲公英，四时皆有，唯极寒天小而可用，采之熟食。""马齿苋，入夏采，沸汤瀹过，曝干，冬用。旋食亦可，楚俗元旦食之。"

　　"居不可无竹，食不可无笋。"柔柔暖风中，春笋破土而出，成了很多大运河百姓的春季必吃美食之一。江苏大运河区域扬州和苏州等地的气候环境和地理位置十分适合竹子的生长，运河人自古爱赏竹，更喜品笋之鲜美。明末清初文学家李渔在《闲情偶寄》中将食笋评为"蔬食中第一品"。宋代的黄庭坚还写出《食笋十韵》"洛下斑竹笋，花时压鲑菜。"来称赞竹笋不输鲑鱼的滋味。清朝兴化人郑板桥的诗"江南鲜笋趁鲥鱼，烂煮春风三月初。"更是将竹笋的"鲜"飘香于纸上。

　　明末时期的姚可成在汇辑《食物本草》时记载："玫瑰处处有之，江南尤多。"书中指出玫瑰种植的地方比较多，江南尤多。清代丁其誉在《寿世秘典》中记载："玫瑰灌生，细叶多刺，类蔷薇茎短，花亦类蔷薇，色淡紫，娇艳芬馥，有香有色，堪入茶酒、入蜜。"[2]清朝时期的曹炳章注《增订伪药条辨》中对玫瑰花的记载较为详细，书中指出苏州产玫瑰花："玫瑰花，色紫，气香，味甘，性微温。入脾、肝二经。和血调气，平肝开郁。唯苏州所处者，色香俱足，服之方能见效。"[3]以玫瑰花入馅制作糕团、点心在江苏运河地区十分普遍。

1　（明）吴承恩. 西游记[M]. 北京：北京联合出版公司，2014：659.

2　（清）丁其誉.寿世秘典[M].北京：中医古籍出版社，1991.

3　（清）曹炳章.增订伪药条辨[M].刘德荣，点校. 陈竹友，审订. 福州：福建科学出版社，2006：49.

人们消暑养生离不开瓜果桃李。李诩在《戒庵老人漫笔》中记载了"香雅细澹洁密"可以酿酒的李子，"味甘平无毒入药力胜"的葡萄；清代吴伟业在《苹婆》中记载"汉苑收名果，如君满玉盘。几年沙海使，移人上林看。对酒花仍艳，经霜实未残。茂陵消渴甚，饮食胜加餐。"；明代苏州人文震亨在《生梨》中写道：梨能"入口即化，能消痰疾"；明末清初吴江人朱鹤龄在《喜橄榄至》中写道橄榄"异比江瑶柱，珍齐海石榴"；清代苏州人张璐在《本经逢原》中记载："西瓜，能引心包之热，从小肠、膀胱下泄，能解太阳、阳明中暍及热病大渴，故有天生白虎汤之称。而春夏伏气发瘟热病，觅得来年收藏者啖之，如汤沃雪。"[1]诸多水果皆列入了江苏大运河人们饮食的清单，构成其饮食养生的物质基础。

苏南苏北的"水生蔬菜"，也为运河地区人民提供了优质的水产蔬菜：如茭白、莲藕、水芹、蒲菜、芡实、慈姑、荸荠、莼菜、菱角等。

3. 鱼虾类

江苏大运河及周边河湖地区的人民食用鱼虾是日常普遍之事。清代李渔在《闲情偶寄》中写道："食鱼者首重在鲜，次则及肥，肥而且鲜，鱼之能事毕矣。然二美虽兼，又有所重在一者。如鲟、如鳔、如鲫、如鲤，皆以鲜胜者也，鲜宜清煮作汤；如鳊、如白，如鲥、如鲢，皆以肥胜者也，肥宜厚烹作脍。烹煮之法，全在火候得宜。""笋为蔬食之必需，虾为荤食之必需，皆犹甘草之于药也。善治荤食者，以焯虾之汤，和入诸品，则物物皆鲜，亦犹笋汤之利于群蔬。"[2]

郑板桥在《思归行》中写道："臣家江淮间，虾螺鱼藕乡"。直白地说出扬州美食原料：鱼、虾、螺、藕。清代赵学敏在《本草纲目拾遗》中记载："虾生

---

1 （清）费伯雄．苏丽清，胡华，丁瑞丛.食鉴本草释义[M].太原:山西科学技术出版社，2014：63.

2 （清）李渔.闲情偶寄[M].江巨荣，卢寿荣，校注.上海：上海古籍出版社，2000：281-282.

淡水者色青，生咸水者色白。溪涧中出者壳厚气腥，……湖泽池沼中者壳薄肉满，气不腥，味佳，海中者色白肉粗，味殊劣。入药以湖泽中者为第一。"

自古以来，江苏大运河区域及其附近水域丰富的水资源为人们提供了种类繁多的水生生物，在不同的时节丰富着人们的饮食。水产品味道鲜美，富含优质蛋白质和不饱和脂肪酸对改善人类记忆功能、降低胆固醇、保护心脑血管都大有益处，特别适合老人和儿童食用。

江苏气候温和，物产丰富，大运河沟通南北，水渠交叉如织，以河湖时鲜为最，苏南、苏北地区运河和河汉、池塘，为江苏人提供了难以胜数的水鲜，如鱼、虾、蟹、鳖、鸭、鹅等，其中鱼的品种特别多，如草、鲢、鳊、鲤、鳙、鳅等。上乘的原材料配以精湛的技艺，成就了声名远播的大运河美食文化。代表名菜有：松鼠鳜鱼、醋熘鳜鱼、红松鳜鱼、叉烤鳜鱼、网包鳜鱼、萝卜鱼、菊花青鱼、老烧鱼、青鱼甩水、灌蟹鱼圆、糟煎白鱼、酥鲫鱼、荷包鲫鱼、白汤鲫鱼、水油浸鳊鱼、软兜长鱼、炖生敲、梁溪脆鳝、白煨脐门、大烧马鞍桥、拆烩鲢鱼头、五丁鱼圆、将军过桥、红烧大乌、荔枝鱼、糖醋黄河鲤、三鲜脱骨鱼、彭城鱼丸、椒盐塘鱼片、糟溜塘鱼片、白汁鼋鱼、八宝鼋鱼、黄焖鳗、清炒大虾仁、凤尾虾、清炒三虾、生炝条虾、软煎蟹盒、雪花蟹斗、炒蟹脆、蟹油水晶球等。

三、江苏大运河地区饮食养生分析

1. 以清淡为本的饮食养生风格

江苏地区的人们自古就讲究"淡味养生"，当地居民认为，"食淡精神爽"。江苏人注重五味进食的适可而止，口味不宜过重。元明之际人冷谦有感于此，而赋歌诀："厚味伤人无所知，能甘淡薄是吾师。三千功行从兹始，天鉴行藏信有之。"（《修龄要指》）。清代养生家曹庭栋在《老老恒言》中也说："凡食物不能废咸，或少加使淡，淡则物之真性味俱得。"[1]江苏大运河地区的

1　（清）曹庭栋.老老恒言[M].王振国，刘瑞霞，整理.北京：人民卫生出版社，2006：9.

人民正是按照健康饮食养生的观念，崇尚清淡，以淡薄而食为上。

江苏大运河区域人们注重清淡而食，在食物制作方面则非常注重选料和工艺。如"无锡排骨"只用猪肋排，少用盐，菜肴制作用糖醋味；"清蒸鳜鱼"选用新鲜鳜鱼，不加过多调味料，用葱、姜、盐腌制，体现鲜味，不要吃出过分的咸味；"活炝虾"一定要用优质青壳河虾，以鲜淡为主等。诸如此类的"清炒、滑炒"菜肴，如炒虾仁、炒鱼米、滑炒里脊丝、芙蓉鱼片等，突出清淡鲜美之味。

苏南饮食在讲究色、香、味、形、器的基础上，形成了自己清淡、精细、以水产鱼食为主的风味特色。同时江苏菜肴繁花似锦，烹饪方式层出不穷，同样一条鱼，红烧、清炖、白烧、白笃，但都以清淡为时尚美味。

在江苏的运河城市中，扬州、淮安运河饮食保留着原淮扬特色的河鲜宴、菊花蟹宴等一系列宴席菜品。在菜肴制作上选料严格、刀工精细、主料突出、注重本味的菜品特色，烹饪时讲究火工，精擅炖焖，汤清味醇，浓而不腻，清淡鲜嫩，体现的是"清淡味美"四字。

扬州早茶的商业活动是随着京杭大运河兴起的，早茶以茶水和点心并重，茶水以绿茶为主，点心则花样繁多，更加注重口感。面条有白汤脆鱼面、阳春面、鸡汤面、虾仁煨面等；干丝是扬州早茶名点之一，干丝类主要有烫干丝和煮干丝，这两道菜品完美展示了扬州菜肴最鲜明的特色——普通的原料、精湛的工艺、大众的口味、高雅的审美。淮扬点心系列品种最多，如月牙蒸饺、三丁包子、翡翠烧卖、千层油糕、黄桥烧饼等，咸甜适中，口感绝美，都是以清淡为主旋律。

2. 随季节变化的饮食养生特色

随季节而饮食，是江苏运河人民自古的传统风格，也是中华民族的饮食习俗和顺应时令的优良传统。《礼记·内则》中就提出了不同时节搭配适宜的食材，调制不同的口味。元代《饮膳正要》中也提出了"四时所宜"："春气温，宜食麦以凉之，不可一于温也"；"夏气热，宜食菽以寒之，不可一于热也"；"秋气燥，宜食麻以润其燥"；"冬气寒，宜食黍，以热性治其寒"。[1]长期以来，江苏运河地区的人根据本地四季分明的特点，合理安排菜品，在不同季节选择不同食物，形成了独特的季节饮食习俗。

明清时期，江苏运河地区人就很注重节气、节日的变化与饮食相连。《清嘉录》记载新年："茶坊、酒肆及小食店，门市如云。"灯节："游人以看灯为名，逐队往来。或杂沓于茶墟酒肆之间，达旦不绝。"三伏天："茶坊以金银花、菊花点汤，谓之双花。面肆添卖半汤大面，日未午，已散市。早晚卖者则有臊子面，以猪肉切成小方块为浇头，又谓之卤子肉面。配以黄鳝丝，俗呼鳝鸳鸯。"

因时而食，春夏秋冬四季，有四季不同的饮食风格。正如苏州人车前子所言：苏帮菜是极其讲究时令的，春雨绵绵，吃碧螺虾仁；夏木阴阴，吃响油鳝糊；秋风阵阵，吃雪花蟹斗；冬雪皑皑，吃……我就在自己家窗口喝一壶热乎乎黄酒，那不出门了。

对于美食小吃，也注重季节性和美感，即使是一小块糕点。苏州人制作糕点同样讲究"不时不食"，尊重自然本身。春饼，夏糕，秋酥，冬糖，四时八节，应季而点。春以酒酿饼为最，夏则薄荷糕为主，秋以酥皮月饼见长，冬则麻酥糖为好。无锡人非常注重在节气时的饮食安排，一年四季，什么时节吃什么很讲究。比如：正月初一吃汤团，立夏吃咸蛋、清明节前后吃青团，八月半早晨吃芋头等。

如今，人们对健康的追求越来越强烈，江苏大运河地区人们始终秉承清淡、清爽的健康口味，在追求本味的基础上，选择优质食材，烹制当令菜肴。当前绿色食品和有机食品的迅速崛起，在保证食品的原生态、无污染及安全营养的情况下，江苏大运河区域人们更需要以绿色发展为指引，树立科学的饮食养生新理

1　（元）忽思慧.饮膳正要[M].上海：上海书店，1989：70-76.

念，以健康生活为目标，推动饮食养生的发展，不断完善四季养生菜品，提高产品健康养生功效，传播饮食健康知识和科学养生方法，最终让越来越多的人获益。

第九章

江苏大运河
徐州段饮食文化考察

从2006年开始，中国就启动了大运河申遗工作，历时八年之久，2014年6月在多哈召开的第38届世界遗产大会会议上，中国大运河被列入《世界遗产名录》，成为中国的第46项遗产。中国申遗的大运河河道遗产27段，遗产点58处，这些遗产根据地理分布情况，分别位于31个遗产区内。江苏境内包含淮扬运河扬州段、江南运河常州城区段、江南运河无锡城区段、江南运河苏州段、中河宿迁段。很遗憾，作为运河发展史中非常重要的徐州段并未列其中。

徐州段的新沂窑湾古镇和原邳州运河镇一带尤其是窑湾古镇因曾经是大运河的黄金拐点，特色非常鲜明。

为了解运河徐州段的饮食文化情况，大运河饮食文化研究课题组成员邵万宽、韩琳琳、胡爱英一行三人于2022年9月赴新沂窑湾和邳州进行了实地考察，访谈了钱宗华、秦群泰、居成凯、刘伟等几位窑湾文化研究专家和邳州的李江元、焦杰两位烹饪专家，对这两个地方的历史和饮食文化进行了较全面地了解。

一、概况

窑湾古镇位于徐州新沂市西南35公里，京杭大运河与骆马湖交汇处，自唐朝建置，至今已有1400余年的历史，地处中运河中段，扼大运河南北水路之要津，商业地理价值十分突出，被称为大运河的黄金拐点。全国各地的货物依托窑湾码头实现南北流通，有的还远销新加坡、泰国、马来西亚、日本等地，"日过桅帆千杆，夜泊舟船十里"。水运的兴盛带动了窑湾工商业的迅速繁荣，清初至民国为鼎盛时期，镇上设有大清邮局，钱庄、当铺、商铺、工厂、作坊等360余家，成为运河商贾中心，有"黄金水道金三角"和"苏北小上海"之称。南北各地客商涌入窑湾，商业经济迅猛发展。在清朝康乾年间，窑湾建成了山西、安徽、福建、山东、江西、苏镇扬、河南、河北八大会馆，各种地域文化和外来文化在窑湾交流融会，形成了具有显著特色的窑湾文化。

邳州古称邳国、下邳、良城，地处沂河下游，是东陇海沿线和大运河沿岸的重要节点城市，位于苏鲁交界，东接新沂市，西连徐州市铜山区、贾汪区，南界睢宁县、宿迁市宿豫区，北邻山东省枣庄市台儿庄区、兰陵县、郯城县。自邳州向南穿过淮河至淮阴清江大闸的一段大运河，长186公里，称中运河。而今，大运河邳州段自市西宿羊山镇新安庄入境，经市境东南部运河街道后马庄村出境，途径宿羊山镇、碾庄镇、赵墩镇、运河街道。

二、风味特产

1. 窑湾甜油

窑湾甜油距今已有300多年的历史。清康熙年间，窑湾名医赵学敏、宗柏云会同当地知名酱园店老板赵信隆，将养生理念融入传统的酱油酿造工艺，研制了一种新的调味品，因其鲜味异常，余味微甜，当地俗语称之为"甜油"。甜油的主要原材料是小麦和黄豆，将小麦熟面块放到40℃的暗室内加温，放置7天后，熟面块新生出乳黄色菌线，将面菌块搬至风凉处晾干后放入大沙缸，在缸内倒入浓度为10%的盐水至满，经过210天的晾晒，酱坯变化成一种新的物质，即甜油。此油鲜味扑鼻，其鲜美度远超于味精，可代替酱油用于菜品的炒、烧、炖、煮，加入甜油的凉拌菜味道极其鲜美。甜油是窑湾船菜的重要调味品，其制作技艺已列入"徐州市市级非物质文化遗产名录"。

2. 窑湾绿豆烧酒

窑湾绿豆烧酒的前身是明朝皇宫御酒"绿酒"。明朝李时珍任皇宫御医时用珍贵药材配制保健酒，因酒色棕绿，故称为绿酒。清康熙年间，窑湾因地震被毁，明末御医赵学敏、宗伯云作为政治释放人员被朝廷迁放至窑湾进行灾后重建，他们针对窑湾当地的灾后疫病，对绿酒配方进行改革，酿出的酒色绿味甜，绵软浓淳，既有酒的美味，又有健身防病的功效。清乾隆三十年（1765年），乾隆第四次南巡，来到窑湾，因酒色绿莹，如同绿豆茶，遂赐名"窑湾绿豆烧"。2013年12月24日，国家质检总局批准对"窑湾绿豆烧"实施地理标志产品保护。

3. 窑湾茶食

窑湾茶食，又称窑湾糕点，距今已有300多年的历史。1645年清兵打进南京，南明弘光王朝灭亡，御厨马洪不愿给清朝服务，逃回老家镇江。不久，清政府下达"剃头令"，马洪与邻居杨大忠等十余人顺运河逃亡到窑湾投奔表弟徐青。徐青介绍其到窑湾正大马家糕点茶食店做糕点师。马洪施展御厨糕点绝技，所制作糕点味、色、形俱美，颇受当地居民欢迎。马洪传授技艺制作的特色糕点主要有以下几种：

（1）**桂花云片糕**　桂花云片糕选用上等白糯米，经过60℃温水浸泡6小时后捞出阴干，再加工成细粉。这些糯米粉需要放置半年后方能使用，中医理论称为"存性"，以净化火性，使其易被消化吸收。糯米粉、油、糖、桂花香料合成糕坯块，用特制刀细切成片，薄如纸片，厚薄一致，折而不断，卷而不碎，入口香甜，软绵滑润。桂花云片糕与甜油、绿豆烧酒被合称为"窑湾三宝"。

（2）**寸金糖**　寸金糖是一种古老的糖制品，外裹芝麻，内夹糖芯，外形为一寸黄金色小条片，故称"寸金"。其制作工艺较为复杂，需全程手工制作，且需数人协作，一气呵成，要求操作者动作紧凑协调、互相衔接、及时迅速，中途不能停留，否则糖坯遇凉则变僵硬，无法进行下一步流程而制作失败。要做好寸金糖，须练好手、眼、身、法、步等硬功绝技。

（3）**糯米金果**　糯米金果外形像蚕茧，色白。制作时先将糯米清水浸泡30天，阴干粉碎为米粉，拌和成面团，拉成长条，再切成小条，下锅炸为果坯，加绵白糖即成。这种糕点老年人喜好食用，易消化，有补中益气的功效。

窑湾糕点除上述三种外，还有几十种，如绿豆糕、条酥、百合酥、金钱饼、套环、蜜三刀、面金果、大京果、小京果等。

4. 邳州苔干

苔干，又名贡菜、响菜、山蜇，是一种被称为秋用莴苣的植物，据地方志记载，已有200多年的栽培历史。苔干富含维生素、蛋白质及铁、钙、镁等矿物质、纤维高、糖分低，有一定的药用价值。

新鲜苔干生熟都可食用，凉拌、炝、做汤均可；还可制成干菜，清爽可口，咀嚼声清脆悦耳，具有"色泽翠绿，响脆有声，味甘鲜美，爽口提神"之特色，备受海内外消费者青睐。邳州有句打油诗是这样描述苔干的："脆嫩爽口苔干菜，五味都可调中来。凉拌热炒皆适宜，独具口感真不赖。"

5. 邳州银杏

银杏是我国特有的古老珍奇的名贵树种，是新生代第四纪冰川期遗迹的"活化石"，果珍、叶贵、材良，用途广泛，具有重要的经济效益、生态效益和科研价值。

邳州是中国银杏之乡，素有"银杏第一市"的美誉。远古先民们崇拜银杏树，认为其为人类繁衍的象征，多代共处，寓意子孙繁衍无穷无尽。邳州出土的汉画像石刻银杏树则是先民崇拜习俗的延续；清代光绪二十七年（1901年），邳州北谢村库生张敬茂（1874—1927年）有《中秋既望观园》一诗写道："出门无所见，满目白果园。屈指难尽数，何止株万千"。地方志载，当年银杏收获以后，沂河沿岸的港上、丁楼等渡口"舟船填塞，帆樯错动，船载特产，下而远售"。

6. 邳州黑木耳

黑木耳又称光木耳、木耳、云耳、黑菜，木耳科食用菌，多生于阴湿、腐朽的树干上，过去均为野生，现采用段木接种法培植。清明前后，将青冈、化香、枫槐等树砍倒，截成1.6米左右长的段木，晾晒半干时，在段木上砍口，将配好的孢子液或培养好的菌丝接种于砍口上，将段木堆成小垛，用树枝树叶遮盖，保持温度在23～25℃，并具有一定湿度，保证孢子或菌丝顺利发芽生长。从接种到成熟一般需3～4个月。根据栽培时间与采收季节不同，黑木耳分为春耳、伏耳、秋耳3种，耐久贮。木耳湿润时有柔软光滑感，干燥时呈脆硬坚韧的角质，表面黑褐色，背面灰白色。鲜耳采收后须及时加工制作，或日光晾晒，或人工烘干，然后去杂，包装成品，置干燥处可藏数年之久。

三、地方饮食的特色表达

窑湾古镇代表性的美食有：窑湾船菜。而在邳州，则有八大碗以及"一红一白""一快一慢"。

（一）窑湾船菜

船菜，顾名思义是以水产为主要食用原料，在船上烹饪及享用的菜肴。后因船上空间狭小，满足不了众多消费者的饮食需求，就移到了陆地上操办，统称"船菜"。

1. 窑湾船菜的形成与发展

窑湾船菜形成于明朝中期开迦通运河之后。大运河南北开通，达官贵人，商贾富人由于长途航运行程，需要长时间逗留在船上，为了消磨时间，经常在船上设宴，从而形成了别具风格的船宴形式。这种船宴多以河中水产为菜品原料，每到一处也会及时补充当地的特色物产，用料考究，制作精细，所经之处，也会把制作技艺带至岸上，形成饮食文化交流。

明清时期，窑湾作为大运河重要的交通枢纽，商品集散地，南北客商云集，商茂繁茂、经济发达，过往客商途经窑湾，已不满足于狭隘的船上空间。是时，窑湾的饮食服务业兴盛，餐馆酒肆遍及古镇大街小巷，精明的窑湾人运用船菜的烹制方法，融合了各地客商的饮食喜好和当地饮食特色，形成了当地具有代表性的饮食文化——窑湾船菜。

2. 窑湾船菜原料

窑湾因位于我国中原南北交界处，四季分明，土地肥沃，水源充足，农作物种植亦地兼南北，既盛产水稻，小麦和豆类的种植也很发达。同时，大运河与骆马湖在窑湾相汇处，临河傍湖，老沂河穿镇而过，古镇三面环水，水产资源尤为富饶。优越的地理环境和丰富的物产为窑湾船菜的发展提供了良好的原料保障。

（1）陆产食物原料

谷物类：水稻、小麦、玉米、大豆、赤豆、绿豆、红薯、板栗、花生等。

蔬菜类：窑湾蔬菜品种繁多，四季有别，春季主要有韭菜、菠菜、芫荽、蒜苗、菜花等；夏季有青椒、番茄、黄瓜、丝瓜、四季豆、芹菜、茄子、蒜薹、洋葱、青菜、花菜、包菜、蚕豆等；秋季有贡菜、冬瓜、南瓜、青毛豆、白萝卜等；冬季有白菜、萝卜、韭黄等。窑湾还有丰富的野生蔬菜，且在当地食用普遍，有香椿芽、马兰头、槐花、榆钱、荠菜、扫帚菜、枸杞头、马齿苋、南瓜花、红薯梗叶等。

肉食类：猪、鸡、鸭、鹅、牛、羊、狗、兔肉等。

果品类：苹果、梨、柿子、山楂等。

（2）水产食物原料

植物类：水藕、莲子、荸荠、嫩菱秧、嫩藕芽、藕带、菱角米、嫩蒲芯、鸡头米等。

动物类：银鱼、白鱼、鳜鱼、甲鱼、鲈鱼、鲫鱼、龙虾、白虾、泥鳅、黄鳝、小黄鱼、鲤鱼、黄颡鱼、乌鳢、白花鲢、螃蟹、螺蛳、湖蚌等。

3. 窑湾船菜的饮食特色

江苏省内江河湖泊密布，运河港汊繁多，水产资源十分丰富。江苏知名的船菜有苏州船菜、无锡太湖船菜、扬州船宴以及窑湾船菜。相比于太湖船菜、扬州船菜清淡秀丽的特点，窑湾船菜因其运河航运重镇的地理位置和南北客商云集、多元文化融合的人文环境，呈现出"鲜、融、健、爽"四大饮食特色。

（1）鲜　窑湾船菜首重选材新鲜、鲜活，讲求食材的时令性。窑湾临河傍湖，水域广阔，土壤肥沃，水陆物产丰富，且窑湾地处温带季风区，四季分明，不同季节有不同的时蔬水产。船菜非寻常船家所食，乃是招待富商大贾、达官贵胄的精制美食，用料考究、制作精致，对食材的新鲜度有严格的要求。

（2）融　窑湾是大运河沿岸主要码头之一，全国多省在窑湾有经营货物往来。清中期至民国初期，窑湾有8省商会和10省的商业代办处，各地客商云集在古镇不足2平方千米的土地上，多种文化在此汇集交流。窑湾船菜经过各地饮食文化的融入和一代代窑湾厨人的倾心研发创新，形成了博采众家之长，口味独特的苏北船菜体系：既融入鲁菜的鲜咸脆嫩，徽菜的酱香柔和，又兼容川菜的酸麻辛辣，闽粤菜的清淡滋补，更渗透着淮扬菜的追求本味、清鲜平和的特色。

（3）健　窑湾地处温带季风气候，四季农作物和水生动植物特产各异，窑湾船菜强调就地取材，以骆马湖水烹制湖鲜、河鲜，以时令食材入菜，体现了中国传统文化中适应自然、天人合一的健康饮食思想。以食药入菜是窑湾船菜的另一特色，将银杏、百合、桂圆、山药、杏仁、黑豆、黑芝麻、山楂、红枣、蜂蜜、薏仁、莲子、芡实等在中医典籍中记载具有滋阴润肺、补肝养肾、醒脾健胃、增强人体免疫功效的药食同源之物融入到窑湾船菜中，体现了船菜讲求营养均衡、健康养生的特色。

（4）爽　爽为窑湾船菜艺术审美的表达，有如下几个方面的审美展现：一是视觉爽，即形美。窑湾船菜融合了淮扬菜刀工和菜肴造型的特色，刀工精湛，可将红薯切得细如发丝，熏肉片切成两面光亮，薄如蝉翼，尤其注重菜品装饰摆盘，精雕细琢的艺术性菜品呈现令食客不忍下箸；二是味觉爽，即味美。窑湾船菜的厨人向来重视火候的运用，把火候的掌握列为烹制菜肴的关键，通过火候的调节体现菜肴的鲜、香、酥、脆、嫩、糯、细、烂等不同特色。在调味方面，窑湾船菜制作突出原料本味，在烹调菜肴时减少调料的使用，而喜以当地特色佳品——窑湾甜油入菜调味，味极鲜爽；三是听觉爽，即意美。窑湾船菜对菜名也极为讲究，巧取吉祥菜名，如"万事如意""日进斗金""福寿满堂""富贵鱼头"等给客人以祝福，渲染进食氛围，宴饮席间有水乡小曲佐欢，令食客悠然心怡，流连忘返。

4. 窑湾船菜代表性菜品

窑湾船菜菜肴种类繁多，据窑湾文化研究学者钱宗华统计有260多道，其风格博采众家之长，各有特色，但尤以鱼为食材的菜品为胜，热菜类如红烧鳜鱼、清蒸白丝、大闸鱼、红烧甲鱼、鲫鱼喝饼、咸鱼烧肉、银鱼抱蛋等；汤羹类如银鱼鸡蛋汤、长鱼辣汤、香菜鱼脸粥等等；凉菜类也不乏鱼类，如毛刀鱼、腊鲜鱼、香酥野生鲫鱼。春夏秋冬，四季时鲜不断，即时烹调，佐以现代风味，兼顾传统，既是视觉的盛宴，又是味觉的天堂。

（1）**红烧鳜鱼**　此菜主要食材为骆马湖盛产的鳜鱼。鳜鱼，又名鳜花鱼，季花鱼，为淡水鱼中的上等食用鱼，被认为是"鱼中上品"，作为宴席之佳肴，深受人们的喜爱。春天鳜鱼肉质最为肥美，被人称为"春令时鲜"。窑湾船菜中鳜鱼的烹饪方法以红烧为主，鳜鱼杀好洗净后放油锅煎炸至两面金黄，再加入准备好的大葱、姜、蒜米、花椒、八角炒香，加入窑湾甜油和水烧沸，至熟烂即可。红烧鳜鱼外酥内嫩，肉洁白细嫩，呈蒜瓣状，食之难舍。

（2）**富贵鱼头汤**　富贵鱼头汤以骆马湖产的花鲢鱼头及新鲜骆马湖芦笋、香菇为原料，经独特工艺加工烹制。其汤汁乳白浓郁，鱼肉鲜嫩味美，润滑可口，味道香醇。富贵鱼头是窑湾一道响当当的名菜，素有"一个鱼头三分参"之说，当地有"吃富贵鱼头，主前程锦绣"的民谚。

（3）**清蒸白丝鱼**　白丝鱼是骆马湖淡水鱼之一，也是骆马湖三白之一。这种鱼体长、口大、嘴上翘、性凶猛，以鱼、虾和水生昆虫为食，肉白细嫩，属名贵鱼种。清蒸保持了白丝鱼的原汁原味，鲜嫩非常。

（4）**红烧团鱼**　团鱼，即甲鱼。骆马湖出产的团鱼，背壳比一般放养的团鱼壳大。红烧团鱼，不但色泽红亮，而且裙边宽阔透明，肉质坚韧绵软，用筷子夹食，有粘连感，肉质筋道，食之回味悠长。

（5）**大闸鱼**　大闸鱼所选食材是骆马湖的青鱼，这种青鱼栖息在骆马湖最深的水域嶂山水闸附近，体型大，生性凶猛，喜欢吃软体的螺蛳、贝壳类等食物，也叫螺蛳青，相对于其他青鱼，肉质更为细腻。大闸鱼最值得称道的不是鱼肉，而是鱼汤，窑湾当地有一俗话："家有万贯，不吃大闸鱼泡米饭"。意思是说大闸鱼鱼汤鲜美无比，用大闸鱼鱼汤泡米饭，食量大增，纵使家有万贯，也会吃穷的。大闸鱼鱼汤浇在香喷喷的骆马湖生态米饭上，鲜、辣、香，是在别处品尝不到的美味。

（6）**白丝鱼丸**　白丝鱼丸以骆马湖产的白丝鱼为原料，白丝鱼刺多且细小，窑湾厨人便想出了自动除刺的好办法——以刀背将鱼块剁成鱼蓉，小刺就会黏附在案板上，剁得越碎，刺也剔除得越干净。剁好的鱼蓉经过不断搅拌，形成鱼胶，攒成鱼丸，入锅后立刻就漂浮了起来，鱼丸鲜嫩弹牙，清鲜爽口。

（7）**银鱼抱蛋**　银鱼抱蛋所用食材为名产"骆马湖三白"之一的骆马湖银鱼，这种银鱼体型细小，透明，肉质细嫩，配以当地土产鸡蛋。把银鱼放入蛋液内搅拌均匀，倒入油锅翻炒，成菜口感鲜嫩爽滑。

（8）**窑湾扣肉**　窑湾扣肉起源于明末清初，当时窑湾漕运兴起，发源于广州的扣肉经京杭大运河流传至窑湾。当地人根据口味和本土菜肴特色进行调整，研发出了窑湾扣肉。窑湾扣肉选用上等前腿肉为原料，经独特工艺加工烹制，其色如黄金，香郁四溢，肉片仿如薄翼、层次分明，一片片相互依偎却不粘连，且入口即化、肥而不腻。2020年，窑湾扣肉被评为江苏省百道乡土地标菜。

5. 窑湾船菜形成的影响因素

（1）**自然和地理环境因素的影响**　窑湾古镇的气候环境属于温带湿润性季风气候，四季分明，光照充足，适合各类农作物和动植物的生长。古镇东濒骆马湖，西傍大运河，老沂河穿镇而过，三面环水，水系发达，水产资源丰富。

（2）**人文历史因素的影响**　窑湾古镇人文资源丰富、历史文化深厚，始建于唐朝初年，有着1300多年的建镇史，明清至民国时期由于地处中运河的中段，是大运河沿线重要的码头之一，漕运、盐运的发展鼎盛一时。窑湾成为四面八方货物的集散地，大量的物资汇集在此地，又通过大运河运往各地，吸引了各地的商人来此投资。千年古镇的人口密集，各地文化相互渗透，形成了既融合各地人文特色又具有鲜明地域文化的饮食文化体系。

（3）**政治文化因素的影响**　窑湾船菜最早发明者并不是名厨，而是窑湾当地渔民和往来客商的随船厨师，有明一代，窑湾船菜并没有到达臻善之境，直至清初康熙九年（1670年），因山东地震，运河河道遭到严重破坏。一批明朝的贵族官员作为政治犯被大赦释放到因地震遭到严重破坏的窑湾镇进行灾后重建工作，这些人员的身份有皇家贵族、官宦、御医等，具有较高的审美意识和养生水平，在他们的改良下，昔日的船菜已颇具精致的工艺和融健爽美的饮食特色。清朝中期至民国中期，窑湾船菜达到鼎盛时期，水域文化鲜明的地方特色大放异彩。

6. 窑湾船菜的现状与创新发展

1937年，日本侵华战争全面爆发，战火燃及窑湾古镇。1939年2月，日军占领窑湾，居民逃避一空，日伪军大肆烧杀抢劫，窑湾经济遭到极大劫难。抗战胜利后，国民党又盘踞窑湾，苛捐杂税，横征暴敛。1948年，淮海战役在窑湾打响了第一枪，多年的战火连绵，使窑湾古镇彻底走向衰落，窑湾船菜也落入沉寂。

1949年后，徐州作为我国交通重镇，大力发展铁路，陇海与京沪纵横两条重要铁路要道以及多条高速公路在徐州交汇，南北客货运输以陆路为主，大运河航运日渐萧索，窑湾船菜昔日辉煌不再。

直至2007年，徐州市开始着重挖掘窑湾古镇的历史文化遗产，发展旅游经济。2012年窑湾被评为"中国十佳村镇慢游地"，同年6月，窑湾古镇顺利通过国家4A级旅游景区的验收。2019年，窑湾古镇接待游客近200万人次，旅游收入1076万元。随着旅游业的发展，窑湾船菜再次焕发生机。

21世纪初，当地政府为保护自然生态环境，沂河上游小工厂全部关停和骆马湖采沙工程也全部禁采，所有渔民上岸安置。在政府强有力的保护措施下，窑湾水资源得到全面改善，骆马湖成为徐州地区饮用水的水源地。水生动植物数量和质量均得以显著提升。当地政府鼓励村民种植特色果蔬，如青毛豆、羊肚菌等，开展白米虾、泥鳅、青蛙、螃蟹等的人工养殖，为窑湾船菜提供了更丰富、营养的食物原料。

为提升船菜制作技艺，窑湾厨人主动走出窑湾，到全国各地学习，使窑湾船菜更进一步融合各地菜系的精华，窑湾船菜既有鲁菜咸鲜、肥而不腻的特点，又有淮扬菜制作精细、清鲜平和的特色，闽、粤、川、徽各地方菜系都可以在窑湾船菜中寻觅到身影，更进一步彰显了窑湾船菜融、爽的特色。

（二）邳州八大碗

无论是红白事还是逢年过节，邳州人都讲究吃"席"，而"八个碟子八个碗"的待客风俗也一直流传至今。"八大碗"很具有北方农村特色。为了讨吉庆，每张方桌坐八客、食八菜（八冷碟、八大碗菜），其中，八碗菜为四碗肉菜和四碗素菜。相传在唐朝时就被定为"八大碗"，并流传至今。八大碗的四荤以猪肉为主，四碗肉分别精选前膀肉、中肋肉、后臀肉、肘子肉。四碗肉的用料每一碗都不相同，每一碗肉都有一个名字，分别称为扣肘、酥肉、扣肉、方肉。八大碗的四素，一般选料以萝卜、海带、粉条、豆腐为主。

八大碗不仅选料精良，做工更是讲究。如扣肉，先将选好的猪肉放在大锅里煮熟，煮熟后要趁热在肉皮上抹上一层蜂蜜，然后放进油锅中炸，直到肉皮成为黄红色出锅。等肉冷却后，再按照四荤碗的要求切块装碗。八大碗对刀工要求更高，切方则四面见线，方方正正；切片则长短协调，薄厚一致。切素菜讲究识菜下刀，错落有致，宽窄有矩。再来就是对熟制的讲究，将肉碗装好后，上笼屉蒸。第一次蒸要用大火，蒸大约2小时，不放任何作料。大火蒸了2小时后，肉中的油大部分被蒸出来，将这些油倒出来，接着再蒸。第二次蒸要用文火，还是不放任何作料，蒸1小时，时间到后再将蒸出的油倒掉。传统的八大碗需要传统的灶来完成。一般垒成大锅，上面放笼屉蒸碗蒸了两次并不算完，在吃之前将多种作料熬成的汤加入每一个碗中，然后再上笼屉蒸1~2小时，这样才能使肉碗具有特有的味道。素碗的素菜直接从锅中盛到碗里就行。热气腾腾的八大碗还未端上餐桌，香味已经飘入人们的鼻腔。

八大碗上桌之后，最令人嘴馋的要数那四碗肉，碗中的方块肉肉皮为金黄色或红褐色，皮下肥肉为玉白色，再下面的瘦肉为酱红色，令人食欲大增。而中肋肉做成的酥肉，则是一层肥肉一层瘦肉，玉白和酱红相间，使人垂涎欲滴。碗中的肉，看似肥腻，吃起来却没腥味，肥肉的柔滑入口即化，瘦肉的美味唇齿留香。素碗中的菜，滋味仍然很足，平时粗硬的海带柔顺得像粉条，平时柔顺的粉条滑溜得像凉粉，平时普通的萝卜白菜也变成了人们的最爱。荤菜不油腻，素菜不寡淡，与煎饼、馒头或大米相搭配，吃起来满口留香，咽下去回味无穷。

"一快一慢"由两道菜组成，一为清水炖蒸整甲鱼，使甲鱼透烂而不破损皮肉，且味鲜美，被称为"邳州一慢"。二为清水炖去皮肉兔，五脏俱全，炖透炖烂，且皮肉不损，味汁入肉，食之鲜美有味，谓之"一快"。

"一红一白"，"一红"指的是辣椒。邳州是江苏最能吃辣的地区，民间种植辣椒、蒜、葱、姜、红萝卜，称之为"五大辣"。朝天椒是邳州的特色辣椒品种，因辣椒呈长圆锥形朝天生而得名。晾晒后的干辣椒椒体小，椒色鲜红，辣味浓、香，同时还含丰富的辣椒素，具有增进食欲的功效和一定的营养价值，可加工成辣椒粉、辣椒面、辣椒油等。邳州市邳城镇、宿羊山镇、港上镇等有专门制作酱辣椒和辣椒酱的食品厂，产品远销全国各地。邳州人喜欢用辣椒炒盐豆子、炒小鱼、炒豆腐等。"一白"指的是邳州的大蒜。邳州的蒜具有蒜头大、皮色白、肉质脆、辣味适中、蒜瓣少、形状整齐、耐储运等特点，被誉为白蒜中的上品，深受国内外商青睐，"宿羊山白蒜""车夫山大蒜""黎明牌大蒜"等优质品牌更是享誉国内外。

四、饮食民俗

1. 日常饮食民俗

新沂和邳州地处黄淮平原，主要农作物以小麦、水稻为主。所以，在日常饮食中，当地人们的主食以面、米较多。因与鲁南接壤，受山东饮食的影响，当地居民也喜食煎饼，一日三餐主食以煎饼为主。过去，几乎家家备有铁鏊，用时置于地上，鏊底烧火，将面糊均匀地摊成薄薄一层，待烤熟后即成煎饼。现在，随着时代发展，人们所食煎饼基本是机器烙制，家家手工烙煎饼的习俗逐渐消失了。

早餐，人们喜爱喝妈糊和糁汤。妈糊是用麦仁、黄豆、豌豆等杂粮熬粥，配以豆干条、蔬菜和调味香料，天然保健、馨香满口，搭配油饼、油条和蒸包，花费不多，但足以满足食者的口腹之欲。窑湾糁汤是以老母鸡炖汤，鸡汤熬成后，加麦仁慢火细煮，并调以面糊，以甜油、醋、胡椒、姜丝调味。如加入蛋花，则蛋液并不打入汤内，而是先把蛋液在碗里打散，用滚热高汤直接冲开。糁汤需要热喝，浓香扑鼻，气味诱人。

窑湾依河傍湖，三面环水，水产丰富。当地民众喜食各类鱼类，无论红白喜事，还是日常饮食，鱼类肯定不能少。酒席必有糖醋鱼：使用小鲫鱼，在鱼身上划刀，先放到有醋等制成的调料里泡，再在面粉和成的糊里滚一下，然后放油里炸，炸出来后鲫鱼刺基本已经酥了。另外用白糖在锅里熬，熬好糖汁后往鱼身上一浇，这就是糖醋鱼了，入口酥脆鲜甜。这种糖醋鱼的制作方法不同于其他地方，是窑湾的特色。当地人也喜欢吃腌鱼，每年春秋季的时候，每家门口都要挂上几条腌鱼，作为当地人饭桌上的佐餐佳品。

2. 婚丧饮食民俗

婚宴一般是二十四道菜，即八个凉菜、八个炒菜、八碗炖菜，另加一个平锅，即一大碗汤。在传统的婚宴上，一定要有一条鲤鱼，取其"礼"字的谐音，在传统文化中，鲤鱼有美好、祥和吉祥的象征意义，而如今，随着生活水平的提升，婚宴上的鲤鱼已渐被鳜鱼、武昌鱼来代替。为表示对结婚的新人未来幸福甜美生活的祝福，在喜宴上，还要摆四个果碟，主要果品有百合酥（外形做成百合的形状，内有白糖馅，有百年好合、多子多孙的寓意）、小红果、焦米、京果棒等，这些甜食象征新人生活的甜甜蜜蜜。

　　丧宴的酒席和喜宴差不多，但不放果碟，没有拔丝菜（拔丝红薯、苹果、山药等）意在表达对逝者的尊重。

主要参考文献

[1]　（汉）司马迁. 史记[M]. 长沙：岳麓书社，2001.

[2]　（宋）司马光. 资治通鉴[M]. 北京：中华书局，2011.

[3]　（宋）陶榖，吴淑. 清异录；江淮异人录[M]. 孔一，校点. 上海：上海古籍出版社，2012.

[4]　（宋）陈直. 寿亲养老新书[M]. （元）邹铉，增续. 黄瑛，整理. 北京：人民卫生出版社，2007.

[5]　（元）忽思慧. 饮膳正要[M]. 上海：上海书店，1989.

[6]　（明）吴承恩. 西游记[M]. 北京：北京联合出版公司，2014.

[7]　（明）宋诩. 宋氏养生部：饮食部分[M]. 陶文台，注释. 北京：中国商业出版社，1989.

[8]　（明）宁源. 食鉴本草[M]. 吴承艳，任威铭，校注. 北京：中国中医药出版社，2016.

[9]　（明）李时珍. 本草纲目[M]. 北京：华文出版社，2009.

[10]　（明）韩奕. 易牙遗意[M]//续修四库全书（第1115册）. 上海：上海古籍出版社，1996.

[11]　（明）陆容. 菽园杂记[M]. 佚之，点校. 北京：中华书局，1985.

[12]　（明）何良俊. 四友斋丛说[M]. 北京：中华书局，1959.

[13]　（清）李渔. 闲情偶寄[M]. 孙敏强，译注. 上海：上海古籍出版社，2000.

[14]　（清）曹雪芹，高鹗. 红楼梦[M]. 北京：人民文学出版社，1982.

[15]　（清）顾禄. 清嘉录；桐桥倚棹录[M]. 来新夏，王稼句，点校. 北京：中华书局，2008.

[16]　（清）李斗. 扬州画舫录[M]. 周光培，点校. 扬州：江苏广陵古籍刻印社，1984.

[17]　（清）吴敬梓. 新批儒林外史[M]. 陈美林，批点. 南京：江苏古籍出版社，1989.

[18]　（清）郑燮. 郑板桥文集[M]. 吴可，校点. 成都：巴蜀书社，1997.

[19]　（清）袁枚. 随园食单[M]. 周三金，等，注释. 北京：中国商业出版社，1984.

[20]　（清）孙静安. 栖霞阁野乘（外六种）[M]. 北京：北京古籍出版社，1999.

[21] （清）小横香室主人. 清朝野史大观[M]. 上海：上海科学技术文献出版社，2010.

[22] （清）叶梦珠. 阅世编[M]. 来新夏，点校. 北京：中华书局：2007.

[23] （清）龚炜. 巢林笔谈[M]. 钱炳寰，点校. 北京：中华书局：1981.

[24] （清）钱泳. 履园丛话[M]. 孟斐，校点. 上海：上海古籍出版社：2012.

[25] （清）徐珂. 清稗类钞[M]. 北京：中华书局，1986.

[26] （清）林苏门，董伟业，林溥. 邗江三百吟；扬州竹枝词；扬州西山小志[M]. 扬州：广陵书社，2005.

[27] （清）费伯雄. 苏丽清，胡华，丁瑞丛. 食鉴本草释义[M]. 太原：山西科学技术出版社，2014.

[28] （清）曹庭栋. 老老恒言[M]. 王振国，刘瑞霞，整理. 北京：人民卫生出版社，2006.

[29] 王健等. 江苏大运河的前世今生[M].南京：河海大学出版社，2015.

[30] 张强. 江苏运河文化遗存调查与研究[M]. 南京：江苏人民出版社，2015.

[31] 政协江苏省委员会. 江苏大运河文化名片[M].南京：江苏凤凰美术出版社，2021.

[32] 邵万宽. 江苏美食文脉[M]. 南京：东南大学出版社，2023.

[33] 马俊亚. 江苏风俗史[M]. 南京：江苏人民出版社，2020.

[34] 廖志豪等. 苏州史话[M]. 南京：江苏人民出版社，1980.

[35] 宿迁市人民政府史志工作办公室.宿迁地域文化[M].南京：江苏人民出版社，2019.

[36] 荀德麟. 淮安史略[M]. 北京：中共党史出版社，2002.

[37] 周爱东. 扬州饮食史话[M]. 扬州：广陵书社，2014.

[38] （清）袁学澜. 吴门岁末杂咏[M]//吴稼句，点校. 吴门风土丛刊. 苏州：古吴轩出版社，2019.

[39] 江苏省烹饪协会，江苏省饮食服务公司.中国名菜谱（江苏风味）[M].北京：中国财政经济出版社，1990.

[40] 江苏省饮食服务公司.中国小吃（江苏风味）[M].北京：中国财政经济出版社，1985.

[41] 金煦. 江苏民俗[M]. 兰州：甘肃人民出版社，2003.

[42] 徐谦芳. 扬州风土记略[M]. 南京：江苏古籍出版社，1992.

[43] 林语堂. 吾国与吾民[M]. 南京：江苏文艺出版社，2010.

[44] 邵万宽. 江苏当红总厨创新菜[M]. 南京：东南大学出版社，2008.

[45] 刘春龙. 乡村捕钓散记[M]. 北京：人民文学出版社，2010.

[46] 陆猛，张长青. 窑湾——大运河之子[M]. 南京：江苏文艺出版社，2019.

[47] 贺云翱，干有成.中国大运河江苏段的历史演变及其深远影响[J]. 江苏地方志，2020（3）.

[48] 颜玉华. 射阳河流域的民风民俗[J]. 江苏地方志，2021（6）.

[49] 邵万宽. 元代《云林堂饮食制度集》食饮技艺探赜[J]. 农业考古，2019（3）.

[50] 邵万宽.《至顺镇江志》与元代镇江饮食文化[J]. 楚雄师范学院学报，2022（4）.

[51] 邵万宽. 从清代文献记载看江苏文士与盐商的食生活[J]. 古籍整理研究学刊，2021（3）.